普通高等院校"十三五"规划教材

电路电子技术实验教程

邢冰冰　宋　伟　蒋惠萍　编著

U0316563

中国铁道出版社有限公司
CHINA RAILWAY PUBLISHING HOUSE CO., LTD.

内 容 简 介

本书以培养学生创新应用能力为目标，将电路、模拟电子技术、数字电子技术等内容整合到一起，从基本实验技能入手，由简单设计到综合设计，由浅入深地培养学生的基本技能及创新思维。

全书分为三部分（共 7 章），内容包括电路电子技术实验概述、测量技术与误差分析、常用电子元器件、基本电路实验、模拟电路实验、数字电路实验和计算机辅助分析软件及硬件描述语言。本书还附有常用仪器仪表的使用、电路电子基础实验箱使用说明书、集成逻辑门电路新旧图形符号对照、集成触发器新旧图形符号对照、常用数字集成电路型号及引脚图、集成逻辑电路的连接和驱动、仿真电路中部分图形符号与国家标准符号对照表共 7 个附录。

本书具有很强的通用性和选择性，适合作为电子信息工程、通信工程、自动化、计算机科学与技术及非电类专业的教材，也可作为其他相关专业和工程技术人员的参考书。

图书在版编目（CIP）数据

电路电子技术实验教程/邢冰冰，宋伟，蒋惠萍编著. —北京：
中国铁道出版社，2016.12（2020.1重印）
普通高等院校"十三五"规划教材
ISBN 978-7-113-21006-9

Ⅰ.①A… Ⅱ.①邢…②宋…③蒋… Ⅲ.①电子电路－实验－
高等学校－教材 Ⅳ.①TN710-33

中国版本图书馆 CIP 数据核字（2016）第 257852 号

书　　名：电路电子技术实验教程
作　　者：邢冰冰　宋伟　蒋惠萍　编著

策划编辑：魏　娜		读者热线：（010）63550836
责任编辑：周　欣　彭立辉		
编辑助理：刘丽丽		
封面设计：刘　颖		
责任校对：汤淑梅		
责任印制：郭向伟		

出版发行：中国铁道出版社有限公司（100054，北京市西城区右安门西街 8 号）
网　　址：http://www.tdpress.com/51eds/
印　　刷：三河市航远印刷有限公司
版　　次：2016 年 12 月第 1 版　　2020 年 1 月第 2 次印刷
开　　本：787mm×1092mm　1/16　印张：18.25　字数：440 千
印　　数：2001～3000 册
书　　号：ISBN 978-7-113-21006-9
定　　价：45.00 元

FOREWORD

前　言

　　本书以培养学生创新应用能力为目标，将电路、模拟电子技术、数字电子技术等内容整合到一起，从基本实验技能入手，由简单设计到综合设计，由浅入深地培养学生的基本技能及创新思维，进一步体现教学过程中由基础理论到知识扩展延伸的基本教学方法。通过基本实验教学，使得课堂所学的理论知识得以在实践中应用，能够在实验过程中遇到相关问题时用理论知识来进行指导，找出规律，分析问题，提高实际动手能力，从而体现通过实验教学培养创新应用能力的重要性。同时，教材也给出了基本测试方法、工程设计方法及仿真工具的使用基本理论和实际工程设计相结合，能进一步锻炼学生的动手操作能力。

　　全书分为三部分（共 7 章），内容包括电路电子技术实验实验概述、测量技术与误差分析、常用电子元器件、基本电路实验、模拟电路实验、数字电路实验和计算机辅助分析软件及硬件描述语言。本书还附有常用仪器仪表的使用、电路电子基础实验箱使用说明书、集成逻辑门电路新旧图形符号对照、集成触发器新旧图形符号对照、常用数字集成电路型号及引脚图、集成逻辑电路的连接和驱动、仿真电路中部分图形符号与国家标准符号对照表共 7 个附录。

　　前三章主要介绍电子技术实验的基础知识和基本技能，通过学习，读者可以掌握电子电路的基本知识，为后续实验和设计打下良好的基础。基本电路实验作为电子类实验的入门实验，重点放在了基本实验技能的培养，把主要仪器设备的使用、学习放在这部分内容中，同时引入 Multisim 仿真软件，使学生一开始就接触到计算机辅助分析，并且能够把计算机辅助分析与传统实验模式有机结合。模拟电子技术实验中的基本实验，可对课程中所学到的基础知识进行有效地回顾，进一步强化所学内容。仿真实验的加入，进一步补偿了实验设备上的不足，也可以通过实验仿真对设计型实验提供有力支撑；综合设计性实验，通过将几类基础知识进行组合，提高了对知识的应用难度，并在参数设计、测试方法、器件选择等方面进行了优化。数字电子技术实验除了组合逻辑电路、时序逻辑电路、计数器、模-数转换器、数-模转换器之外，还增加了利用硬件描述语言（VHDL）进行电路设计的内容，这对于培养学生综合设计应用能力起到了不可或缺的作用。最后一章计算机辅助分析软件及硬件描述语言介绍了 Multisim 仿真软件、硬件描述语言（VHDL）及 Quartus II 平台的使用。

　　本书由邢冰冰、宋伟、蒋惠萍编著，其中第 1、2、3、4 章由邢冰冰编写，第 5 章由宋伟编写，第 6 章由蒋惠萍编写，第 7 章由蒋惠萍、雷岳俊编写，附录由蒋惠萍、邢冰冰编写。本书是在邢冰冰、雷岳俊、罗文、丁仁伟等共同编写的《电子技术实验教程》的基础上编写而成的。邢冰冰负责本书的统稿和审稿，全书由王继业教授审阅。

　　由于电子技术日新月异，编者能力有限，书中难免有疏漏和不妥之处，衷心地希望读者提出批评和改进意见。

编　者

2016 年 8 月

目录

CONTENTS

第 1 部分　实验基础理论

第 2 部分　电　路　实　验

第 3 部分 计算机辅助分析

第 **1** 部分

实验基础理论

第1章 电路电子技术实验概述

1.1 电路电子技术实验的意义

在《中国大百科全书》"电子学与计算机"分册中，开篇曰："电子学是一门以应用为主要目的的科学和技术"。"电子学是以电子运动和电磁波及其相互作用的研究和利用为核心而发展起来的，它作为新的信息作业手段获得了蓬勃发展。"这一阐述表征了电子学的重要特性：应用型技术，体现在电子技术专业的教学中，强调电子技术的实践性，强调在实验教学中理解掌握电子技术的基本原理、基本概念，同时通过实验教学培养学生运用电子技术进行科学研究、解决实际问题的能力。

从广义上讲，电子学涉及的科学门类很多，如：应用物理学、半导体材料科学、光学、电磁学、微电子学、通信、信息学等相关学科技术。所有这些学科的研究、应用都离不开一种基础技术——电子技术的支撑。电子技术是指应用电子学的原理，设计和制造电路及电子器件来解决相关学科的实际问题。由若干无源或有源元件有序联结起来的电子线路，在上述学科中对相关的电信号进行传输、变换、处理和存储。在广播电视传媒设备、通信设备、计算机硬件、自动控制系统、半导体材料研究的设备、光学应用仪器中，信号转换、检测电路、信号放大电路、信号叠加电路、振荡电路、滤波电路、总线驱动电路、系统复位电路无处不在。这些都是电子线路中最基本的电路单元。

越是基础的东西越接近其事物的本质，它是以最直接的形式揭示确定事物本质的诸因素之间的关系。电路中的主要因素有电压、电流、电荷和磁链，影响这些因素参数的有电路中的电阻、电容、电感等。电子技术的基础实验正是在开始学习电子技术的时候，以实验的方法，对电阻、电容、电感、半导体二极管、半导体晶体管等基本二端电子器件、四端电子器件特性有透彻的认识，并研究用这些元件构成的基础单元电路的功能特性。同时，在电子技术基础实验过程中，学习电子技术中常规仪器仪表的使用操作，以掌握对电路中基本参数的测量方法，对基本电子元器件特性的认识，对常规仪器仪表的使用。这些基本功练得好不好，将对电子学相关专业的继续学习产生直接而深远的影响。

电子技术是应用型技术，学好电路不是为了会做习题通过考试，而是为了能用其解决实际问题。解决实际问题的能力不是单纯地读书读出来的，而是以正确理论作指导，在实践中练出来的。人们认识客观事物的途径从根本上说有两条：一是通过理论研究的方法进行演绎推算；二是通过实验研究的方法，对事物由表及里地进行认识归纳。要科学地掌握电子技术，理论学习与实验研究相辅相成，缺一不可。但最终对问题的解决要落实到实际电路上，要能使电路正常工作。因此，在学习电子技术之初扎扎实实地做好实验就显得尤为重要。在以往的教学过程中，"老师讲学生听"是主要的学习模式。但作为电子技术的学习，实验为学生提供了直接与电子元器件、仪器仪表频繁接触、反复使用的空间，提供了一片学生以实践模式主动学习、自主学习的天地，提供了实验成功时对掌握理论知识的正向验证，以及实验受挫时对理解基本概念的逆向思维的大好机会。做实验从来不是单纯动手，更需要动脑。认真、扎实、明白地做好实验，可以得到比在课堂上更多的知识和能力。

1.2　电路电子技术实验的要求

实验是培养学生动手能力、理论联系实际能力的最佳手段；实验室是为学生做实验提供条件的场所。在实验室中，只有遵守相关的规则，才能够在保证安全的前提下，高效使用实验资源，最终提高自身的能力水平。

1. 实验前做好实验准备

很多学生认为做实验就是去实验室那段时间的事，但走进实验室后，发现很多东西没有事先准备好，只能手忙脚乱临时凑合，所以实验效果总是不能得到改善，做实验也流于形式。

要想做好实验，在实验前，要求学生提前预习，如果遇到不懂或者不能理解的知识点或操作内容，应该提前查阅资料和咨询老师，这样，即使实验前仍有疑问，也会在课堂上有的放矢，真正达到解决问题、培养能力的目的。另外，不仅要预习，还要把设计方案确定下来，这样就能在短短的实验课时间内，将注意力集中在调试实验、观察现象上去。

2. 实验中认真完成实验课题

① 准时进入实验室，不要影响实验课程的正常进行。

② 进入实验室要遵守实验室的各项规章制度。

③ 不明白的实验设备和实验器材切忌乱动，在明确任务和正确使用后可以根据课程的需要使用相应的仪器设备。

④ 实验过程中不要大声喧哗，不做与实验无关的事情。

⑤ 按照实验前的准备，正确操作实验仪器设备，进行相关实验，遇到问题应先由本人解决，实在不能解决的问题可以向老师和同学请教。

⑥ 实验过程中如果出现意外，切忌慌乱，应先切断电源，听从老师指挥，做到有序、反应快速，避免事态扩大。

⑦ 实验完成后，应有相关老师检查，确认无误、答辩完成后方可结束实验。

⑧ 离开实验室前应将仪器归位，恢复到开始实验前的状态，如果实验过程中发现设备损坏或有问题，应及时报告老师并登记。

⑨ 离开实验室时记得随身带走自己制造的垃圾。

3. 实验后注意总结和改进

实验课结束并不意味着实验的结束，实验前做的实验方案、实验方案实施过程中出现的问题、解决方案、如何改进等，都是学生实验课结束后应该做的，并需要总结最佳的实验方案，一并体现在实验报告中。

另外，在完成实验报告时，要实事求是，不捏造数据、不抄袭别人的成果、不图方便放弃对数据的处理或者舍掉一些特殊数据等。实验报告要能呈现出做实验时的原貌。当然，并不是每一个学生都能将每一次实验做得很完美，即便是某一次的最终结果不理想，通过多次的练习和实践，我们的能力也会得到提高、理论知识也会得到强化。

1.3　实验室安全用电规则

为了人身和仪器设备安全，保证实验顺利进行，进入实验室要遵守实验室的规章制度和实验室安全规则。

① 了解实验室有关电器设备的规格、性能及使用方法，严格按照额定值使用。在连接实验电路时，应该在电路连接完成并检查完毕后，再接通电源和信号源。

② 实验中，特别是设备刚开始运行的时候，要随时注意仪器设备的运行情况，若发现有报警声、超量程、过热、火花、异味、异声等，应立即断电，并请教师检查，排除故障，确认无误后方可再进行实验。

③ 搬动仪器设备时，要轻搬轻放；未经允许不得随意调换仪器设备，更不准擅自拆卸仪器设备。

④ 仪器使用完毕后，应将面板上各旋钮、开关置于合适的位置，并切断电源。

⑤ 在进行强电或具有一定危险性的实验时，若有两个以上的人合作完成，在接通交流220 V 电源前，应先通知合作者。接线、改线、拆线都必须在切断电源的状态下执行，即先接线后通电，先断电再拆线。

思考如下安全用电问题：

① 人体的电阻确定吗？和什么因素有关？说出不同情况下的阻值范围。

② 三相电、火线、零线、地线所采用的电线的颜色是什么？

③ 用手触摸 5 V 干电池的两端会触电吗？为什么？

④ 电击和电伤害会同时发生吗？

⑤ 为什么在干燥的冬天脱毛衣会产生静电？

⑥ 电流对人身作用的相关因素是什么？

⑦ 感知电流、摆脱电流、致命电流分别是什么？

⑧ 触电跟性别、年龄、体重有关吗？为什么？

⑨ 安全距离的规定有哪些？

⑩ 安全电压的规定有哪些？

⑪ 个人如何防雷？

⑫ 各类插座的接线图是怎样的？

⑬ 如何进行触电急救处理？

⑭ 如何使触电者脱离电源？

⑮ 心肺复苏法分为几步？

⑯ 脱离电源的方法有哪些？

⑰ 电气消防步骤有哪些？

第2章 测量技术与误差分析

2.1 基本物理量测试方法

在电子类实验课程中，会涉及许多物理量的测量，每一种物理量都有很多种方法可以测量。本节将介绍一些常用的测量方法。希望通过本节的介绍引导学生在随后的实验课程中不断探索和尝试新的方法。

2.1.1 测量电阻

1. 万用表测量

在实验课上经常使用的一种工具就是万用表。不管是数字万用表还是指针式万用表，都可以直接调节到欧姆挡来测量离线电阻值，这种方法是最简单、直接的方法。只要掌握了万用表的正确使用方法，就能很容易地测出电阻值。

在使用万用表测量电阻时，需要注意以下几点：

① 选择合适的量程进行测量，选择量程过大则造成误差过大；选择量程过小，则不能进行测量，且有可能烧坏仪表。

② 测量精度与所选用的万用表精度有关，如果要提高测量精度，可选用更高精度的万用表，或者配合其他方法，或者采用电桥法进行测量。

③ 由于万用表欧姆挡需要内部供电才能工作，所以必须将所测电阻与电路断开才能进行测量，否则不但不能准确测量，还有可能毁坏测量仪器或被测电阻所在电路。

④ 测量时，不要将手接触到正负表笔，以避免人体电阻对测量电阻的影响。

⑤ 如果使用的是指针式万用表，还需要注意指针机械调零，并每次将测量的指针在万用表表头上有明显的指针偏转，以提高测量精度。

⑥ 长时间不用，应关闭万用表，避免损耗电池电量，影响测量的精度。

2. 电桥法测量

如图 2-1 所示，为电桥法测量电阻的电路。一般情况下，电流计 G 中有电流通过，但满足一定条件时，电流计中会没有电流通过，此时，称为电桥平衡。

图中 R_1、R_2 为已知电阻，R_3 为可调电阻器，R_X 为被测电阻。当电桥平衡时，电流计两端的电动势相等，由串并联电路可以

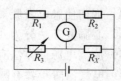

图 2-1 电桥法测量电阻的电路

很简单地推导出电桥平衡的条件是：$R_1 \times R_X = R_2 \times R_3$。

因此就可以应用该电桥的平衡条件来测量未知电阻的大小，如果假定 $R_1 = R_2$，则当电桥平衡时，可调电阻器的读数就是要测定的电阻值。

应用电桥法测电阻精确度比较高，但是要保证精确度，前提是要选用精确度高的定值电阻 R_1 和 R_2，以及精确度高的可调电阻器。

3. 伏安法测量

伏安法是一种间接测量电阻的方法。当被测电阻上流过一定电流时，采用电流表和电压表分别测出被测电阻两端的电压和流过的电流，根据欧姆定律 $R = U/I$ 计算出被测电阻的阻值。测量电路通常有电压表外接法和内接法两种，如图 2-2（a）、（b）所示。测量电路一般根据被测电阻和测量仪表内阻的比值来决定。

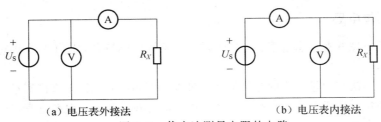

（a）电压表外接法　　　　　　　　　　　　（b）电压表内接法

图 2-2　伏安法测量电阻的电路

4. 非线性电阻的测量

对于热敏电阻、二极管内阻等非线性电阻，由于阻值随着工作环境或外加电压和电流的变化而变化，一般采用专业设备测量其特性或者采用伏安法逐点测量。

2.1.2　测量电容

实际测量的电容并非理想电容，它存在介质损耗，电容上电压降 U 并非恰好落后电容上的电流 I 90°，而是比 90° 小一个介质损耗角。这样，当电容工作在一定频率范围时，就可等效为理想电容和电阻串联。

1. 万用表测量

现在的数字万用表一般都带有测量电容的挡位，与上面用万用表测量电阻值的方法类似，将万用表调到相应的挡位，正确操作，便能在显示屏上直接读出电容值的大小。

需要注意的是：

① 所测电容在测试前必须充分放掉全部的电，当测量在线电容时，必须将电路电源切断，并将被测电容充分放电。

② 如果被测电容短路或容量超过万用表的最大量程时，显示屏会显示出错信息。

③ 如果被测电容有极性，应注意正负表笔的连接或者插孔的正确插法。

④ 测量大容量电容时需要较长时间，应等显示数基本稳定之后再读数。

2. 谐振法测量

用并联谐振回路可以测量电容，电路如图 2-3 所示，信号源为恒流源，调节正弦信号的频率 f 时，保持 I 不变，这时候当信号的频率 f 等于谐振频率 f_0 时，U 最大，由此可以通过实验来测定谐振频率 f_0，理论公式：

$$f_0 = \frac{1}{2\pi\sqrt{LC_x}}$$

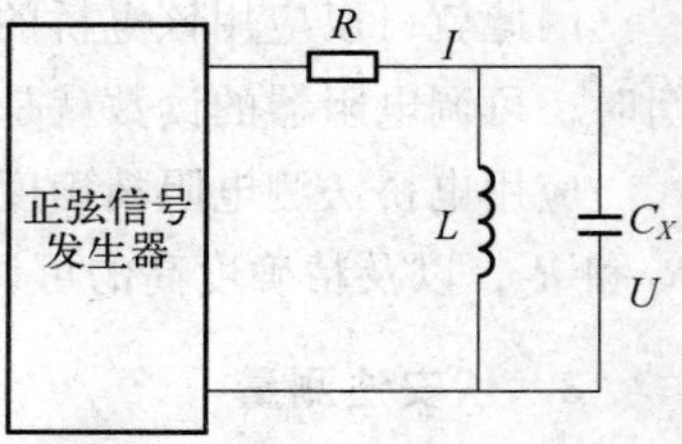

此时，f_0 被测定，L 为标准电感线圈的电感量，为已知值，便可以求出被测电容值大小，公式为：

$$C_x = \frac{1}{(2\pi f_0)^2 L}$$

图 2-3 谐振法测量电容电路

2.1.3 测量电感

实际测量的电感并非理想电感，与电容类似，实际电感被等效成了一个理想电感和一个电阻串联。

测量电感的方法与测量电容的方法类似，可以使用相应的仪器来直接测量，也可以使用谐振电路测量，还可以使用电桥法来测量电感。由于电感在实验中一般都是直接使用标称的，所以这里不再详细介绍。

2.1.4 测量电压

1. 万用表测量

测量电压最方便直接的方法仍然是使用万用表的电压挡进行测量。可以根据测量精度的需要和被测电路的特点，选择相应精度、频率范围、量程和输入阻抗等指标的万用表使用。

另外测量交流电压时，应该选择交流挡。常用的交流电压表多是以正弦电压的有效值来刻度的，因此只测量交流电压的有效值。正弦电压的有效值 U、平均值 U_0、峰值 U_p 和峰-峰值 U_{p-p} 的关系如下：

$$U = 0.707U_p \qquad U_0 = 0.637U_p \qquad U_{p-p} = 2U_p$$

2. 示波器测量

使用示波器测量电压，不仅能够直观地观测电压波形，还能够测量其大小。正因为如此，在测量一些不规则的电压信号时，这种方法就显得尤为重要。

无论是模拟示波器或者是数字示波器，在测量电压之前，都应该进行校准，以确保测量的准确度。校准的方法可根据所使用示波器的类型进行。

（1）交流电压测量

将 Y 轴输入耦合开关置于 AC 位置，显示出输入波形的交流成分。当交流信号的频率很低时，应将 Y 轴输入耦合开关置于 DC 位置。

将被测波形移至示波器屏幕的中心位置，用 V/div 开关将被测波形控制在屏幕有效工作面积的范围内，按坐标刻度片的分度读取整个波形所占 Y 轴方向的格数 H，则被测电压的峰峰值 U_{p-p} 可等于 V/div 开关指示值与 H 的乘积。当使用 ×10 衰减探头测量时，应把探头的衰减量计算在内，即把上述峰峰值的计算数值乘 10。

例如，示波器的 Y 轴灵敏度开关 V/div 位于 0.2 挡级，被测波形占 Y 轴的坐标幅度 H 为 5 div，则此信号电压的峰峰值为 1 V。如果经 ×10 衰减探头测量，仍指示上述数值，则被测信号电压的峰峰值就为 10 V。

如果使用的是数字示波器，则正确设置后，电压值可直接显示在屏幕上。

（2）直流电压测量

将 Y 轴输入耦合开关置于"地"位置，触发方式开关置"自动"位置，使屏幕显示一条水平扫描线，此扫描线便为零电平线。

将 Y 轴输入耦合开关置 DC 位置，加入被测电压，此时，扫描线在 Y 轴方向产生跳变位移 H，被测电压即为 V/div 开关指示值与 H 的乘积。

示波器直接测量法简单易行，但误差较大。产生误差的因素有读数误差、视差和示波器的系统误差（衰减器、偏转系统、示波管边缘效应）等。如果需要用示波器精确测量，可以选用示波器比较测量法，这里不再介绍。

2.1.5 测量电流

1. 万用表直接和间接测量

与测量其他物理量一样，可以选用万用表的电流挡，接入电路中，直接在线测量电路的电流值。根据电路的特点和测量要求，应该选用相应精度、合适量程和工作频率范围的直流挡或者交流挡来进行测量。

当然，也可以使用万用表的电压挡进行间接测量，只需测量电路中已知大小的电阻两端的电压值，就可以根据欧姆定律换算出电流值。

另外需要注意，在测量交流量时，要注意选取适当的万用表的测量频率范围，如果超出万用表的频率范围，测量结果就没有意义了。

2. 使用电流探头测量

使用万用表测量电流的方法虽然最常用，但是由于需要将电路断开，串接入电流表，必然影响到被测电路的工作。如果是一个不能中断的电路，就不能采用上面的方法，而应该使用电流探头测量电流。

2.1.6 测量频率

1. 使用专用的电子计数器来测量频率

一般可以直接使用电子计数器来测量频率。电子计数器测量法就是通过测量单位时间信号的周期个数来确定信号频率，精确度很高。

2. 使用示波器来测量频率

如果示波器的扫描范围开关具有时间刻度，即给出显示屏上标尺线的每一横格与时间的对应关系，如 s/div、ms/div、μs/div，则可利用示波器显示出被测信号波形，读出该信号的各种时间参数。如果周期信号的周期占示波器横向标尺几个格，则可由相应的时间刻度计算出信号周期，频率是周期的倒数，这样就达到测量频率的目的。另外，现在常用的数字示波器可以在其显示屏上直接读出频率。

2.1.7　测量相位差

相位差的测量方法有用相位计直接测量法、双踪示波器测量法、李沙育图形测量法等，这里简单介绍一下，供学生参考。

1. 用相位计直接测量法

使用相位计来测量相位差，可以方便、直观地读出相位差数值。

2. 双踪示波器测量法

常用的双踪示波器都可以用来测量相位差。假如两个正弦信号分别是：

$$u_1 = U_1 \sin(\omega t + \varphi_1)，\quad u_2 = U_2 \sin(\omega t + \varphi_2)$$

它们之间的相位差为：

$$\Delta\varphi = (\omega t + \varphi_1) - (\omega t + \varphi_2) = \varphi_1 - \varphi_2$$

由上式可知，两个同频率正弦电压的相位差与时间无关，而只与两个电压初相有关。

按图 2-4 所示连接双踪示波器，分别将两个被测电压信号接入示波器的 T1 和 T2 通道，调节两个通道的基线使二者重合，选择 u_1 和 u_2 中相位超前者作为扫描触发信号，示波器上就会出现如图 2-5 所示的信号波形，测量一个周期的水平长度 D 和两个电压信号同一相位点的水平距离 Δd，则可以得到两个电压信号的相位差是

$$\Delta\varphi = \left(\frac{\Delta d}{D}\right) \times 2\pi$$

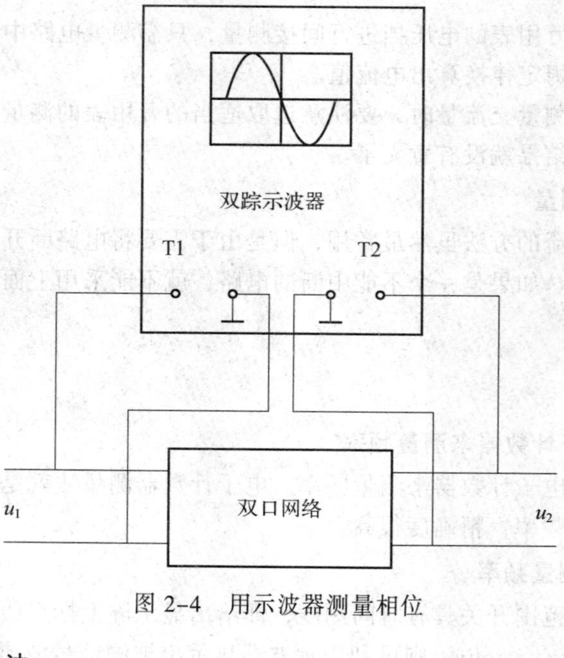

图 2-4　用示波器测量相位

3. 李沙育图形测量法

将两个频率相同、相位差为 ϕ 的正弦波电压信号分别加到示波器的 Y 轴和 X 轴输入端，假设 $u_X = U_X \sin\omega t$，$u_Y = U_Y \sin(\omega t + \varphi)$，则显示屏上就会显示如图 2-6 中所示的椭圆形轨迹线。

根据 X 轴（或 Y 轴）上截距 X_0（或 Y_0）与幅度值 X（或 Y）之比，就可以求出两个信号的

相位差 ϕ，公式如下：

$$\phi = \arcsin\left(\pm\frac{Y_0}{Y}\right) = \arcsin\left(\pm\frac{X_0}{X}\right)$$

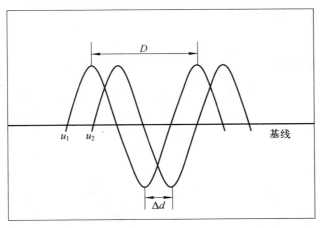

图 2-5　信号波形

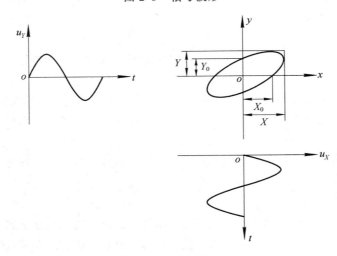

图 2-6　李沙育图形

　　两个信号在不同相位差时所构成的图形也不相同，如图 2-7 所示。李沙育图形测量相位差只能测量相位差的绝对值，至于超前和滞后关系，应根据电路的工作原理进行判断。

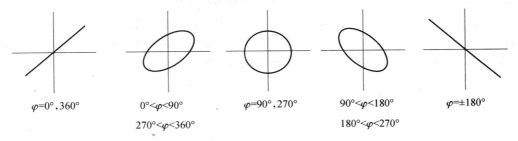

图 2-7　相位差不同的李沙育图形

2.2 测量误差

在测量过程中，由于实验条件的客观原因和人为的主观原因造成的客观真实值与测量结果之间的差异，就是所说的测量误差，简称误差。

2.2.1 测量误差产生的原因及分类

误差不同于错误，测量误差之所以产生，是因为从人本身到测量仪器，都不可能是理想状态，另外还有一些测量方法和测量程序的不完善也造成了结果的差异。总之，随着技术的进步和测量水平的提高，可以尽可能地提高测量精度、减小误差，但是误差不会消失。

按照测量误差的性质和特点，大致分为以下三类：

1. 系统误差

系统误差是指在相同测试条件下，多次测量一个被测量时，测量误差的大小和符号保持不变或按一定的函数规律变化的误差，服从确定的分布规律。

系统误差主要是由于测量设备的缺陷、测量环境变化、测量时使用的方法不完善、所依据的理论不严密或采用了某些近似公式等造成的误差。

2. 随机误差

在同一测试条件下，多次重复测量同一个被测量时，误差大小、符号均以不可预定的方式变化的误差称为随机误差。

产生随机误差的因素很多，大部分是未知的，有些因素虽然知道，但无法准确控制。例如，温度、湿度及空气的净化程度等对测量都有影响，在测量时虽力求将它们控制为某个定值，然而在每一次测量时，它们都存在微小的变化。

系统误差与随机误差的划分是相对的，二者在一定条件下可以相互转化，即同一个测量误差，既可以是系统误差，又可以成为随机误差。

3. 粗差误差

粗差误差又称疏失误差，是指在一定的测量条件下，测得的值明显偏离其真值，既不具有确定分布规律，也不具有随机分布规律的误差。粗差误差是由于测试人员对仪器不了解、或因思想不集中、粗心大意导致错误的读数，使测量结果明显地偏离了真值的误差。

粗差误差就数值大小而言，通常明显地超过正常条件下的系统误差和随机误差。含有粗差误差的测量值称为坏值或异常值。正常的测量结果中不应含有坏值，应予以剔除，但不能主观随便除去，必须根据检验方法的某些准则判断哪个测量值是坏值。

在实际测量中，系统误差、随机误差和粗差误差并不是一成不变的，它们在一定条件下可以相互转化。较大的系统误差或随机误差都可以当成粗差误差来处理。同一种因素对测量数据的影响，要视其影响的大小和对这种影响规律掌握的程度，当成不同的误差来处理。

2.2.2 误差的几种表示法

1. 绝对误差

如果用 X_0 表示被测量的真值，X 表示测量仪器的读数值（标称值），则绝对误差 ΔX 为

$$\Delta X = X - X_0$$

若用高一级标准的测量仪器测得的数值作为被测量的真值，则在测量前，测量仪器应由高一级标准的仪器进行校正。校正量常用修正值表示。对于某被测参数，高一级标准仪器的读数值减去测量仪器的读数值所得的值，称为修正值。实际上，修正值就是绝对误差，只是它们的符号相反。例如，用某电流表测量电流时，电流表的读数值为 10 mA，修正值为+0.04 mA，则被测电流的真值就是 10.04 mA。

2. 相对误差

相对误差 γ 是绝对误差与被测量真值的比值，用百分比表示，即

$$\gamma = \frac{\Delta X}{X_0} \times 100\%$$

当 $\Delta X \ll X_0$ 时

$$\gamma \approx \frac{\Delta X}{X} \times 100\%$$

例如，用频率计测量频率，频率计的示值为 50 MHz，频率计的修正值为-500 Hz，则

$$\gamma \approx \frac{500}{50 \times 10^6} \times 100\% = 0.001\%$$

又如，用修正值为-0.5Hz 的频率计测得频率为 500 Hz，则

$$\gamma \approx \frac{0.5}{500} \times 100\% = 0.1\%$$

由上述两个例子可以看出，尽管后者的绝对误差远小于前者，但是后者的相对误差却远大于前者。因此，前者的准确度实际上比后者要高。

3. 容许误差

一般测量仪器的准确度常用容许误差表示。它是根据技术条件的要求规定某一类仪器的误差不应超过的最大范围。通常仪器使用说明书所标明的误差，都是指容许误差。

在指针式仪表中，容许误差就是满度相对误差 γ_m。定义为

$$\gamma_m = \frac{\Delta X}{X_m} \times 100\%$$

式中，X_m 是表头满刻度的读数。指针式表头的误差主要取决于它本身的结构和制造精度，而与被测量值的大小无关。因此，用上式表示的满度相对误差实际上是绝对误差与一个常数的比值。我国电工仪表 γ_m 值分为 0.1、0.2、0.5、1.0、1.5、2.5 和 5 七个级别。

例如，用一只满度为 150 V、1.5 级的电压表测量电压，其最大绝对误差为 $150 \times (1 \pm 1.5\%)$ V = ± 2.25 V。若表头的示值为 100 V，则被测量电压的真值在 100 ± 2.25，即 97.75～102.25（V）范围内；若示值为 10 V，则被测量电压值在 7.75～12.25（V）范围内。

在无线电测量仪器中，容许误差分为基本误差和附加误差。

① 基本误差：指仪器在规定工作条件下在测量范围内出现的最大误差。规定工作条件一般包括环境条件（温度、湿度、大气压力、机械振动及冲击等）、电源条件（电源电压、电源频率、直流供电电压及纹波等）和预热时间、工作位置等。

② 附加误差：指规定工作条件的一项或几项发生变化时，仪器附加产生的误差。附加误差又分为两类：一类是使用条件（如温度、湿度、电源等）发生变化时产生的误差；另一类是

被测参数（如频率、负载等）发生变化时产生的误差。

例如，HFJ–XX 型超高频毫伏表的基本误差为：1 mV 挡小于 ±1%，3 mV 挡小于 ±5%……频率附加误差在 5 kHz～500 MHz 范围内小于 ±5%，在 500～1 000 MHz 范围内小于 ±30%；温度附加误差为每 10 ℃增加 ±2%（1 mV 挡增加 5%）。

2.2.3　减小系统误差的主要措施

根据产生系统误差的原因不同，可有针对性地减小或消除系统误差。

根据产生系统误差的原因，可分为以下几种：

1．仪器误差

仪器误差是指仪器本身电气或机械等性能不完善所造成的误差。例如，仪器校准不好、定度不准等。消除方法是要预先校准，或确定其修正值，以便在测量结果中引入适当的补偿值来消除。

2．装置误差

装置误差是由于测量仪器和其他设备的放置不当，或使用不正确以及外界环境条件改变所造成的误差。为了消除这类误差，测量仪器的安放必须遵守使用规定（例如有水平放置要求仪表使用和保存时均应水平放置），电表之间必须远离，并注意避开过强的外部电磁场影响等。

3．人身误差

人身误差是指测量者个人特点所引起的误差。例如，有人读指示刻度时习惯超过或欠少，回路总不能调到真正谐振点上等。为了消除这类误差，应提高测量技能，改变不正确的测量习惯和改进测量方法等。

4．方法误差（理论误差）

这是一种测量方法所依据的理论不够严谨，或采用不适当的简化和近似公式等所引起的误差。例如，用伏安法测量电阻时，若直接以电压表的读数和电流表的读数之比作为测量结果，而不考虑电表本身内阻的影响，往往会引起不能容许的误差。

系统误差按其表现特性可以分为固定的和变化的两类：在一定条件下，多次重复测量时出现的误差，称为固定误差；出现的误差是变化的，则称为变化误差。

对于固定误差，常用替代法和正负误差抵消法来加以处理。

（1）替代法

替代法是用可调的标准器具代替被测量接入测量系统，然后调整标准器具，使测量系统的指示与被测量接入时相同，则此时标准器具的数值等于被测量。由于两者的测量条件相同，因此可以消除包括仪器内部结构、各种外界因素和装置不完善等所引起的系统误差。

（2）正负误差抵消法

在相反的两种情况下分别进行测量，使两次测量所产生的误差等值且异号，然后取两次测量结果的平均值便可将误差抵消。例如，在有外磁场影响的场合测量电流值，可把电流表转动 180° 再测一次，取两次测量数据的平均值，就可抵消外磁场影响而引起的误差。

2.3　实验数据的处理

1. 一次测量时的误差估计

在测量中，通常对被测量只进行一次测量，这时，测量结果中可能出现的最大误差与测量方法有关。测量方法有直接法和间接法两种：直接法是指直接对被测量进行测量取得数据的方法；间接法是指通过测量与被测量有一定函数关系的其他量，经换算后得到被测量的方法。

当采用直读式仪器并按直接法测量时，其最大可能的测量误差就是仪器的容许误差。

例如，用满刻度为 150 V、1.5 级指针式电压表测量电压时，若被测电压为 100 V，则相对误差为

$$\gamma = \frac{2.25}{100} \times 100\% = 2.25\%$$

若被测量为 10 V，则

$$\gamma = \frac{2.25}{10} \times 100\% = 22.5\%$$

因此，为提高测量准确度，减小测量误差，应使被测量出现在接近满刻度区域。

当采用间接法进行测量时，应先由上述直接法估计出直接测量的各量的最大可能误差，然后根据函数关系找出被测量的最大可能误差。

2. 测量数据的处理

测量结果通常用数字或者图形表示，下面先介绍测量结果的数字处理。

测量结果的数字处理包括如下几部分：

（1）有效数字

由于存在误差，所以测量的数据总是近似值，这个近似值通常由可靠数字和欠准数字两部分构成。例如，有电流表测得的电流值是 20.3 mA，这是个近似值，其中 20 是可靠数字，而末尾的 3 为欠准数字，即 20.3 为三位有效数字。

要正确使用有效数字，需要注意以下几点：

① 有效数字是指从左边起第一个非零的数字开始，直到右边最后一个数字为止的所有数字。有效数字中，只应保留一个欠准数字。因此，在记录测量数据中，只有最后一位有效数字是欠准数字，这样记取的数据表明被测量可能在最后一个数字上变化 ±1 个单位。例如，精度为 0.01 V 的电压表测得的电压值是 10.35 V，则该电压是用四位有效数字表示的，前三位都是准确的，而最后一位 5 是欠准的。因为最后一位是欠准的，它可能被估读为 4，也可能被估读为 6，所以测量的结果也可以表示为（10.35 ± 0.01）V。

② 欠准数字中，要特别注意 "0" 的情况。例如，测量某电阻的数值为 13.600 kΩ，表明前面 4 个数 1、3、6、0 是准确数字，最后一位 0 是欠准数字。如果改写成 13.6 kΩ，则表明前面 2 个位数 1、3 是准确数字，最后一位 6 为欠准数字。这两种写法看起来虽然相似，但是却反映了不同的测量准确度。

如果用 10 的方幂来表示一个数据，10 的方幂前面的数字都是有效数字。例如，写成 $13.60 \times 10^3\,kΩ$，则表明它的有效数字为四位。

③ 对于 π、$\sqrt{2}$ 等常用数具有无限位数的有效数字，在运算时，应根据与误差的有效值位

数相一致。例如，误差为 ±0.01，则 $\sqrt{2}$ 应取 1.41，π 应取 3.14。

（2）有效数字的数据舍入规则

对于计量测定或通过各种计算获得的数据，在所规定的精度范围以外的那些数字，一般都应该按照"四舍五入"的规则进行处理。

如果只取 n 位有效数字，那么第 $n+1$ 位及以后的各位数字都应该舍去。如果采用古典的"四舍五入"法则，对于 $n+1$ 位为"5"的数字则都是只入不舍的，这样就会产生较大的累计误差。目前广泛采用的"四舍五入"法则对"5"的处理是：当被舍的数字等于 5，而 5 后面有数字时，则可舍 5 进 1；若 5 之后无数字或为 0 时，这时只有在 5 之前为奇数，才能舍 5 进 1，如 5 之前为偶数（包括零），则舍 5 不进位。

下面是把有效数字保留到小数点后第二位的几个例子：

73.9504 —— 73.95

3.22681 —— 3.23

523.745 —— 523.74

617.995 —— 618.00

89.9251 —— 89.93

（3）有效数字的运算

当测量结果需要进行中间运算时，有效数字的取舍，原则上取决于参与运算的各数中精度最差的那一项。一般应遵循以下规则：

① 当进行加减法运算时，必须为相同单位的同一物理量，所以其精度最差的就是小数点后面有效数字位数最少的。因此，在进行运算前应将各数据所保留的小数点后的位数处理成与精度最差的数据相同，然后再进行运算。

② 如果进行乘除法运算，运算前对各数据的处理应以有效数字位数最小的为标准，所得积和商的有效数字位数应与有效数字位数最少的那个数据相同。

例如，$0.0121 \times 25.645 \times 1.05782=?$ 其中 0.0121 为三位有效数字，位数最少，所以应对另外两个数据进行处理：

25.645 —— 25.6   1.05782 —— 1.06

所以，$0.0121 \times 25.645 \times 1.05782=0.3283456$ —— 0.328

若有效数字位数最少的有效数据中，其第一位数为 8 或 9，则有效数字位数应多计一位。例如，上例中 0.0121 若改为 0.0921，则另外两个数据应取四位有效数字，即

25.645 —— 25.64   1.05782 —— 1.058

3. 测量结果的图形处理

在分析两个或多个物理量之间的关系时，用曲线比用数字、公式表示常常更形象和直观。因此，其测量结果常用曲线来表示。

在实际测量过程中，由于各种误差的存在，测量数据将出现离散现象。如果将这些数据在坐标系中直接连接起来，将不会得到理想的平滑曲线，而是不规则的折线，所以需要先应用一些误差理论，将各种随机因素引起的曲线波动抹平，使其成为一条光滑的均匀曲线，这个过程称为曲线的修正。

在要求不高的测量中，常使用分组平均的方法来修匀曲线。这种方法就是将相邻的数据点分成若干组，每组含有 2~4 个数据点，然后将各组数据的几何重心连接起来。这条曲线由于进行了数据平均，在一定程度上减少了偶然误差的影响，较为符合实际情况。

第3章 常用电子元器件

3.1 电 阻 元 件

3.1.1 电阻的概念及电阻器、电位器的命名方法

导体对电流的阻碍作用称为该导体的电阻。

电阻器简称电阻（Resistor，通常用 R 表示），是所有电子电路中使用最多的元件。电阻的主要物理特征是变电能为热能，也可以说它是一个耗能元件，电流经过它就产生内能。电阻在电路中通常起分压限流的作用，对信号来说，交流与直流信号都可以通过电阻。

电阻都有一定的阻值，它代表这个电阻对电流流动阻挡力的大小。电阻的单位是欧[姆]，用符号"Ω"表示。欧姆是这样定义的：当在一个电阻器的两端加上 1 伏[特]的电压时，如果在这个电阻器中有 1 安[培]的电流通过，则这个电阻器的阻值为 1 欧[姆]。

在国际单位制中，电阻的单位是Ω（欧[姆]），此外还有 mΩ（毫欧），kΩ（千欧），MΩ（兆欧）。其中：1 mΩ=0.001 Ω，1 MΩ=1 000 kΩ，1 kΩ=1 000 Ω。

电阻和电位器的命名一般由四部分组成，其表示方法和意义如表 3-1 所示。

表 3-1　电阻和电位器的型号命名

第一部分		第二部分		第三部分		第四部分
用字母表示主称		用字母表示材料		用数字或字母表示分类		用数字表示序号
符　号	意　义	符　号	意　义	符　号	意　义	
R W	电阻 电位器	T	碳膜	1、2	普通	包括： 额定功率 阻值 允许误差 精度等级
		P	硼碳膜	3	超高频	
		U	硅碳膜	4	高阻	
		H	合成膜	5	高温	
		I	玻璃铀膜	6、7	精密	
		J	金属膜	8	高压或特殊函数	
		Y	氧化膜	9	特殊	
		S	有机实芯	G	高功率	
		N	无机实芯	T	可调	
		X	绕线	X	小型	
		R	热敏	L	测量用	
		G	光敏	W	微调	
		M	压敏	D	多圈	

举例来讲，一个标称 RJ71 0.125 5.1kI 的电阻器，其各部分的具体意义如表 3-2 所示。

表 3-2　电阻标称意义

R	J	7	1	0.125	5.1k	I
第一部分	第二部分	第三部分	序号	功率	标称阻值	容许误差
名称：电阻	材料：金属膜	分类：精密		1/8W	5.1kΩ	I 级：±5%

3.1.2　电阻和电位器的分类与图形符号

1. 电阻和电位器的类型

电阻从结构上可分为两大类：薄膜电阻和线绕电阻；从使用功能上，可分为固定、可调、半可调电阻，可调和半可调电阻有时归入电位器；另外还有一些压敏、热敏、光敏、力敏、气敏、湿敏等敏感电阻。下面简要介绍几种常用的电阻：

① 固定电阻：是一种常见的电阻。该种电阻的特点在于其电阻值在一般情况下不会因为自然或人为的因素而产生可测量的变动。固定电阻多用于稳定电路的电压或电流。

② 可调电阻：泛指所有可以手动改变电阻值的电阻。根据使用的场合，可调电阻有电压分配器、变阻器等别称。常见的可调电阻有 3 个连接端。不同的连接配置可使这种电阻以可变电阻、分压计或定值电阻的方式运作。

③ 光敏电阻：跟随光线的强弱而改变电阻值。

④ 热敏电阻：跟随温度的高低而改变电阻值。

⑤ 压敏电阻：跟随电压的高低而改变电阻值。

另外，还有一些特殊的电阻，例如有一种以半导体制成的电阻器拥有负的温度系数，能减小电子线路中的温度影响。除超导体以外的所有导电体均有一定电阻。

2. 电阻和电位器的图形符号及实物外形图

常用电阻和电位器图形符号及实物外形图如图 3-1 所示，其中图 3-1（a）是欧洲标准画法，图 3-1（b）是中国和美国标准画法。图 3-1（c）是一些常用电阻和电位器实物外形图。

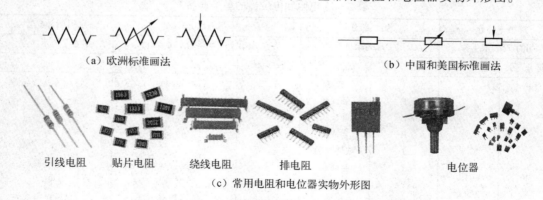

（a）欧洲标准画法　　　　　　　　　（b）中国和美国标准画法

引线电阻　　贴片电阻　　绕线电阻　　排电阻　　　　　　电位器

（c）常用电阻和电位器实物外形图

图 3-1　常用电阻和电位器图形符号及实物外形图

3.1.3　电阻器的主要性能参数

1. 标称阻值和误差

为了使电阻器的生产标准化，同时也让使用者能在一定的允许误差范围内选用电阻器，国家规定出一系列的阻值作为产品的标准，这一系列的阻值称为电阻器的标称阻值。另外，电阻器的实际值也不可能做到与它的标称阻值完全一样，两者之间总存在一些偏差。最大允许偏差值除以该电阻的标称阻值所得的百分数称为电阻的相对误差。对于误差，国家也规定出一个系列。普通电阻的误差可分为 ±5%、±10% 和 ±20% 三种，在标志上分别以 Ⅰ、Ⅱ 和Ⅲ表示。例如，一只电阻器上印有 "47K Ⅱ" 的字样，我们就知道它是标称阻值为 47 kΩ，最大误差不超过 ±10%。误差为 ±2%、±1%、±0.5%…的电阻器称为精密电阻器。

普通电阻器的标称阻值系列如表 3-3 所示。

表 3-3　普通电阻器的标称阻值系列

误差 ±5%	误差 ±10%	误差 ±20%	误差 ±5%	误差 ±10%	误差 ±20%
1.0	1.0	1.0	3.3	3.3	3.3
1.1			3.6		
1.2	1.2		3.9	3.9	
1.3			4.3		
1.5	1.5	1.5	4.7	4.7	4.7
1.6			5.1		
1.8	1.8		5.6	5.6	
2.0			6.2		
2.2	2.2	2.2	6.8	6.8	6.8
2.4			7.5		
2.7	2.7		8.2	8.2	
3.0			9.1		

例如，对于误差为 ±5% 的电阻器，标称阻值从 1.0、1.1、1.2 到 9.1，这些数值可以乘以 10^n（$n=0$、1、2、3、4、5、6…）。所以，对于 1.1 这个标称阻值，它的系列电阻值可以是 1.1 Ω，也可以是 11 Ω、110 Ω、1 100 000 Ω 等。如果选用的电阻值在阻值系列里没有，可以选用相邻的系列值，比如要选用一只 21 Ω 的电阻，可以选用 20Ω 或者 22Ω 的成品电阻器，当误差为 $\frac{22-21}{22}=4.5\%$ 时，仍在规定的允许误差 5% 以内。

2. 电阻的额定功率

电阻在标准大气压和一定环境温度下，能长期连续负荷而不改变性能的允许功率，称为额定功率。选择电阻器的额定功率时，必须使之等于或者大于电阻实际消耗的功率，否则长期工作时就会改变电阻的性能或者烧毁电阻。所以，设计电路时应事先计算出电阻实际消耗的功率，从而选取有适当额定功率的电阻。一般情况下，选用电阻要按实际耗散功率的 2 倍左右来确定额定功率。

电阻器的额定功率共分 19 个等级，其中常用的有 1/16W、1/8W、1/4 W、1/2 W、1 W、2 W、4 W、5 W、…、500 W 等。薄膜电阻的额定功率一般在 2 W 以下，大于 2 W 的电阻多为绕线电阻，额定功率较大的电阻体积也较大。其额定功率一般以数字形式或者色环形式直接标印在电阻上，小于 1/8 W 的电阻因体积太小常不标出。

3.1.4　电阻和电位器的识别

1. 电阻的色标

一般电阻的阻值和允许偏差都用数字标印在电阻上，但体积很小的电阻和表贴电阻，其阻值和允许偏差常用色环标在电阻上，或用三位数表示法标在电阻上（不含允许偏差）。色环表示法如图 3-2 所示，常用的有四色环表示法和五色环表示法。从最靠近电阻一端的线条数起，分别是第一色环到最后一个色环。如果是四色环电阻，第一、二色环代表电阻值的有效数字，第三色环代表倍数（10^n），第四色环代表误差值，也就是说电阻的大小是有效数字与倍数的乘积；如果是五色环电阻（精密电阻），那么第一、二、三色环都代表电阻值的有效数字，第四色环代表倍数（10^n），第五色环代表误差值。

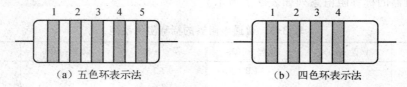

（a）五色环表示法   （b）四色环表示法

图 3-2　电阻的色环表示法

在用色环表示电阻值时，每一种颜色都有特定的数值对应，其对应的关系如表 3-4 所示。

表 3-4　电阻的色环表

色　别	第一色环	第二色环	第三色环	倍数（10^n）	误　差　值
黑	0	0	0	$\times 10^0$	
棕	1	1	1	$\times 10^1$	F（±1%）
红	2	2	2	$\times 10^2$	G（±2%）
橙	3	3	3	$\times 10^3$	
黄	4	4	4	$\times 10^4$	
绿	5	5	5	$\times 10^5$	D（±0.5%）
蓝	6	6	6	$\times 10^6$	C（±0.25%）
紫	7	7	7	$\times 10^7$	B（±0.1%）
灰	8	8	8	$\times 10^8$	
白	9	9	9	$\times 10^9$	
金				$\times 10^{-1}$	J（±5%）
银				$\times 10^{-2}$	K（±1%）
无色					±20%

例如：一个电阻其第一色环为黄色，第二色环为紫色，第三色环为橙色，第四色环为无色，则表示该电阻为：$47 \times 10^3 = 47 \times$（$1 \pm 20\%$）$k\Omega$。

2. 电位器的标识

如果电位器上标注 103、102 等数字，前两位为有效数字，第三位数字表示乘以 10 的 n 次方幂指数（n=1、2、3…），则 103 表示 10×10^3=10 $k\Omega$，102 表示 10×10^2=1 $k\Omega$。

3.2　电　容　元　件

3.2.1　电容器的定义

电容器（Capacitor），顾名思义，"储电的容器"，是一种容纳电荷的器件，用字母 C 表示，简称电容。一些常用的电容器如图 3-3 所示。电容器是电子设备中大量使用的电子元件之一，广泛应用于隔直、耦合、旁路、滤波、调谐回路、能量转换等方面。

图 3-3 常用电容器

电容是表征电容器容纳电荷本领的物理量。把电容器的两极板间的电动势差增加 1 V 所需的电量，叫作电容器的电容。

在国际单位制里，电容的单位是法[拉]，符号是 F，常用的电容单位有毫法（mF）、微法（μF）、纳法（nF）和皮法（pF）等，换算关系如下：

1 法拉（F）=1 000 毫法（mF）= 1 000 000 微法（μF）；

1 微法（μF）=1 000 纳法（nF）=1 000 000 皮法（pF）。

3.2.2 电容器的型号命名与标示

1. 电容器的型号及命名方法

国产电容器的型号一般由四部分组成（不适用于压敏、可调、真空电容器），依次分别代表名称、材料、分类和序号，如表 3-5 所示。

表 3-5 电容器型号命名法

第一部分		第二部分		第三部分		第四部分
名　　称		材　　料		分　　类		序　　号
符　号	意　义	符　号	意　义	符　号	意　义	字母或/和数字
C	电容器	C	高频瓷	T	铁电	
		T	独石或低频瓷	W	微调	
		I	玻璃釉	J	金属化	
		Y	云母	X	小型	
		V	云母纸	D	低压	
		Z	纸介	M	密封	
		J	金属化纸	Y	高压	
		B	聚苯乙烯或聚丙烯薄膜	C	穿心式	
		L	涤纶等有极性有机薄膜	G	高功率	
		Q	聚酯			
		H	纸膜复合			
		D	铝电解			
		A	钽电解			
		G	金属电解			
		N	铌电解			
		E	其他材料电解			
		O	玻璃膜			
		Q	聚碳酸酯			
		F	聚四氟乙烯			

2. 电容器的分类及符号标示

电容器一般可以分为没有极性的普通电容器和有极性的电解电容器。普通电容器分为固定电容器、半可调电容器（微调电容器）、可调电容器。固定电容器：指一经制成后，其电容量不能再改变的电容器。

　　电容器一般情况下按电介质来分类（见表 3-5 中的材料部分），可称作是某某（材料名）电容器。每种材料的电容器性能特性不同，在选用电容器时，可以根据电路需要选择相适应的电容器。在绘制电路图时，常用电容器的图形符号如图 3-4 所示。

（a）无极性固定电容器　（b）可调电容器　（c）电解电容器

图 3-4　电容器的图形符号

3.2.3　电容器的主要特性参数

1. 电容器的标称容量和允许偏差

　　标称容量是标志在电容器上的电容量。电容器实际电容量与标称电容量的偏差称为误差，允许的偏差范围称为精度。常用固定电容器精度等级与允许误差对应关系如表 3-6 所示。一般电容器的精度等级为Ⅰ、Ⅱ、Ⅲ级，电解电容器为Ⅳ、Ⅴ、Ⅵ级，可根据用途选取。

表 3-6　常用固定电容器精度等级与允许偏差等级

精度等级	02	Ⅰ	Ⅱ	Ⅲ	Ⅳ	Ⅴ	Ⅵ
允许偏差/%	± 2	± 5	± 10	± 20	−30～+20	−20～+50	−10～+100

　　另外，电容器与电阻器一样，其电容量也有相应的系列值。常用固定电容器的标称容量系列如表 3-7 所示。

表 3-7　常用固定电容器的标称容量系列

名　称	允许偏差	容量范围	标称容量系列/pF
纸介电容器、金属化纸介电容器、纸膜复合介质电容器、低频（有极性）有机薄膜介质电容器	± 5% ± 10% ± 20%	100 pF～1 μF	1.0、1.5、2.2、3.3、4.7、6.8
		1～100 μF	1、2、4、6、8、10、15、20、30、50、60、80、100
高频（无极性）有机薄膜介质电容器、瓷介电容器、玻璃釉电容器、云母电容器	± 5%		1.1、1.2、1.3、1.5、1.6、1.8、2.0 2.4、2.7、3.0、3.3、3.6、3.9、4.3 4.7、5.1、5.6、6.2、6.8、7.5、8.2、9.1
	± 10%		1.0、1.2、1.5、1.8、2.2、2.7、3.3 3.9、4.7、5.6、6.8、8.2
	± 20%		1.0、1.5、2.2、3.3、4.7、6.8
铝、钽、铌、钛电解电容器	± 10% ± 20% +50%～-20% +100%～-10%		1.0、1.5、2.2、3.3、4.7、6.8 （容量单位为 μF）

2. 额定工作电压

　　额定工作电压是指在最低环境温度和额定环境温度下可连续加在电容器上的最高直流电压，一般直接标注在电容器外壳上。如果工作电压超过电容器的耐压，电容器会被击穿，造成不可修复的永久损坏。

3. 绝缘电阻

由于电容器两极之间的介质不是绝对的绝缘体，它的电阻不是无限大，而是一个有限的数值，一般在 1 000 MΩ 以上。电容器两极之间的电阻称为绝缘电阻，或者称为漏电电阻。漏电电阻越小，漏电越严重。电容器漏电会引起能量损耗，这种损耗不仅影响电容器的寿命，而且会影响电路的工作。因此，漏电电阻越大越好。

4. 损耗

电容器在电场作用下，在单位时间内因发热所消耗的能量称为损耗。各类电容器都规定了其在某频率范围内的损耗允许值，电容器的损耗主要是由介质损耗、电导损耗和电容器所有金属部分的电阻所引起的。

在直流电场的作用下，电容器的损耗以漏导损耗的形式存在，一般较小。在交变电场的作用下，电容器的损耗不仅与漏导有关，而且与周期性的极化建立过程有关。

5. 电容器使用常识

电容器在电路中实际要承受的电压不能超过它的耐压值。在滤波电路中，电容器的耐压值不要小于交流有效值的 1.42 倍。使用电解电容器的时候，还要注意正负极不要接反。另外还要考虑工作频率，如果电路的工作频率很高，经验告诉我们，耐压值要更高才能保证电容器正常工作。

不同电路应该选用不同种类的电容器。谐振回路可以选用云母、高频陶瓷电容器；隔直流可以选用纸介、涤纶、云母、电解、陶瓷等电容器；滤波可以选用电解电容器；旁路可以选用涤纶、纸介、陶瓷、电解等电容器。

电容器在装入电路前要检查它有没有短路、断路和漏电等现象，并且核对它的电容器值。安装的时候，要使电容器的类别、容量、耐压等符号容易看到，以便核实。

3.2.4　电容器的识别及简单测试

1. 电容器的识别法

① 体积较大的电容器可以在元器件上直接标记，如电解电容器 100 V、2 200 μF。

② 体积较小的电容器上一般不标示耐压值（通常都高于 25 V）。通常电容量的标注方法是：在容量小于 10 000 pF 的时候，用 pF 作单位；大于 10 000 pF 的时候，用 μF 作单位。为了简便，大于 100 pF 而小于 1 μF 的电容器常常不注单位。没有小数点的，它的单位是 pF；有小数点的，它的单位是 μF。例如，3300 就是 3300 pF，0.1 就是 0.1 μF 等。

③ 有一些进口的电容器上用 nF 和 mF 作单位，$1nF=10^3 pF$，$1mF=10^6 pF$，这种标注方法常常把 n 放在小数点的位置，如 2900 pF 常常标成 2n9，而不标成 2.9 nF。也有用 R 作为 "0." 来用的，如把 0.56 μF 标成 R56 μF。

④ 在一些瓷片电容器和表贴电容器上，因其体积太小，常常只用三位自然数来表示标称容量。此方法以 pF 为单位，前两位表示有效数字，第三位表示有效数字后面的 0 的个数（9 除外）。例如，贴片电容器上标注的 104 表示 10×10^4 pF=100 000 pF=0.1 μF。如果第三位数字是 9，则代表 "×0.1"，如 229 表示 22×0.1 pF=2.2 pF。另外，如果三位自然数后面带有英文字母，如 224K，此处的 K 不表示单位，而是表示误差等级，K 对应的误差等级是 ± 10%，224K=22 ×

$10^4 \times (1 \pm 10\%)$ pF。

2. 电容器的简单测试法

一般用万用表的欧姆挡就可简单地测量出电容器的优劣情况，粗略地辨别其漏电、容量衰减或失效的情况。具体方法如表 3-8 所示。

表 3-8　指针式万用表测试电容器现象结论表

分类	现象	结论
一般电容	表针基本不动（在∞附近）	好电容
电解电容	表针先较大幅度右摆，然后慢慢回到∞	
一般电容 电解电容	表针不动（停在∞上）	坏电容（内部断路）
一般电容 电解电容	表针指示阻值很小	坏电容（内部短路）
一般电容	表针指示较大（几百兆欧＜阻值＜∞）	漏电（表针指示称为漏电阻）
电解电容	表针先大幅度右摆，然后慢慢向左退，但退不回∞处（几百兆欧＜阻值）	

① 选挡：选择 $R \times 1k$ 或 $R \times 100$ 挡（应先调零）。

② 接法：对于一般电容器，万用表的测试笔可任意接电容器的两根引线；对于电解电容器，万用表黑表笔接正极，红表笔接负极（电解电容器测试前应先将正、负极短路放电）。

测试时的现象和结论见表 3-8。

如果是用数字万用表，则可以直接使用测量电容的挡位去测量电容大小是否与标称值一致，在测量时要让电容器与所在的电路断开并放电完毕。

3.3　电感元件

3.3.1　电感元件的定义

电感，单位是亨[利]（H），由载流导体周围形成的磁场产生。通过导体的电流产生与电流成比例的磁通量。一个电流的变化产生一个磁通量的变化，与此同时也产生一个电动势以"反抗"这种电流的变化，电感即测量电流单位变化引起的电动势。比如，当电流以 1 A/s 的变化速率穿过一个 1 H 的电感，则引起 1 V 的感应电动势。

电感元件（Inductor）是一个被动电子元件，具有阻交流通直流、阻高频通低频（滤波）的作用。电感元件有许多种形式。常见的电感元件如图 3-5 所示。

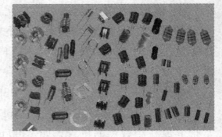

图 3-5　常见的电感元件

3.3.2　电感器的分类及图形符号

电感器是根据电磁感应原理制成的器件。在电子设备中电感器分为两大类：一类是应用自感作用的电感线圈；另一类是应用互感作用的变压器或互感器。根据电感器的结构和用途，一般可将电感器分类如下：

① 电感线圈：可分为单层线圈、多层线圈、蜂房式线圈、带磁芯线圈和磁芯有间隙的电感器等。根据电感器的电感量是否可调，分为固定、可变和微调电感器。

② 变压器：可分为电源变压器、低频输入变压器、低频输出变压器、中频变压器和宽频带变压器等。

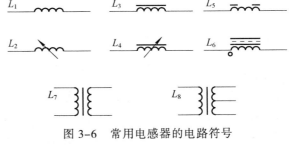

图 3-6 常用电感器的电路符号

电感器在电路中的图形符号一般有图 3-6 中的几种形式。其中 L_1 表示空心电感线圈，L_2 表示可调空心电感线圈，L_3 表示磁芯电感线圈，L_4 表示可调磁芯电感线圈，L_5 代表铁芯电感线圈，L_6 代表屏蔽铁芯电感线圈，L_7 代表普通变压器，L_8 代表具有抽头的变压器。

3.3.3 电感器的主要性能参数

1. 标称电感量

标称电感量是指电感器上标注的电感量的大小，常用 L 表示。电感量表征线圈本身固有特性，主要取决于线圈的圈数、结构及绕制方法等，与电流大小无关，反映电感线圈存储磁场能的能力，也反映电感器通过变化电流时产生感应电动势的能力，单位为亨[利]（H）。

2. 品质因数

电感的品质因数 Q 是表征电感质量的物理量，它与电感线圈的电阻 R 和电感量 L 有关。品质因数 Q 由于导线本身存在电阻值，由导线绕制的电感器也就存在电阻的一些特性，导致电能的消耗。Q 值越高，表示这个电阻值越小，使电感越接近理想的电感器，当然质量也就越好。另外还有磁芯损耗，有时还是影响电感品质因数的主要因素。中波收音机使用的振荡线圈的 Q 值一般为 55～75。

3. 分布电容

在互感线圈中，两线圈之间还会存在线圈与线圈间的匝间电容，称为分布电容，又称寄生电容。分布电容对高频信号有很大影响，分布电容越小，电感器在高频工作时性能越好。分布电容与线圈的长度、直径和绕制方法有关。

4. 额定电流

额定电流是指能保证电路正常工作的工作电流，主要由导线的直径大小决定。对于磁芯电感，也由磁芯材料的饱和特性决定。

3.3.4 电感器的识别法及测试方法

1. 电感器的识别法

电感器的识别法主要有直标法和色标法两种。直标法即在电感线圈的外壳上直接用数字和文字标出电感线圈的电感量，允许误差及最大工作电流等主要参数；色标法，与电阻色标法相同，只是单位成了 μH。

2. 电感器的测试方法

普通的指针式万用表不具备专门测试电感器的挡位，使用这种万用表只能大致测量电感器的好坏：用指针式万用表的 $R×1\ \Omega$ 挡测量电感器的阻值，测其电阻值极小（一般为零）则说明电感器基本正常；若测量电阻为∞，则说明电感器已经开路损坏。对于具有金属外壳的电感器（如中周），若测得振荡线圈的外壳（屏蔽罩）与各引脚之间的阻值不是∞，而是有一定电阻值或为零，则说明该电感器存在问题。

采用具有电感挡的数字万用表来检测电感器是很方便的，将数字万用表量程开关拨至合适的电感挡，然后将电感器两个引脚与两个表笔相连即可从显示屏上显示出该电感器的电感量。若显示的电感量与标称电感量相近，则说明该电感器正常；若显示的电感量与标称值相差很多，则说明该电感器有问题。

需要说明的是，在检测电感器时，数字万用表的量程选择很重要，最好选择接近标称电感量的量程去测量，否则，测试的结果将会与实际值有很大的误差。

3.4　半导体分立器件

半导体器件（Semiconductor Device）的导电性介于良导电体与绝缘体之间，是利用半导体材料特殊电特性来完成特定功能的电子器件。通常，这些半导体材料是硅、锗或砷化镓，可用作整流器、振荡器、发光器、放大器、测光器等器材。

常用的半导体分立器件包括：半导体二极管、晶体管（双极性晶体管）和场效应管（单极性晶体管）等。

3.4.1　半导体分立器件的命名法

1. 国标半导体器件型号命名规则

国标（GB/T 249—1989）半导体分立器件型号命名方法是按照它的材料、性能、类别来命名的，一般半导体器件的型号由五部分组成。具体的意义如表 3-9 所示。

表 3-9　国产半导体分立器件型号命名法

第一部分		第二部分		第三部分				第四部分	第五部分
用数字表示器件的电极数目		用汉语拼音字母表示器件的材料和极性		用汉语拼音字母表示器件的类型				用数字表示器件的序号	用汉语拼音表示规格的区别代号
符号	意义	符号	意义	符号	意义	符号	意义		
2	二极管	A	N 型锗材料	P	普通管	D	低频大功率管 $(f_s < 3\,\text{MHz}, P_c = 1\,\text{W})$		
		B	P 型锗材料	V	微波管				
		C	N 型硅材料	W	稳压管	A	高频大功率管 $(f_s = 3\,\text{MHz}, P_c = 1\,\text{W})$		
		D	P 型硅材料	C	参量管				
3	晶体管	A	PNP 锗材料	Z	整流管	T	晶闸管		
		B	NPN 锗材料	L	整流堆	Y	体效应器件		
		C	PNP 硅材料	S	隧道管	B	雪崩管		
		D	NPN 硅材料	N	阻尼管	J	阶跃二极管		
		E	化合物材料	U	光电器件	CS	场效应器件		
				K	开关管	BT	半导体特殊器件		
				X	低频小功率管 $(f_s < 3\,\text{MHz}, P_c < 1\,\text{W})$	FH	复合管		
				G	高频小功率管 $(f_s > 3\,\text{MHz}, P_c < 1\,\text{W})$	PIN	PIN 管		
						JG	激光器件		

例如，一个型号为 3DG18 的半导体器件，它表示的是 NPN 型硅材料高频小功率晶体管。

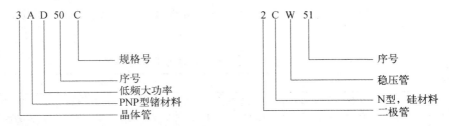

2. 国际电子联合会半导体器件型号命名方法

德国、法国、意大利、荷兰、比利时、匈牙利、罗马尼亚、波兰等欧洲国家，大都采用国际电子联合会半导体分立器件型号命名方法。这种命名方法由四部分组成，各部分的符号及意义如表 3-10 所示。

表 3-10　国际电子联合会半导体器件型号命名方法

第一部分		第二部分				第三部分		第四部分	
用字母表示使用的材料		用字母表示类型及主要特性				用数字或字母加数字表示登记号		用字母对同一型号分挡	
符号	意义	符号	意义	符号	意义	符号	意义	符号	意义
A B C D R	锗 硅 砷化镓 锑化铟 复合材料	A B C D E F G H K L	检波、开关和混频二极管 变容二极管 低频小功率晶体管 低频大功率晶体管 隧道二极管 高频小功率晶体管 复合器件及其他器件 磁敏二极管 开放磁路中的霍尔元件 高频大功率晶体管	M P Q R S T U X Y Z	封闭磁路中的霍尔元件 光敏元件 发光器件 小功率可控硅 小功率开关管 大功率可控硅 大功率开关管 倍增二极管 整流二极管 稳压二极管即齐纳二极管	三位数字 一个字母加两位数字	通用半导体器件的登记序号（同一类型器件使用同一登记号） 专用半导体器件的登记序号（同一类型器件使用同一登记号）	A B C D E L	同一型号器件按某一参数进行分挡的标志

国际电子联合会晶体管型号命名法的特点有：

① 这种命名法被欧洲许多国家采用。因此，凡型号以两个字母开头，并且第一个字母是 A、B、C、D 或 R 的晶体管，大都是欧洲制造的产品，或者按欧洲某一厂家专利生产的产品。

② 第一个字母表示材料（A 表示锗管，B 表示硅管），但不表示极性（NPN 型或 PNP 型）。

③ 第三部分表示登记序号。三位数字者为通用品；一个字母加两位数字者为专用品，顺序号相邻的两个型号的特性可能相差很大。例如，AC184 为 PNP 型，而 AC185 则为 NPN 型。

④ 第四部分字母表示同一型号的某一参数（如 h_{FE} 或 NF）进行分挡。

⑤ 型号中的符号均不反映器件的极性（指 NPN 或 PNP），极性的确定需查阅手册或进行测量。

3. 美国半导体分立器件型号命名方法

美国半导体器件的命名法比较多，以至于造成了好多器件命名比较混乱。其中，美国电子工业协会半导体分立器件命名方法如表 3-11 所示。

表 3-11　美国电子工业协会半导体分立器件命名法

第一部分		第二部分		第三部分		第四部分		第五部分	
用符号表示用途的类型		用数字表示PN结的数目		美国电子工业协会（EIA）注册标志		美国电子工业协会（EIA）登记序号		用字母表示器件分挡	
符号	意义	符号	意义	符号	意义	符号	意义	符号	意义
JAN JANTX JANTXV JANS 无	军级 特军级 超特军级 宇航级 非军品	1 2 3 N	二极管 晶体管 3 个 PN 结器件 N 个 PN 结器件	N	该器件已在美国电子工业协会（EIA）注册登记	多位数字	该器件在美国电子工业协会登记的顺序号	A B C D L	同一型号器件的不同挡别

例如，JAN2N3251A 表示 PNP 硅高频小功率开关晶体管。JAN——军级；2——晶体管；N——EIA 注册标志；3251——EIA 登记序号；A——2N3251 的 A 挡。

4. 日本半导体分立器件型号命名方法

日本半导体分立器件（包括晶体管）或其他国家按日本专利生产的这类器件，都是按日本工业标准（JIS）规定的命名法（JIS－C－702）命名的。日本半导体分立器件的型号，由 5～7 部分组成，通常只用到前五部分，第六、七部分的符号及意义通常是各公司自行规定的。前五部分符号及意义如表 3-12 所示。

表 3-12　日本半导体器件型号命名法

第一部分		第二部分		第三部分		第四部分		第五部分	
用数字表示类型或有效电极数		S 表示日本电子工业协会（EIAJ）的注册产品		用字母表示器件的极性及类型		用数字表示在日本电子工业协会登记的顺序号		用字母表示对原来型号的改进产品	
符号	意义	符号	意义	符号	意义	符号	意义	符号	意义
0	光电（即光敏）二极管、晶体管及其组合管	S	表示已在日本电子工业协会（EIAJ）注册登记的半导体分立器件	A	PNP 型高频管	四位以上的数字	从 11 开始，表示在日本电子工业协会注册登记的顺序号，不同公司性能相同的器件可以使用同一顺序号，其数字越大越是近期产品	A B C D E F	用字母表示对原来型号的改进产品
				B	PNP 型低频管				
				C	NPN 型高频管				
				D	NPN 型低频管				
1	二极管			F	P 控制极晶闸管				
				G	N 控制极晶闸管				
2	晶体管、具有两个 PN 结的其他晶体管			H	N 基极单结晶体管				
3	具有 4 个有效电极或具有 3 个 PN 结的晶体管			J	P 沟道场效应晶体管				
				K	N 沟道场效应晶体管				
n-1	具有 n 个有效电极或具有 n-1 个 PN 结的晶体管			M	双向晶闸管				

日本半导体器件型号命名法有如下特点：

① 型号中的第一部分是数字，表示器件的类型和有效电极数。例如，用"1"表示二极管，用"2"表示晶体管。而屏蔽用的接地电极不是有效电极。

② 第二部分均为字母 S，表示日本电子工业协会注册产品，而不表示材料和极性。

③ 第三部分表示极性和类型。例如，用 A 表示 PNP 型高频管，用 J 表示 P 沟道场效应晶体管。但是，第三部分既不表示材料，也不表示功率的大小。

④ 第四部分只表示在日本工业协会（EIAJ）注册登记的序号，并不反映器件的性能，顺序号相邻的两个器件的某一性能可能相差很远。例如，2SC2680 型的最大额定耗散功率为 200 mW，而 2SC2681 的最大额定耗散功率为 100 W。但是，登记顺序号能反映产品时间的先后。登记顺序号的数字越大，越是近期产品。

⑤ 第六、七两部分的符号和意义各公司不完全相同。

⑥ 日本有些半导体分立器件的外壳上标记的型号，常采用简化标记的方法，即把 2S 省略。例如，2SD764 简化为 D764，2SC502A 简化为 C502A。

⑦ 在低频管（2SB 和 2SD 型）中，也有工作频率很高的管子。例如，2SD355 的特征频率为 100 MHz，所以，它们也可当高频管用。

⑧ 日本通常把 PCM31W 的管子称为大功率管。

举例来说，日本收音机中常用的中频放大管 2SC502A，是 NPN 型高频晶体管。

3.4.2　半导体二极管

1. 半导体二极管的概念与分类

半导体二极管也称晶体二极管，它是在 PN 结上加接触电极、引线和管壳封装而成的。图 3-7 中列出了一些常见的半导体二极管及 PN 结的结构。半导体二极管的种类很多，通常可按用途、结构及制作工艺、PN 结组成材料及封装形式进行分类，分类情况如图 3-8 所示。

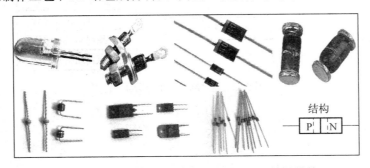

图 3-7　常用的一些半导体二极管及 PN 结的结构

另外，根据实际应用的指标，按二极管电流容量的大小分为大功率二极管（电流大于 5 A）、中功率二极管（电流为 1～5 A）和小功率二极管（电流小于 1 A）；按二极管工作频率可分为高频二极管和低频二极管。

2. 半导体二极管的图形符号

半导体二极管的种类很多，其对应的图形符号也有很多种，其中常用的如图 3-9 所示。其中 D_1 表示的是一般的二极管符号，D_2 是双向稳压二极管的图形符号，D_3 是代表发光二极管，D_4 代表光电二极管。

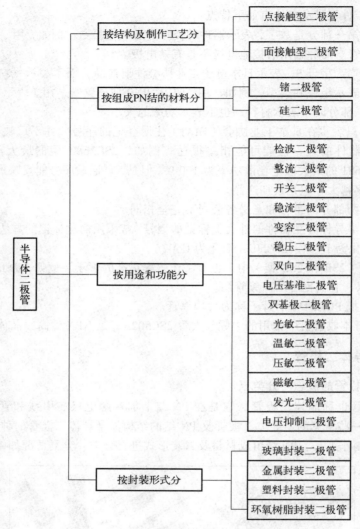

图 3-8　半导体二极管分类图

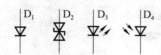

图 3-9　半导体二极管常用图形符号

3. 半导体二极管的测试和选择

（1）二极管极性测试

一般情况下，二极管有色点的一端为正极，如 2AP1～2AP7、2AP11～2AP17 等。

如果是透明玻璃壳二极管，可直接看出极性，即内部连触丝的一头是正极，连半导体片的一头是负极。

塑封二极管有圆环标志的是负极，如 IN4000 系列。

无标记的二极管，则可用万用表欧姆挡来判别正、负极。根据二极管正向电阻小，反向电阻大的特点，将万用表拨到电阻挡（一般用 $R \times 100$ 或 $R \times 1k$ 挡），用表笔分别与二极管的两极相接，测出两个阻值。在所测得阻值较小的一次，与黑表笔相接的一端为二极管的正极（万用表欧姆挡电路中，红表笔接电池的负极，黑表笔接电池的正极）。同理，所测得较大阻值的一次，与黑表笔相接的一端为二极管的负极。

（2）二极管质量测试

选用万用表 $R \times 1k$ 挡，测量二极管正、反向电阻，可以根据表 3-13 来简单判断二极管的好坏。

表 3-13　二极管质量测试表

正向电阻	反向电阻	测试结果
几百欧~几千欧（硅）	几十千欧~几百千欧	好
一百欧~一千欧（锗）		
0	0	击穿短路
无穷	无穷	开路失效
正反向电阻相近		失效

（3）二极管的选择与使用

半导体二极管的性能参数中有一些是极限参数，比如最高反向工作电压、最高频率、最大整流电流等，在选择使用二极管时，要根据电路实际情况，选择极限参数有余量的二极管使用，否则可能烧毁二极管。另外，根据不同的技术要求，结合不同的材料所具有的特点，有如下的选择规则：

① 当要求反向电压高、反向电流小、工作温度高于 100 ℃时应选择硅管。需要导通电流大时，应选择面接触型硅管。

② 当要求导通压降低时应选择锗管，工作频率高时，应选择点接触型二极管（一般为锗管）。

③ 使用二极管时要注意正负极不能接反。二极管具有单向导电特性，如果极性接反，将起不到二极管应用的作用，严重时会造成短路等事故。

3.4.3　半导体晶体管

半导体晶体管是一种电流控制电流型（CCCS）的半导体器件，由于有电子和空穴两种载流子参与晶体管导电，所以又称为双极型晶体管，简称晶体管。晶体管的基本作用是放大，可把微弱的电信号放大成幅度较大的电信号。当然，这种转换仍然遵循能量守恒，它只是把电源的能量转换成信号的能量。半导体晶体管是电子技术中应用最广泛的一种器件。

图 3-10 所示为一些常见的半导体晶体管外形图，其中左边部分为插装元件，右边部分为贴装元件。

1. 半导体晶体管的分类

半导体晶体管的种类很多，分类的方法也有很多种。

① 按所用的半导体材料分：有硅管和锗管。

② 按结构分：有 NPN 管和 PNP 管。

图 3-10　常见半导体晶体管外形图

③ 按功能分：开关管、功率管、光敏管等。

④ 按工作频率分：有低频晶体管、高频晶体管和超高频晶体管。

⑤ 按封装分：有金属封装晶体管、玻璃封装晶体管、陶瓷封装晶体管、塑料封装晶体管等。

2. 半导体晶体管的图形符号

半导体晶体管由于其结构有 NPN 和 PNP 两种，所以其图形符号也有对应的两种，如图 3-11 所示。

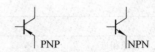

图 3-11　半导体晶体管的图形符号

3. 半导体晶体管的识别、测试和选择

（1）半导体晶体管器件引脚的识别

常用晶体管的封装形式有金属封装和塑料封装两大类，引脚的排列方式具有一定的规律。对于金属封装的晶体管，如图 3-12（a）所示，底视图位置放置，从定位销数起，引脚顺时针依次为 EBC；对于中小功率塑料晶体管，如图 3-12（b）所示，无定位销，顶视图位置放置，使其平面朝向自己，引脚朝下放置，则从左到右依次为 EBC。

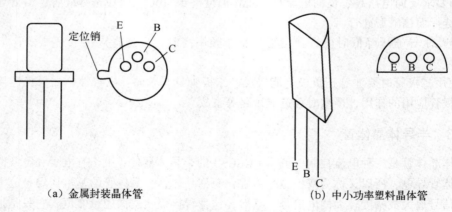

（a）金属封装晶体管　　　　　　　　　　（b）中小功率塑料晶体管

图 3-12　晶体管引脚图

当然还有一些晶体管不符合上面的判断条件，可以用数字万用表来识别引脚。

用数字万用表来识别晶体管的引脚，如图 3-13 所示，可以将 NPN 和 PNP 结构的晶体管看成是两个二极管组合成的电路，其中相连接处引出端为基极（即 B）。

首先要找到基极并判断是 PNP 管还是 NPN 管。由图 3-12 可知，对于 PNP 管的基极是 2 个负极的共同点，NPN 管的基极是 2 个正极的共同点。这时可以用数字万用表的二极管挡[见图 3-14（a）]去测基极。对于 PNP 管，当数字万用表黑表笔（连表内电池负极）在基极上，红表笔去测另两个极时一般为相差不大的较小读数（一般 0.5～0.8），如表笔反过来接则为一个较大的读数。对于 NPN 管来说则是红表笔（连表内电池正极）连在基极上。这样便确定了晶体管的基极，并确定了晶体管的结构。

图 3-13　晶体管的等效图

接着把万用表打到 h$_{FE}$ 挡上，把晶体管的 3 个引脚插到对应的 NPN 或者 PNP 的小孔上[见图 3-14（b）]，B 极对上面的 B 字母，读数。再把它的另外 2 个引脚反转，再读数。读数较大的那次，3 个引脚所对应的小孔的字母就是真实的引脚标号，这时就确定了晶体管的 C、E 极。

（a）数字万用表的二极管挡　　　　（b）数字万用表的NPN或PNP小孔

图 3-14　万用表的相关挡位

（2）判别半导体晶体管好坏

判别一个半导体晶体管的好坏，可以参照判定二极管好坏的方法，可以用判定两个 PN 结的好坏来判断晶体管的好坏。

对于 NPN 管，可以使用数字万用表的测量二极管的挡位，用红表笔（正）连接 B 极，用黑表笔（负）分别连接 C 极和 E 极，则可以看到两个稳定的较小读数（硅管一般为 0.5～0.8 之间，锗管一般为 0.1～0.3 之间）。改变万用表红黑表笔的接法，将黑表笔接到 B 极，红表笔分别接到 C 极和 E 极，则可以看到显示一个较大的数。这样就证明了 NPN 管是好的。同理，用这样的方法也可以测试 PNP 管的好坏。

（3）如何选择使用半导体晶体管

首先应根据晶体管的用途选择合适的类型，确定型号，确保在使用时不能超过晶体管的极限参数，并留有一定的余量。

晶体管在使用前，一定要进行性能指标测试。可使用专门的测试仪器测试（晶体管特性图示仪），也可以使用万用表测试。

晶体管在安装时，要正确判断 3 个引脚，注意电源的极性，NPN 管的发射极对其他两个极是负电位，而 PNP 管则应是正电位。

3.4.4　场效应管

场效应管是一种电压控制型的半导体器件，具有输入电阻高、噪声低、受温度或辐射等外界条件的影响较小、耗电少、便于集成等优点，因此得到了广泛的应用。目前，在超大规模集成电路中，最小单位电路往往由场效应管构成。数字电路中常用的与门、或门等一些简单门电路也常用场效应管构成。场效应管有 3 个极，分别为 G（栅极）、D（漏极）和 S（源极），可分别对应晶体管的基极、集电极和发射极。场效应管按沟道注入离子的不同可分为 P 型和 N 型，按其生成栅极的不同方式可分为结型场效应管和绝缘栅型场效应管。绝缘栅型场效应管又按工作状态分为增强型和耗尽型。

场效应管的主要参数有夹断电压（开启电压）U_{GS}、饱和漏电流 I_{DSS}、直流输入电阻、跨导和击穿电压等。除耗尽型场效应管外，其他类型都需要一个开启电压 U_{TH} 才可以正常工作。表 3-14 列出来两种常用场效应管的参数。

表 3-14　常用场效应管主要参数

参数名称	MOS 管 N 沟道结型			MOS 管 N 沟道耗尽型			
	3DJ2	3DJ4	3DJ6	3DJ7	3D01	3D02	3D04
饱和漏电流/mA	0.3～10	0.3～10	0.3～10	0.35～1.8	0.35～10	0.35～25	0.35～10.5
夹断电压/V	<1～91	<1～91	<1～91	<1～91	<1～91	<1～91	<1～91
正向跨导/μV	>2 000	>2 000	>1 000	>3 000	≥1 000	≥4 000	≥2 000
最大漏源电压/V	>20	>20	>20	>20	>20	>12～20	>20
最大耗散功率/mW	100	100	100	100	100	25～100	100
栅源绝缘电阻/Ω	≥10^8	≥10^8	≥10^8	≥10^8	≥10^8	≥10^8－10^9	≥10^9

由于场效应管的输入电阻非常高，容易造成栅极上电荷积累，因此容易造成感应电压过高而击穿场效应管，所以在焊接、保存及运送过程中要保证场效应管有良好的释放电荷的途径。现在许多场效应管本身就具有保护放电电路，这样使用起来会方便很多。

由于结型场效应管的源极和漏极是对称的，因此，在使用时互换源极和漏极不影响效果。

3.5　光　电　器　件

半导体光电器件简称光电器件，常用的有光敏电阻、光电二极管、光电晶体管、发光二极管和光耦合器等。

1. 光敏电阻

光敏电阻是无结半导体器件，它利用半导体的光敏导电特性，即半导体受光照产生空穴和电子，在复合之前由一电极到达另一电极，使光电导体的电阻率发生变化。其光照强度越强，电阻值越小。

2. 发光二极管

发光二极管包括可见光、不可见光、激光等不同类型。发光二极管的发光颜色取决于所用材料，目前有黄、绿、红、橙等颜色。它可以制成长方形、圆形等各种形状。图 3-15 所示为发光二极管的图形符号。

3. 光电二极管

光电二极管又称光敏二极管，是远红外接收管，是一种光能与电能相互转换的器件，其图形符号如图 3-16 所示。其结构与普通二极管相似，不同点是管壳上有入射窗口，可将接收到的光线强度的变化转换成电流的变化。

4. 光电晶体管

光电晶体管依据光照的强度来控制集电极电流的大小，其功能可等效为一只光电二极管和一只晶体管相连，并只引出集电极和发射极，所以它具有放大作用。光电晶体管等效电路与图形符号如图 3–17 所示。

图 3–15　发光二极管的
图形符号

图 3–16　光电二极管的
图形符号

（a）等效电路　　（b）图形符号

图 3–17　光电晶体管的等效
电路及图形符号

光电晶体管也可用万用表 $R \times 1k$ 挡测试。用黑表笔接 C 极，红表笔接 E 极，无光照时，电阻为无穷大；有光照时，阻值减小到几千欧或 $1k\Omega$ 以下。若将表笔对换，无论有无光照，阻值均为无穷大。

5. 光耦合器

光耦合器是实现光电耦合的基本器件，它将发光元件（发光二极管）与光敏元件（光电晶体管）相互绝缘地耦合在一起，其对应的等效电路与图形符号如图 3–18 所示。发光元件为输入回路，它将电能转换成光能；光敏元件为输出回路，它将光能再转换成电能，实现了两部分电路的电气隔离，从而可以有效地抑制干扰。在输出回路常采用复合管形式以增大放大倍数，也可为 CaS 光电池、光电二极管、硅光晶体管等。

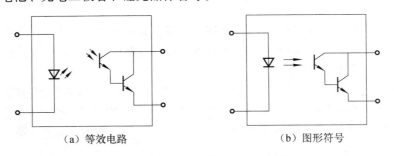

（a）等效电路　　　　　　　（b）图形符号

图 3–18　光耦合器等效电路及图形符号

选用光耦合器时主要根据用途来选用合适的受光部分类型。受光部分选用光电二极管时，线性度好，响应速度快，响应时间约为几十纳秒；达林顿光电晶体管适用于开关电路，响应时间为几十微秒至几百微秒，其传输效率高。

光电耦合也可用万用表检测，输入部分的检测方法和检测发光晶体管的方法相同，输出部分的检测方法与受光器件类型有关。对于输出部分为光电二极管、光电晶体管的，可按光电二极管、光电晶体管的检测方法进行测量。

3.6 集 成 电 路

3.6.1 半导体集成电路介绍

半导体集成电路（Semiconductor Integrated Circuit，也称 Integrated Circuit，简称 IC），是将晶体管、二极管等有源元件和电阻器、电容器等无源元件，按照一定的电路互联，"集成"在一块半导体单晶片上，完成特定的电路或者系统功能。集成电路如图 3-19 所示。通常使用硅为基础材料，在上面通过扩散或渗透技术形成 N 型半导体和 P 型半导体及 PN 结。也有的使用锗为基础材料，但比起锗，硅具有更好的耐高温和抗辐射性能，特别适宜制作大功率器件。实验室中也有以砷化镓（GaAs）为基础材料的芯片，性能远超硅芯片，适合通信上的高频应用，但是不易量产，价格过高，并且砷具有毒性，废弃时不易处理。

实验发现半导体设备可以实现真空管的功能。20 世纪中期的半导体制造技术进步，使得集成电路的出现成为可能。第一个集成电路雏形是由得州仪器的杰克·基尔比（Jack Kilby）于 1958 年完成的，其中包括一个双极性晶体管、3 个电阻和一个电容器，如图 3-20 所示。

图 3-19　集成电路

图 3-20　Jack Kilby 的原始集成电路

相对于手工组装电路使用分立的电子元件，集成很大数量的微晶体管到一个小芯片上，是一个巨大的进步。集成电路的规模生产能力、可靠性、电路设计的模块化方法确保了快速采用标准化 IC 代替使用分立晶体管设计。

IC 对于分立元件有两个主要优势：成本低和性能高。成本低是由于芯片把所有的元件通过照相平版技术，作为一个单位印刷，而不是在一个时间只制作一个晶体管。性能高是由于元件快速开关，消耗更少能量，因为元件很小且彼此靠近。2006 年，芯片面积从几平方毫米到 350 mm²，每平方毫米可以达到一百万个晶体管。

仅仅在其开发后半个世纪，集成电路变得无处不在，计算机、手机和其他数字电器成为现代社会结构不可缺少的一部分。这是因为现代计算、交流、制造和交通系统，包括互联网，全都依赖于集成电路存在。甚至很多学者认为由集成电路带来的数字革命是人类历史上最重要的事件。

1. 集成电路分类

（1）根据一个芯片上集成的微电子器件的数量进行分类

① 小规模集成电路（Small-Scale Integration，SSI），几十个逻辑门以内。

② 中规模集成电路（Medium-Scale Integration，MSI），几百个逻辑门。

③ 大规模集成电路（Large-Scale Integration，LSI），几万个逻辑门。

④ 甚大规模集成电路（Very-large-scale Integration，VLSI），几十万个逻辑门以上。

⑤ 超大规模集成电路（Ultra-Large Scale Integration，ULSI），百万个逻辑门以上。

（2）根据处理信号不同进行分类

根据处理信号的不同，可以分为模拟集成电路和数字集成电路，另外随着集成电路的发展，出现了混合信号集成电路。

模拟集成电路是集成以放大器为基础的线性电路，例如传感器、电源控制电路和运放，处理模拟信号，完成放大、滤波、解调、混频等功能。

数字集成电路是集成以门电路为基础的数学逻辑电路，在几平方毫米上有从几千到上百万的逻辑门、触发器、多路复用器和其他电路。这些电路的尺寸小，与板级集成相比，有更高的速度、更低的功耗，并降低了制造成本。这些数字 IC，以微处理器、数字信号处理器（DSP）和微控制器为代表，工作中使用二进制，处理 1 和 0 信号。

混合信号集成电路则是把数字电路和模拟电路集成在一个单芯片上，如模数转换（A/D）和数模转换（D/A）电路。

（3）按导电类型进行分类

集成电路按导电类型可分为双极型集成电路和单极型集成电路。

一般来说，双极型集成电路的优点是速度比较快，缺点是集成度较低，功耗较大；而单极型（MOS）集成电路则由于 MOS 器件的自身隔离，工艺较简单，集成度较高，功耗较低，缺点是速度较慢。近来在发挥各自优势，克服自身缺点的发展中，已出现了各种新的器件和电路结构。

其中，双极型集成电路的代表有 TTL、ECL、HTL、LST-TL、STTL 等电路类型，MOS 集成电路的代表有 CMOS、NMOS、PMOS 等电路类型。

2. 集成电路的新发展

20 世纪 80 年代，可编程的集成电路问世。这些集成电路可以由用户对其逻辑功能和电路连接进行编程，而不再是由集成电路制造商预先设置。这样就可以对单个芯片进行编程以实现不同的大规模功能，如逻辑门、加法器和寄存器等。目前，FPGA（现场可编程逻辑门阵列）能并行实现数万门大规模集成电路，最高频率达 550 MHz。

过去几十年间，集成电路工业不断发展，其完善的技术已经被成功运用于生产微机电系统（MEMS）。这些系统被应用在不同的商业和军事领域。典型的商业应用的例子包括 DLP 投影仪、喷墨打印机和控制汽车安全气囊的加速器。

1998 年，大量的基于 CMOS 工艺的射频芯片被生产出来之前，那些低成本的微处理器根本不敢想象还能实现射频功能，而现在这些低成本的芯片已经成功地使用在 Intel 的 DECT 无绳电话上和 Atheros 公司的 802.11 无线网卡中。

未来的集成电路会沿着多核的模式发展，就像我们看到 Intel 和 AMD 的双核处理器一样。Intel 曾公布了一款非商业的处理器芯片，包含 80 个微处理器内核，每一个内核都可以独立完成指令。这基本上达到了半导体技术使用的极限。同时，这个发明也给编程技术带来了新的挑战。

3.6.2　常用电子器件封装介绍

1. 元件封装介绍

电子元件就像是一个简单的电路或者是某种结构的组合，因此要想让整个电子元件便于使用和保存，必须在其外部加上一个壳，这个由特定大小和特殊材料制成的壳就是电子元件的封装。准确地讲，封装就是指把硅片上的电路引脚，用导线接引到外部接头处，以便与其他器件连接。封装形式是指安装半导体集成电路芯片用的外壳，它不仅起着安装、固定、密封、保护芯片及增强电热性能等方面的作用,而且还通过芯片上的接点用导线连接到封装外壳的引脚上，这些引脚又通过印制电路板上的导线与其他器件相连接,从而实现内部芯片与外部电路的连接。因为芯片必须与外界隔离，以防止空气中的杂质对芯片电路的腐蚀而造成电气性能下降；另一方面，封装后的芯片也更便于安装和运输。由于封装技术的好坏还直接影响到芯片自身性能的发挥和与之连接的 PCB（印制电路板）的设计和制造，因此它是至关重要的。

衡量一个芯片封装技术先进与否的重要指标是芯片面积与封装面积之比，这个比值越接近 1 越好。封装时主要考虑的因素如下：

① 芯片面积与封装面积之比尽量接近 1 : 1（提高封装效率）。

② 引脚要尽量短以减少延迟，引脚间的距离尽量远，以保证互不干扰，提高性能。

③ 基于散热的要求，封装越薄越好。

封装主要有 DIP 双列直插和 SMT 贴片封装两种。最早的集成电路使用陶瓷扁平封装，这种封装很多年来因为可靠性和小尺寸继续被军方使用。商用电路封装很快转变到双列直插封装（Dual In-Line Package，DIP），封装材料开始是陶瓷，之后是塑料。20 世纪 80 年代，VLSI 电路的引脚超过了 DIP 封装的应用限制，导致插针网格阵列和 LCC（Leadless Chip Carrier）的出现。表面贴式封装在 20 世纪 80 年代初期出现，在 80 年代后期开始流行。它使用更细的脚间距，引脚形状为海鸥翼型或 J 型。以 SOIC（Small-Outline Integrated Circuit）为例，它比相等的 DIP 面积少 30%~50%，厚度少 70%，这种封装在两个长边有海鸥翼型引脚突出，引脚间距为 0.05 英寸。BGA（Ball grid array）封装从 20 世纪 70 年代开始出现，20 世纪 90 年代开发了比其他封装有更多引脚数的 FCBGA（Flip-Chip Ball Grid Array）封装，被广泛地用在 CPU 芯片的封装中。材料介质方面，曾经使用的有金属、陶瓷，现在常用的是塑料。目前很多高强度工作条件需求的电路，如军工和宇航级别仍有大量的金属封装。

2. DIP 双列直插式封装

DIP（Dual In-Line Package）是指采用双列直插式封装的集成电路芯片，绝大多数中小规模集成电路（IC）均采用这种封装形式，引脚从封装两侧引出，封装材料有塑料和陶瓷两种。DIP 是最普及的插装型封装，应用范围包括标准逻辑 IC、存储器 LSI、微机电路等。其引脚数一般不超过 100 个。采用 DIP 封装的 CPU 芯片有两排引脚，需要插到具有 DIP 结构的芯片插座上，当然，也可以直接插在有相同焊孔数和几何排列的电路板上进行焊接，DIP 封装的芯片在从芯片插座上插拔时应特别小心，以免损坏引脚。

常见的 DIP 封装及其派生的封装有：

（1）双列直插式封装（Dual In-Line Package，DIP）

双列直插封装的广义定义，也是使用最广的称呼。

（2）塑料双列直插式封装（Plastic Dual In-Line Package，PDIP）

从名字上可以直观地知道，封装使用的材料介质为塑料，也是现在最常用的封装。

（3）陶瓷双列直插式封装（Ceramic Dual In-Line Package，CDIP）

介质材料为陶瓷。

（4）收缩型双列直插式封装（Shrink Dual In-Line Package，SDIP）

它是 DIP 的一种派生方式（又称为紧缩双入线封装），比 DIP 的针脚密度要高六倍。

图 3-21 所示为一些常用的 DIP 封装的元件。

图 3-21 常用 DIP 封装的元件

DIP 封装具有以下特点：

① 适合在 PCB 上穿孔焊接，操作方便。

② 芯片面积与封装面积之间的比值较大，故体积也较大。

Intel 系列 CPU 中 8088 就采用这种封装形式，缓存（Cache）和早期的内存芯片均采用这种封装形式。

3. SMT 贴片元件封装

SMT 所涉及的零件种类繁多，样式各异，有许多已经形成了业界通用的标准，这主要是一些芯片、电容、电阻等；有许多仍在经历着不断的变化，尤其是 IC 类元件，其封装形式的变化层出不穷，令人目不暇接。传统的引脚封装正在经受着新一代封装形式（BGA、FLIP、CHIP 等）的冲击，这里将通过标准元件和 IC 元件来介绍 SMT 元件。

（1）标准元件

标准元件是在 SMT 发展过程中逐步形成的，主要是针对用量比较大的元件，这里只讲述常见的标准元件。目前主要有以下几种：电阻（R）、排阻（RA 或 RN）、电感（L）、陶瓷电容（C）、排容（CP）、钽质电容（C）、二极管（D）、晶体管（Q）。括号内为 PCB 上的元件代码，在 PCB 上可根据代码来判定其零件类型，一般来说，元件代码与实际安装的元件是相对应的。

① 元件规格：

- 元件规格即元件的外形尺寸，SMT 发展至今，业界为方便作业，已经形成了一个标准元件系列，各家元器件供货商皆按这一标准制造。

标准元件尺寸规格有英制与公制两种表示方法，如表 3-15 所示。

表 3-15　标准元件尺寸对照表

英制表示法	公制表示法	含　　义
1206	3216	L: 1.2mil（3.2mm）　W: 0.6 mil（1.6mm）
0805	2125	L: 0.8 mil（2.0mm）　W: 0.5 mil（1.25mm）
0603	1608	L: 0.6 mil（1.6mm）　W: 0.3 mil（0.8mm）
0402	1005	L: 0.4 mil（1.0mm）　W: 0.2 mil（0.5mm）

注：L（Length）—长度；　W（Width）—宽度；mil—毫英寸；1 inch=25.4mm

- 在表 3-15 中未提及零件的厚度，厚度因元件不同而有所差异，在使用时应以实际测量为准。

- 以上规格主要是针对电子产品中用量大的电阻（排阻）和电容（排容），其他如电感、二极管、晶体管不包括在内。
- SMT 发展至今，随着电子产品集成度的不断提高，标准元件逐步向微型化发展，如今已出现了更小的标准元件，如 0201。

图 3-22　标准贴片元件与传统元件

图 3-22 所示为贴片电阻、贴片电容与传统插式电阻、电容的对比图，其中图中左边 4 个为电阻，右边 4 个为电容。

② 钽质电容（Tantalum）。钽质电容已经越来越多地应用于各种电子产品上，属于比较贵重的元件。发展至今，也有了一个标准尺寸系列，用英文字母 Y、A、X、B、C、D 来代表，其对应关系如表 3-16 所示。

表 3-16　钽质电容规格对照表

规格或型号	Y	A	X	B	C	D
L/mm	3.2	3.8	3.5	4.7	6.0	7.3
W/mm	1.6	1.9	2.8	2.6	3.2	4.3
T/mm	1.6	1.6	1.9	2.1	2.5	2.8

注：● L（Length）—长度；W（Width）—宽度；T（Tall）—高度。
　　● 电容值相同但规格型号不同的钽质电容不可代用。例如，10μF/16V "B" 型与 10μF/16V "C" 型不可相互代用。

（2）IC 类元件

IC 为 Integrated Circuit（集成电路）的英文缩写，一般以 IC 的封装形式来划分其类型。传统 IC 有 SOP、SOJ、QFP、PLCC 等，现在比较新型的 IC 有 BGA、CSP、FLIP CHIP 等，这些元件类型因其 PIN（引脚）的多少、大小及 PIN 的间距不同，而呈现出各种各样的形状，这里简要介绍几种 IC 类元件及其称谓。

① 基本 IC 类型：

- SOP（Small Outline Package）：元件两面有脚，脚向外张开（一般称为鸥翼型引脚）。
- SOJ（Small outline J-lead Package）：元件两面有脚，脚向元件底部弯曲（J 型引脚）。
- QFP（Quad Flat Package）：元件四边有脚，元件脚向外张开。
- PLCC（Plastic Leadless Chip Carrier）：元件四边有脚，元件脚向元件底部弯曲。
- BGA（Ball Grid Array）：元件表面无脚，其脚成球状矩阵排列于元件底部。
- CSP（Chip Scale Package）：芯片级封装。CSP 封装可以让芯片面积与封装面积之比超过 1:1.14，已经相当接近 1:1 的理想情况。

图 3-23 所示为一些常见 IC 的封装实物外形图。

② IC 称谓。IC 的称谓一般采用 "类型+PIN 脚数" 的格式，如 SOP14PIN、SOP16PIN、SOJ20PIN、QFP100PIN、PLCC44PIN 等。

（3）SMT 元件的特点

① 组装密度高、电子产品体积小、重量轻，贴片元件的体积和重量只有传统插装元件的 1/10 左右，一般采用 SMT 之后，电子产品体积缩小 40%～60%，重量减轻 60%～80%。

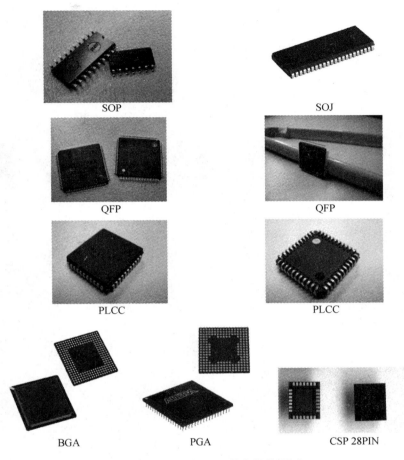

图 3-23　常见 IC 封装实物外形图

② 可靠性高、抗振能力强，焊点缺陷率低。

③ 高频特性好，减少了电磁和射频干扰。

④ 易于实现自动化，提高生产效率，降低成本达 30%～50%，节省材料、能源、设备、人力、时间等。

但是作为表贴元件，器件与基板的热膨胀系数不同，受热后焊处易开裂，采用 SMT 的 PCB 单位功率密度大，散热成为问题。但随着工艺的发展，会有更好的方法解决这些问题。

第 ❷ 部分

电 路 实 验

第 4 章 基本电路实验

【实验 4-1】 简单电路测量和仪器使用

一、实验目的

① 学习电路实验中常用的电子仪器：直流稳压电源、万用表及电路分析实验箱的使用方法。

② 学会使用数字万用表测量电阻、直流电压、直流电流等。

二、预习内容

① 学习"常用仪器使用说明"的有关内容。

② 学习"常用电子元器件"的有关内容。

三、实验原理

1. 可调式直流稳压电源

可调式直流稳压电源可输出两路直流电压、两路直流电流。每路输出电压值可在 0～32 V 之间任意调整，每路输出电流值可从 0～3 A 之间连续可调。实验中应注意：

① 将两路独立、串联、并联控制开关分别置于弹起位置。

② 可调电源作为稳压源使用时，稳流调节旋钮必须顺时针调节到最大，然后再调整电压调节旋钮，使两路的输出直流电压至所需要的电压值。

③ 可调电源作为稳流源使用时，稳压调节旋钮必须顺时针调节到最大，同时将稳流调节旋钮逆时针调节到最小，然后接上所需负载，再顺时针调节稳流调节旋钮，使输出电流至所需要的稳定电流值。

2. 数字万用表

数字万用表主要进行交直流电压、交直流电流、电阻、电容等物理量的测量。实验中应注意：

① 测量前需明确所测物理量的性质，是直流还是交流，是电压还是电流，是电阻还是电容，再根据所测物理量的类型选择表笔和量程的位置。

② 测量电压、电阻时，黑表笔插在 COM 输入端，红表笔插在 VΩ输入端，通过旋转"量程选择开关"选择相应的挡位及合适的量程。

③ 测量电流时，黑表笔插在 COM 输入端，红表笔插在 mA 或μA 输入端，通过旋转"量程选择开关"选择相应的挡位及合适的量程。

④ 红表笔所接该点为负极时，数字表显示屏显示"-"符号。

⑤ 禁止在测量电压、电流过程中随意改变挡位，防止损坏仪表。

⑥ 禁止测量带电电阻。如果测量电路中的电阻值，先要关闭电路电源，同时所有电容放电后方可测量。

四、实验内容

1. 用数字万用表测电阻

① 用数字万用表测量 1 kΩ和 100 kΩ的色环电阻阻值，并与色标法核对，熟悉色环电阻的读法。阻值记入表 4-1 中。

表 4-1　电阻阻值记录表

电阻元件	标称值/计算值	测量值	误　差
1kΩ 电阻			
100kΩ 电阻			
R_{AB}			
R_{CB}			
R_{CD}			

② 在实验箱上按图 4-1 所示连接电路，R_1、R_2、R_3、R_4 也可根据实验箱或电路板上所提供的电阻器自行选择。用万用表测量 R_{AB}、R_{CB}、R_{CD}，记入表 4-1 中，并与计算值比较。

2. 直流稳压电源的使用

① 熟悉双路直流稳压电源各旋钮、按键的用途。调整稳压输出分别为 5 V、12 V。

② 用数字万用表不同的直流电压挡位测量稳压电源输出电压。测量结果记录于表 4-2 中，分析不同挡位测量引起的误差。

③ 使稳压电源输出 ± 15 V，重复上面测量过程。输出正、负电源的连接方法，如图 4-2 所示。

双路稳压电源还可以通过旋钮或开关，实现原本独立的两组电源的串联连接或并联连接。串联连接可形成正、负两组电压输出；并联连接则是为了给负载电路提供大电流，使用时应尽可能两路电流相同。

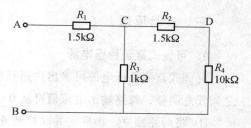

图 4-1　测量电阻的电路

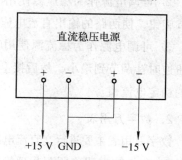

图 4-2　直流稳压电源输出正、负电源

表 4-2　直流电压测量记录表

电　压	挡　位	测量值	误　差
5 V			
12 V			
+15 V			
−15 V			

3. 用数字万用表测量直流电压

数字万用表测量电压、电流的连接方式如图 4-3 所示。在实验箱中连接一个简单的直流电阻电路，如图 4-4 所示。其中的参数可参考以下数值：$U_S = 15\,\text{V}$，$R_1 = 2\,\text{k}\Omega$，$R_2 = 1\,\text{k}\Omega$，$R_3 = 1.5\,\text{k}\Omega$。用数字万用表测量此电路各电阻两端的直流电压与直流电流，记入表 4-3 中。

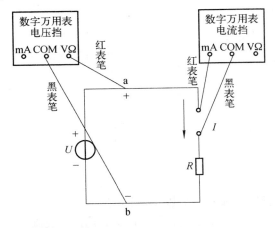

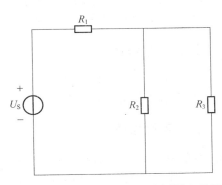

图 4-3　数字表测量电压、电流的连接电路图　　　　图 4-4　直流电压、直流电流测量电路图

表 4-3　直流电压、直流电流测量记录表

测量条件 \ 测量值	I	U
$R_1 =$		
$R_2 =$		
$R_3 =$		

 注 意

①电源电压 $U_S = 15\,\text{V}$ 的数值以万用表测量为准，电压源本身的显示值只作为参考。

②测量电流时，要将电流表串联在电路中，以保证流过电流表的电流是唯一的，以免损坏电流表。

五、思考题

1. 电阻测量中的误差主要来自哪里？
2. 为什么禁止测量带电电阻？

六、实验报告要求

① 整理实验数据，并将测量结果进行处理、分析。
② 总结各常用电子仪器的主要技术指标、功能、使用范围及注意事项。

【实验 4-2】 验证基尔霍夫定律和叠加定理

一、实验目的

① 验证基尔霍夫定律和叠加原理，加深对定理的理解。
② 正确使用电路分析实验箱和数字万用表。

三、预习内容

① 学习有关定理的内容。
② 实验前拟好电路图并计算出理论值。

三、实验原理

基尔霍夫定律是集总电路的基本定律，它包括电流定律和电压定律。

基尔霍夫电流定律（KCL）：对于集总电路中的任一节点，在任一时刻，流出（或流入）该节点的所有支路电流的代数和等于零。

基尔霍夫电压定律（KVL）：对于集总电路中的任一回路，在任一时刻，沿着该回路的所有支路（元件）电压的代数和恒等于零。

叠加原理：在线性电路中，任一支路中的电流（或电压）等于电路中各个独立源分别单独作用在该支路电路中产生的电流（或电压）的代数和，所谓一个电源单独作用是指除了该电源外其他所有电源的作用都置零，即理想电压源所在处用短路处理代替，理想电流源所在处用开路处理代替，电路结构也不进行改变。

四、实验内容

1. 实验电路图选择

选择一：实验电路图如图 4-5 所示。

分别将两路直流稳压电源接入电路，令 $U_1=3\text{ V}$，$U_2=6\text{ V}$，$R_1=R_2=R_3=1\text{ k}\Omega$（先调准输出直流电压值，再接入实验电路中）。

选择二：设计一个电路图，要求此电路图满足以下条件。

① 含 2 个以上回路。
② 含 3 个以上电阻，两个以上独立源（建议：电阻 R 取

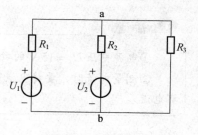

图 4-5 实验电路图

值为 1 kΩ，独立源电压取值小于 10 V，参数取整值便于计算)。

③ 画出所设计的电路图，标出所有元件的数值。

2. 实验数据测量

要求有计算值、测量值、相对误差，并填入对应表格中。

① 实验前，先设置所选电路图中支路及闭合回路的电流与电压的方向，并且在电路图及数据中注明。

② 根据所选节点，测量流过该节点的所有支路电流。记入表中（参考格式见表 4-4），验证 KCL 的正确性。

🖐 **注 意**

实验中应按照假设的支路电流方向接入数字万用表（直流电流挡），如：设置的电流参考方向是从左向右 "⁺→⁻"，则红表笔应接电流的流入点 "+"，黑表笔接电流的流出点 "-"。若此时数字万用表显示的直流电流值为正值，则表示实际电路中支路电流方向与假设支路电流方向相同。若此时数字万用表显示的直流电流值为负值，则表示实际电路中支路电流方向与假设支路电流方向相反。

表 4-4　各支路电流、电压测量

被测量	I_1/mA	I_2/mA	I_3/mA	U_{R_1}/V	U_{R_2}/V	U_{R_3}/V
计算量						
测量值						
相对误差						

③ 根据所选闭合回路，测量该回路的所有支路电压降。记入表中（参考格式见表 4-4），验证 KVL 的正确性。

④ 电路图中任选一元件的电压或电流，通过表 4-5 给定的条件，测量并记录于表 4-5 中，验证叠加定理的正确性。

表 4-5　任选一支路电流、电压测量

项　　目	独立源参数	实验测量值		计算值	
		I/mA	U/V	I/mA	U/V
独立源 1 单独作用					
独立源 2 单独作用					
...					
独立源共同作用					

五、思考题

① 使用数字万用表测量数据时，什么情况下测量的数据为负值？

② 用实测电流值、电阻值计算某一电阻所消耗的功率。能否直接用叠加定理计算功率？

试用具体数值说明。

六、实验报告要求

① 根据实验数据，列式验证 KCL 和 KVL 的正确性。
② 根据实验数据，列式验证叠加原理的正确性。
③ 分析误差原因。

【实验 4-3】　有源二端网络等效电路及其参数测定

一、实验目的

① 验证戴维南定理的正确性，加深对定理的理解。
② 掌握测量等效电路参数的一些基本方法。

二、预习内容

① 复习戴维南定理、单口网络等效电路内容。
② 实验前计算理论值并画好需自拟表格。

三、实验原理

戴维南定理：任何一个线性有源二端网络（或称线性含源单口网络），对于外电路而言，总可以用一个电压源和一个电阻的串联电路来等效。电压源的电压等于有源二端网络端口的开路电压 U_{oc}，电阻（又称等效电阻）等于网络中所有独立源置零时（受控源保留）的入端等效电阻 R_{eq}，如图 4-6 所示。

等效是指一个单口网络和另一个单口网络的电压、电流关系完全相同，即伏安特性相同，则这两个单口网络便是等效的。通过对线性有源二端网络和戴维南等效电路的外特性的测量，即对线性有源二端网络和戴维南等效电路提供同样大小的负载，能得到相同的端电压和相同的端电流，则称这两个电路具有相同的外特性且是等效的（线性有源二端网络可等效为电压源-串联电阻组合）。

开路电压 U_{oc} 和等效电阻 R_{eq} 称为有源二端网络的等效参数，它们的测量方法如下：

1. 开路电压 U_{oc} 的测量方法

（1）直接测量法

当有源二端网络的输出端开路时，直接用电压表测量其输出端的开路电压 U_{oc}。

（2）零示法

在有源二端网络的输出端并联一个直流稳压电源，在被测电路和直流稳压电源之间串联一个电压表。不断调整直流稳压电源的输出电压值，当直流稳压电源的输出电压与有源二端网络的开路电压相等时，其连接点的电压表读数将为"0"，即 $U_{ac} = 0$。断开电路，测量此时直流稳压电源的输出电压值，即为被测有源二端网络的开路电压 U_{oc}。其测试电路如图 4-7 所示。

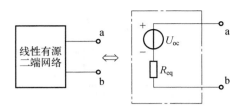

图 4-6　戴维南定理

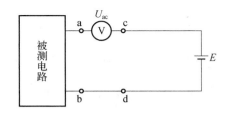

图 4-7　戴维南定理零示法

2. 等效电阻 R_{eq} 的测量方法

（1）外加电源法

将有源二端网络中的独立源都置零，在 ab 端外加一已知电压 U，测量 ab 支路电流 I，则等效电阻 $R_{eq} = \dfrac{U}{I}$。

实际的独立源都有内阻，电源与其内阻不能分开。独立源去掉了，其内阻也无法保留在电路中。为保证测量精度，可使用内阻较小的电压源和内阻较大的电流源。

（2）开路-短路法

测量 ab 端的开路电压 U_{oc} 及短路电流 I_{sc}，则等效电阻 $R_{eq} = \dfrac{U_{oc}}{I_{sc}}$。

这种方法适用于等效电阻 R_{eq} 较大，而短路电流不超过额定值，以及内部的元器件不超过额定功率的情况，否则有损坏电源或损坏内部某些元器件的危险。

（3）半电压测量法

当被测有源二端网络负载上电压为有源二端网络开路电压的一半时，此负载电阻即为被测有源二端网络的等效电阻 R_{eq}。

测量电路如图 4-8（b）所示，首先测量 ab 端的开路电压 U_{ab}（即 U_{oc}），然后在 ab 端接一已知负载电阻 R_L，测量此时负载电阻 R_L 两端的电压 U，则 ab 端的等效电阻 R_{eq} 为：

$$R_{eq} = \left(\frac{U_{oc}}{U} - 1 \right) R_L$$

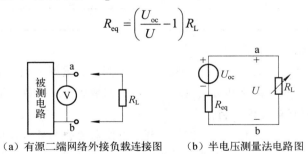

（a）有源二端网络外接负载连接图　　（b）半电压测量法电路图

图 4-8　戴维南定理半电压测量法

3. 用戴维南等效电路代替原有源二端网络

如果用戴维南等效电路代替原有源二端网络，则它的外特性 $U = f(I)$ 应与有源二端网络的外特性完全相同。实验原理电路如图 4-9 所示。

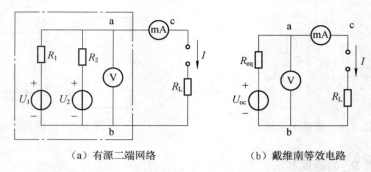

（a）有源二端网络　　　　　（b）戴维南等效电路

图 4-9　有源二端网络及其戴维南等效电路外特性测试电路

四、实验内容

实验电路图如图 4-10 所示。电路参数为：$R_1 = 500\ \Omega$，$R_2 = 500\ \Omega$，$R_3 = 1\ \text{k}\Omega$，$U_S = 3\ \text{V}$，$I_S = 5\ \text{mA}$。

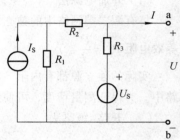

1. 测量有源二端网络的开路电压 U_{oc} 和等效电阻 R_{eq}

（1）开路电压 U_{oc} 用直接测量法和零示法测量，数据记录于表 4-6 中。

（2）等效电阻 R_{eq} 用前面介绍的 3 种方法分别测量，数据记录于表 4-6 中。

图 4-10　实验电路图

表 4-6　开路电压 U_{oc} 和等效电阻 R_{eq} 的测试

U_{oc} /V		外加电源法		开路-短路法		半压法		
直接测量法	零示法	$R_{eq} = \dfrac{U}{I}$		$R_{eq} = \dfrac{U_{oc}}{I_{sc}}$		$R_{eq} = \left(\dfrac{U_{oc}}{I} - 1\right) R_L$		
		U/V	I/mA	U_{oc} /V	I_{sc} /mA	U_{oc} /V	U/V	R_L /Ω
测量值								
R_{eq} /Ω								

2. 测定有源二端网络的外特性

调节电位器 R 作为外接负载电阻（或取不同的电阻值，最好 R 取 1 kΩ 以上），在不同负载的情况下，测量相应的负载电压和流过负载的电流，共取 5 个点将数据记入自拟的表格中。

3. 测定戴维南等效电路的外特性

用戴维南等效电路代替原有源二端网络，调节电位器 R 作为外接负载电阻（或取不同的电阻值，R 值最好取 1 kΩ 以上），在不同负载的情况下，测量相应的负载两端的电压和流过负载的电流，共取 5 个点将数据记入自拟的表格中。

五、思考题

分析测量有源二端网络等效内阻的 3 种实验方法对实验测量值的影响，试说明哪种实验测量方法更适合实际测量。

六、实验报告要求

在坐标纸上绘出两种情况下的外特性曲线，并作适当分析，判断戴维南定理的正确性。将各种数据、表格、曲线进行分析、归纳、汇总成实验资料，写出实验报告。

【实验 4-4】 运算放大器及其应用

一、实验目的

① 了解集成运算放大器的应用。
② 加深对受控源特性的认识，理解受控的概念。

二、预习内容

① 详细阅读、理解教材中有关运算放大器的介绍。
② 根据对受控源的认识和已知条件，提前做好要求自拟的表格。

三、实验原理

1．运算放大器

运算放大器简称运放，是用集成电路技术制作的一种多端器件。它包含一小片硅片，在其上制作了许多相连接的晶体管、电阻、二极管等，封装后成为一个对外具有多个端钮的电子器件。运算放大器的种类很多，通常分为通用型和专用型。专用型是为某种专门要求而设计的产品，如高输入阻抗、低功耗、高速和高精度等。而通用型运算放大器是指其多功能性并具有更高的放大倍数。

应用运算放大器可以实现加、减、乘、除、比例、求和、微积分、对数等运算，还可以实现自动化及信号获取等方面的应用。

以常用的通用型 μA741 为例，如图 4-11（a）所示，其引脚封装形式为双列直插式（八引脚）。运算放大器的图形符号如图 4-11（b）所示。

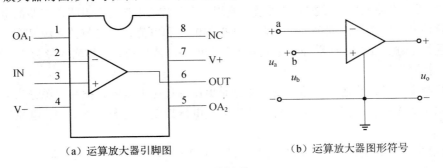

（a）运算放大器引脚图　　　　　　　　（b）运算放大器图形符号

图 4-11　通用型 μA741

在运算放大器的图形符号中，它有两个输入端（a 和 b）和一个输出端。标注"+"的输入端（b 端）称为同相输入端（或称非倒相端），当信号从此输入端输入时，输出信号与输入信号对参考地线来说极性相同。标注"–"输入端（a 端）则称为反相输入端（或称倒相端）。当信号从此输入端输入时，输出信号与输入信号对参考地线来说极性相反。

运算放大器的电路模型如图 4-12 所示。

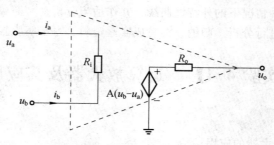

图 4-12　运算放大器的电路模型

R_i 为运算放大器的输入电阻，R_o 为运算放大器的输出电阻，运算放大器是高增益、高输入电阻、低输出电阻的元件。

实际运放的 3 个参数的典型数据如表 4-7 所示。

表 4-7　实际运算放大器参数的典型数据

参　数	名　称	典型数值	理　想　值
A	运放的电压放大倍数	$10^5 \sim 10^7$	∞
R_i	运放的输入阻抗	$10^6 \sim 10^{13}\ \Omega$	∞
R_o	运放的输出阻抗	$10 \sim 100\ \Omega$	0

运算放大器的输出电压：$U_o = A(u_b - u_a)$，根据表 4-7，在理想状态下，A 和 R_i 均为无穷大，因此引出两个重要的关系式：

$$u_a = u_b \qquad （虚短）$$
$$i_a = i_b = 0 \qquad （虚断）$$

2. 受控源

受控源是一种双口元件（或称四端元件），因为它有一对输入端（U_1, I_1）和一对输出端（U_2, I_2）。具有两条支路，一条称为控制支路，另一条称为受控支路。受控支路或用一个受控"电压源"表明该支路的电压受控制的性质，或用一个受控"电流源"表明该支路的电流受控制的性质，这两种"电源"能同独立源一样对外提供电压和电流，但它与独立源又有区别，它的输出量是受控于输入量的，即受控于电路其他部分的电压或电流，故称输入量为"控制量"，输出量为"受控量"。

根据控制支路是开路还是短路和受控支路是电压源还是电流源，把受控源分为 4 种：电压控制电压源（VCVS）、电流控制电压源（CCVS）、电压控制电流源（VCCS）、电流控制电流源（CCCS）。

① 用运算放大器实现一个电压控制电压源（VCVS）电路，如图 4-13 所示，根据"虚短"和"虚断"的概念可知

$$U_i = U_+ = U_- = U_o \cdot \frac{R_2}{(R_1 + R_2)}$$

$$U_o = U_i \cdot \left(1 + \frac{R_1}{R_2}\right)$$

$$\mu = 1 + \frac{R_1}{R_2} \qquad (\mu \text{ 称为转移电压比})$$

$$U_o = \mu U_i$$

② 图 4-14 所示的电路是电流控制电流源（CCCS），根据"虚短"和"虚断"的概念可知

$$I_o = I_{R_2} + I_{R_3}$$

$$I_i = I_{R_2}$$

$$I_{R_3} = -\frac{U_c}{R_3} = -\frac{-(I_{R_2} \cdot R_2)}{R_3} = \frac{I_i \cdot R_2}{R_3}$$

$$I_o = I_{R_2} + I_{R_3} = I_i + \frac{I_i \cdot R_2}{R_3} = \left(1 + \frac{R_2}{R_3}\right)I_i$$

$$\alpha = \frac{I_o}{I_i} = 1 + \frac{R_2}{R_3} \qquad (\alpha \text{ 称为转移电流比})$$

$$I_o = \alpha I_i$$

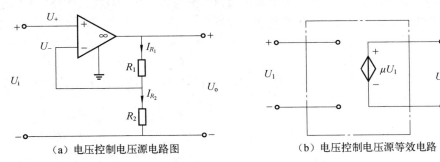

（a）电压控制电压源电路图　　　　（b）电压控制电压源等效电路

图 4-13　电压控制电压源

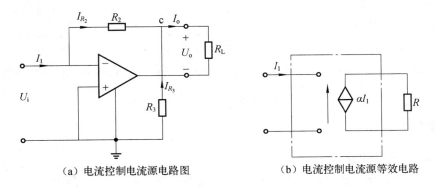

（a）电流控制电流源电路图　　　　（b）电流控制电流源等效电路

图 4-14　电流控制电流源

3. 电压跟随器

图 4-15 所示为电压跟随器，把运算放大器的反相输入端与输出端短接，根据"虚短"和"虚断"的概念，很容易得出 $U_o = U_i$，即输出电压与输入电压完全相同，故称电压跟随器。又由于运放的输入电流为零，当它插入两电路之间时，可起隔离作用，而不影响信号电压的传递。

通常用其作分压器与负载间的隔离级是非常适宜的，大大增加了带负载能力。

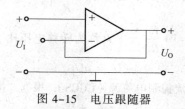

图 4-15　电压跟随器

例如，在图 4-16（a）所示分压电路中，输出端未接上负载 R_L 时，输出电压与输入电压的比例关系是

$$U_o = U_S \cdot \frac{R_2}{R_1 + R_2}$$

但是，当输出端接上负载 R_L 后（以虚线表示），其比例关系将变为

$$U_o = U_S \cdot \frac{R_2 /\!/ R_L}{R_1 + R_2 /\!/ R_L}$$

负载影响了原分压器的分压关系。如果在负载 R_L 与分压器之间接入一电压跟随器作为隔离级，如图 4-16（b）所示。由于运算放大器的输出电流为零，当运放接入两分压电阻之间时，可起到隔离作用，而不影响信号电压的传递。即可得出

$$U_o = U_1 = U_S \cdot \frac{R_2}{R_1 + R_2}$$

从公式中可看出，这与空载时是一样的，换句话说原分压器的分压关系已不受负载的影响。原定的输出电压仍出现在 R_L 两端。

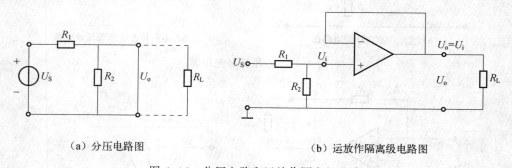

（a）分压电路图　　　　　　　　　　　　（b）运放作隔离级电路图

图 4-16　分压电路和运放作隔离级电路

四、实验内容

1．测试电压控制电压源

由运算放大器构成电压控制电压源（VCVS）电路，如图 4-13（a）所示。

① 实验中直流稳压源提供输入电压，输入电压取值小于 5 V，取值 5 组。电路中电阻值均取 1 kΩ，测量输出电压值并记录于自拟表格中。

② 表格中要含有被测量数据的计算值（包括电压放大倍数 μ）。

2．测试电流控制电流源

由运算放大器构成电流控制电流源（CCCS）电路，如图 4-14（a）所示。

① 电路中要求输入电流可调，输入电流分别取值 1.5 mA、1 mA、0.75 mA、0.6 mA、0.5 mA。自己设计一输入电流可调电路接入电流控制电流源输入端。电路图 4-14（a）中电阻值均取 1 kΩ，测量输出电流值并记录于自拟表格中。

② 电路中保持输入电流为 0.5 mA，改变负载 R_L 为 1 kΩ、2 kΩ、3 kΩ，电路中其他电阻值均取 1 kΩ，测量输出电流值并记录于自拟表格中。

③ 电路中保持输入电流为 0.5 mA，只改变 R_2（或 R_3）的数值为 1 kΩ、2 kΩ、3 kΩ、4 kΩ、5 kΩ，电路中其他电阻值取值 1 kΩ，测量输出电流值并记录于自拟表格中。

3．电压跟随器

已知一直流电阻分压电路，如图 4-17 所示，试给它增加一电压跟随器作为隔离级，来验证它的带负载能力。

① 测试电路如图 4-17 所示，测量空载时 U_1 和 U_2 对地输出电压值，并记录于表 4-8 中。

② 测量分压器输出端分别带不同负载时 U_1 和 U_2 对地输出电压值，并记录于表 4-9 中。

③ 测量电路输出端加电压跟随器后的分压器，空载时 U_1 和 U_2 对地输出电压值及输出端分别带不同负载时 U_1 和 U_2 对地输出电压值。实验记录表格自拟，表格形式如表 4-8 和表 4-9 即可。

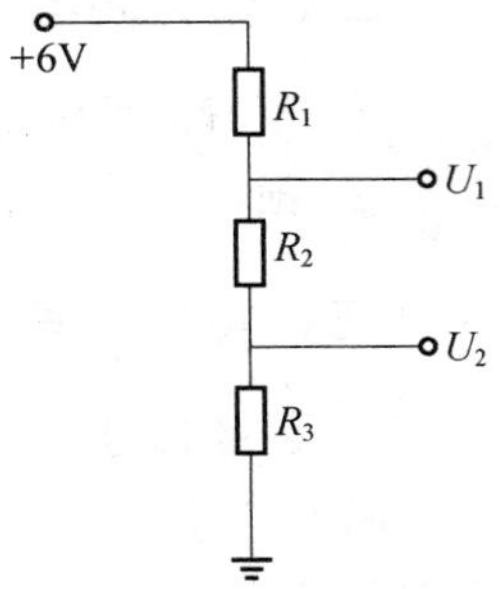

图 4-17　分压电路图

表 4-8　空载时电压值

空载	U_i	U_1	U_2
输出电压/V	6		

表 4-9　带载时电压值

电压　　项目	U_1 / V		U_2 / V	
负载/kΩ	1	2	1	2
输出电压/V				
变化率/%				

五、思考题

通过实验说明受控源与独立源的相同点与不同点。

六、实验报告要求

① 画好各电路图和表格，简述对运算放大器及其应用的初步认识。

② 根据实验数据，分别绘出 I_o-I_i 与 U_o-U_i 的转移特性曲线。

③ 对实验数据进行详细的理论分析。

【实验 4-5】　*RLC* 元件性能和仪器使用

一、实验目的

① 了解 *R*、*L*、*C* 阻抗随频率变化的关系。
② 熟悉信号发生器和双踪示波器的使用。

二、预习内容

① 预习信号发生器和双踪示波器的使用方法。
② 预习 3 种基本元件 VAR 的相量形式及阻抗的概念。

三、实验原理

1. 函数信号发生器

函数信号发生器为电路提供各种频率和幅度的输入信号。信号发生器能直接产生正弦波、方波和三角波，还可以通过调节对称性或占空比旋钮得到锯齿波、脉冲波等多种非对称波形的输出，正弦波的不对称体现在正负半周分别为不同的角频率。

占空比的定义如下：

$$占空比（DUTY）=正脉宽（t_p）/周期（T）×100\%$$

直流偏置 OFFSET 旋钮提供 ±5V 或其他值的直流电压，同时信号加上直流后电位被限制在 ±10V 或另一个值上，若超过此电压值，信号将产生截割的现象。

函数信号发生器所产生的各种信号的参量（如电压、频率等）都可以通过开关、旋钮或按键进行调节。衰减按钮一般分为 20 dB 和 40 dB 两挡，对电压信号进行幅度的衰减。

函数信号发生器的输出端一般有 TTL 和 50 Ω 两个端钮。TTL 信号输出端输出标准的 TTL 幅度的脉冲信号，输出阻抗为 600 Ω。50 Ω 信号输出端输出多种波形受控的函数信号。输出端钮标示值 50 Ω，显示信号源的电阻为 50 Ω 连接至任何阻抗电路。不过，输出电压将随终端阻抗成比例地改变。

 注 意

函数信号发生器作为信号源，它的输出端不允许短路。

2. 示波器

示波器是一种用途很广的电子测量仪器，它既能直接显示随时间变化的电信号的波形，如电压（或转换成电压的电流）波形，又能测量被测信号的幅度、频率、周期、相位、脉冲宽度、上升时间和下降时间等参数。示波器的使用应注意下列几点：

（1）寻找扫描光迹

将示波器 *Y* 轴显示方式置 CH1 或 CH2，输入耦合方式置 GND，若在显示屏上不出现光点和扫描线，可按下列操作找到扫描线。

① 适当调节亮度旋钮。

② 触发方式开关置"自动"。

③ 适当调节垂直、水平"位移"旋钮，使扫描线位于屏幕中央。

有的示波器还有专门的 BEAM FIND 按钮，按下此按钮，屏幕上就会显示出扫描线的位置，相应地调节垂直、水平"位移"旋钮，使扫描线位于屏幕中央。

（2）显示方式

双踪示波器一般有 5 种显示方式，即 CH1、CH2、ADD 三种单踪显示方式和"ALT 交替""CHOP 断续"两种双踪显示方式。"交替"显示一般适宜于输入信号频率较高时使用。"断续"显示一般适宜于输入信号频率较低时使用。

（3）触发源选择

为了显示稳定的被测信号波形，"触发源选择"开关一般选为"内"触发，或 CH1、CH2、VERT 等，使扫描触发信号取自示波器内部的 Y 通道。

（4）调节稳定波形

触发方式通常先置于"自动"。调出自动波形后，若被显示的波形不稳定，可置触发耦合方式于 DC 或 AC、HFR、LFR，通过调节"触发电平"旋钮找到合适的触发电压，使被测试的波形稳定地显示在示波器屏幕上。

有时，由于选择了较慢的扫描速率，显示屏上将会出现闪烁的光迹，但被测信号的波形不在 X 轴方向上左右移动，这样的现象仍属于稳定显示。

（5）测量幅值和周期

适当调节"扫描速率"开关及"垂直灵敏度"开关使屏幕上显示 1～2 个周期的被测信号波形。在测量幅值时，应注意将"垂直灵敏度微调"旋钮置于"校准"状态；在测量周期时，应注意将"水平灵敏度微调"旋钮置于"校准"状态。

根据被测波形高度在屏幕坐标刻度上垂直方向所占的格数（DIV）与"垂直灵敏度"指示值（V/DIV）的乘积，即可算出被测信号的幅值。

根据被测信号波形一个周期在屏幕坐标刻度上水平方向所占的格数（DIV）与"扫描速度"指示值（t/DIV）的乘积，即可算出被测信号的周期，继而算出频率。

3．电阻元件

在正弦稳态电路中，电阻元件的伏安关系相量形式表达式为

$$Z_R = \frac{\dot{U}}{\dot{I}} = \frac{U}{I} \angle \Phi_u - \Phi_i = R$$

$$R = \frac{U}{I}, \quad \theta = \Phi_u - \Phi_i = 0$$

式中：Φ_u、Φ_i 为电压、电流相量的初相。

由于 R 是常数，电阻两端的正弦电压和流过电阻的正弦电流是同步变化的，即电压与电流是同相关系。电阻两端的电压与流过电阻的电流之间服从欧姆定律。

4．电感元件

在正弦稳态电路中，电感元件的伏安关系相量形式表达式为

$$Z_L = \frac{\dot{U}}{\dot{I}} = \frac{U}{I} \angle \Phi_u - \Phi_i = j\omega L$$

$$X_L = \omega L = \frac{U}{I}, \quad \theta = \Phi_u - \Phi_i = 90°$$

在公式中，联系电压相量与电流相量关系的是复数 $j\omega L$，它既说明了电感两端电压与电流有效值之间的关系，又说明了电感两端电压与电流之间的相位关系，即电感电压的相位角超前于电流的相位角 $90°$。

当电感 L 为一常数时，X_L 与频率成正比，频率越大，X_L 越大，频率越小，X_L 越小，因此电感元件具有低通高阻的性质。

5．电容元件

在正弦稳态电路中，电容元件的伏安关系相量形式表达式为

$$Z_C = \frac{\dot{U}}{\dot{I}} = \frac{U}{I} \angle \Phi_u - \Phi_i = j\frac{1}{\omega C}$$

$$X_C = \frac{1}{\omega C} = \frac{U}{I}, \quad \theta = \Phi_u - \Phi_i = -90°$$

在公式中，联系电压相量与电流相量关系的是复数 $1/j\omega C$，它既说明了电容两端电压与电流有效值之间的关系，又说明了电容两端电压与电流之间的相位关系，即电容电压的相位角滞后于电流的相位角 $90°$。因此电容元件与电感元件相反，具有高通低阻和隔直通交的作用。

通过以上说明可看出，电阻的阻值是不受频率影响的，而感抗和容抗是随频率变化的。

阻抗频率特性包括幅频特性和相频特性，对于单个元件，其电压和电流之间的相位差是一定的，即阻抗角是定值，因此，可以在正弦输入信号的某个频率下测其相位差。

在 R、L、C 串联电路中，因为元件的阻抗角（即相位差 θ）随着正弦输入信号频率的变化而改变，所以阻抗角是频率的函数。

四、实验内容

1．函数信号发生器的使用

（1）函数信号发生器输出波形的调节方法

函数信号发生器有 3 个基本波形可供选择：正弦波、三角波和方波。调节对称性旋钮可得到不对称正弦波、锯齿波和矩形波，调节直流偏置旋钮可在交流信号上叠加直流分量。

（2）函数信号发生器输出幅度的调节方法

函数信号发生器输出幅度的调节可以通过"输出衰减"（20 dB、40 dB）按键和"输出调节"电位器得到，其输出电压的幅度在 0～20 V 之间。

（3）函数信号发生器输出频率的调节方法

函数信号发生器"频率调节"一般有"粗调"和"微调"两个旋钮或按键，可使信号发生器输出信号的频率在 1 Hz～2 MHz（或更高频率，依不同的信号发生器而定）的范围内改变。

2．示波器的使用

（1）测试示波器校正信号的幅度、频率

将示波器的"校正信号"通过示波器探头接入选定的 Y 通道（CH1 或 CH2），将 Y 轴输入耦合方式置 AC 或 DC，触发源选择开关置"内"，内触发源选择 CH1 或 CH2。

调节 X 轴"扫描速率"开关（t/DIV）和 Y 轴"垂直灵敏度"开关（V/DIV），使示波器显示屏上显示出一个或数个周期稳定的方波波形。

① 校准"校正信号"幅度：将"Y 轴灵敏度微调"置"校准"位置，"Y 轴灵敏度"置于适当位置，读取校正信号幅度，记入表 4-10 中。

② 校准"校正信号"频率：将"扫描微调"置"校准"位置，"扫描速度"置于适当位置，读取校正信号周期，记入表 4-10 中。

表 4-10　校正信号测试表

测试项目　　　校正参数	标准值	测量值	波形	是否需调节补偿
幅度/V				
周期/ms				

（2）正弦信号电压幅值的测量

函数信号发生器输出频率为 1 kHz、电压幅度为 3 V 的正弦信号，适当选择示波器 Y 轴灵敏度和扫描速率选择开关的位置，使示波器屏上能观察到完整、稳定的一个或几个正弦波信号，此时屏上纵向坐标表示每格的电压伏特数，根据被测波形在纵向高度所占格数便可读出电压的峰-峰值。将测量结果记入表 4-11 中。

（3）正弦信号频率的测量

保持函数信号发生器输出正弦电压峰-峰值为 6 V 不变，改变输出信号频率，在示波器上显示出完整、稳定的一个或几个正弦波信号，此时扫描速率的刻度值表示屏幕横向坐标每格所表示的时间值。根据被测信号波形在横向所占的格数直接读出信号的周期，若要测量频率只需将被测得周期求倒数，即为频率值。有的示波器在波形稳定的前提下能直接显示被测信号的周期、频率值。将测量结果记入表 4-11 中。

（4）其他交流信号的测量

函数信号发生器输出频率和电压如表 4-11 所示的其他波形信号，适当选择示波器 Y 轴灵敏度和扫描速率选择开关的位置，使示波器屏上能观察到完整、稳定的一个或几个波形，用不同的方法测量电压信号的幅度、周期和频率。将测量结果记入表 4-11。

表 4-11　交流信号测试表

信号	频率/Hz	U_{P-P}/V	V/DIV	U_{P-P}/V	光标法 ΔV	t/DIV	周期/ms	光标法 ΔT	换算频率/Hz	显示频率/Hz
正弦	1 000	6								
三角	20 000	4								
方波	500	0.1								

（5）直流电压的测量

稳压电源分别输出直流电压 5 V 和 -5 V，用万用表和示波器分别测量，记入表 4-12 中。

表 4-12　直流电压测试表

直流电压/V	示波器光迹位移的方向及格数	示波器测试值/V	万用表测试值/V
5			
-5			

（6）测量交直流叠加信号

打开信号发生器的直流偏置（OFFSET）开关，调节直流偏置，使信号源输出峰–峰值为 5 V、频率为 1 kHz 的锯齿波和 –3 V 的直流电压，调节示波器并观察此信号，将数据和波形记入表 4–13 中。熟悉信号发生器 OFFSET、SYM 等功能钮以及示波器 DC/AC 耦合方式的选择。

表 4-13   交直流信号叠加测试表

直流成分		锯齿波成分		测试波形
格数	电压/V	格数	电压峰–峰值/V	

（7）两波形间相位差的测量

测量两个相同频率信号之间的相位关系，可以用双踪法或李沙育法得到。

相位差的计算：如图 4–18 所示，若在示波器上观测到电压电流的波形，记录下波形并注明电压波形与电流波形哪个超前，哪个滞后，然后在示波器屏幕上读出一个周期所占的格数，假如为 ab，再读出电压电流的相位差所占的格数，假如为 cd，则实际的相位差 θ（阻抗角）为

$$\theta = \frac{cd}{ab} \times 360°$$

 注 意

双踪示波器的两个输出通道 CH1 与 CH2 的负极要同时与接地端相连（G 点）。

3. 测量电阻元件、电感元件、电容元件的阻抗频率特性

图 4–19 所示电路中元件参数 $R = 1\ \text{k}\Omega$，$L = 0.2\ \text{H}$，$C = 2\ \mu\text{F}$，函数信号发生器提供正弦信号，将正弦信号加到被测电路输入端，正弦信号的频率在一定范围内变化，每次改变频率时，保持被测电路的输入电压有效值 $U_i = 2\ \text{V}$（以交流毫伏表测量的数值为准）不变，实验数据计入表 4–14 中。

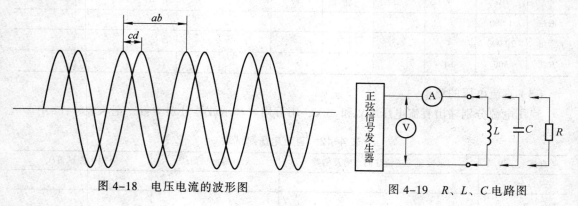

图 4-18   电压电流的波形图   图 4-19 R、L、C 电路图

表 4-14　R、L、C 阻抗频率特性测试表

U_i /V		2				
f/Hz		50	100	150	200	300
I /mA	R					
	L					
	C					
Z/kΩ	R					
	X_L					
	X_C					

4．绘制特性曲线

根据实验数据，以阻抗值为纵坐标、频率量为横坐标，绘出三元件的阻抗随频率变化的特性曲线。

5．测量电压与电流相位

分别测量电阻元件、电感元件、电容元件的电压与电流相位。

按图 4-20 所示接好电路，电路中元件参数 $R = 510\,\Omega$，$L = 0.2\,H$，$C = 1\,\mu F$，接上一个 $r = 20\,\Omega$ 的采样电阻。以测量电流波形。函数信号发生器输出幅度 $U_{P-P} = 2\,V$，$f = 1\,kHz$，用双踪示波器同时观察电阻 r 两端与被测电路输入端电压波形，从而可测量出 R、L、C 单个元件的电压与电流之间的相位差 θ。

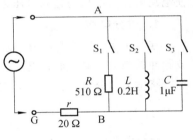

图 4-20　实验电路图

五、思考题

① 如何操作示波器有关旋钮，以便从示波器显示屏上观察到稳定、清晰的波形？测量信号的幅值与频率时，怎样保证测量精度？

② 函数信号发生器有哪几种输出波形？它的输出端能否短接？

③ 若在测量中，把示波器输入探头衰减开关置 "×10" 处，此时示波器上电压的读数应注意什么？待测信号的电压是否变化？为何要设置 "×1" 和 "×10" 挡？

④ 根据实验说明各元件的阻抗跟哪些因素有关？比较各元件在交、直流电路中的性能。

⑤ 基尔霍夫电流定律在交流电路中能否应用？应注意什么？

六、实验报告要求

① 总结各常用电子仪器的主要技术指标、功能、使用范围及注意事项。

② 在坐标纸做出 R、L、C 三个元件的阻抗频率特性曲线。

③ 计算 R、L、C 三个元件的电压与电流之间的相位差。

【实验 4-6】 微分电路、积分电路及其应用

一、实验目的

① 通过简单的微分、积分电路的设计，加深对 RC 过渡过程的理解。

② 掌握函数信号发生器和双踪示波器的使用方法。

二、实验预习内容

① 认真复习一阶电路内容。

② 仔细阅读实验原理部分有关补偿分压器的内容。

三、实验原理

微分电路和积分电路均为电容的充放电电路，由于选择不同的时间常数及不同的输出端，使电路的输出电压与输入电压之间形成了微分或积分的关系。

1. 微分电路

在一个 RC 一阶电路中，输入连续的方波脉冲激励，当满足时间常数 $\tau = RC \ll T/2$（T 为方波脉冲的周期）时，而且电阻两端的电压作为输出电压时，即输出电压与输入电压成微分关系的电路称为微分电路，如图 4-21（a）所示，其数学表达式为

$$u_o = RC\frac{\mathrm{d}u_C}{\mathrm{d}t} = RC\frac{\mathrm{d}u_i}{\mathrm{d}t} \tag{1}$$

微分电路的特点是输出主要反映输入信号的跃变部分对电路的影响，反映出输出对输入信号跃变部分的跟踪情况。

如图 4-21（b）所示，u_i 为输入的矩形脉冲电压，u_o 为电阻两端的输出电压，当输入的脉冲宽度 T_w 一定时，若改变时间常数，则电容充放电时间的快慢不同，输出电压的波形也不同。

由图 4-21（b）可清楚地看出，只有当时间常数远小于脉宽时，才能使输出很迅速地反映出输入信号的跃变部分的变化。而当输入信号进入恒定部分时，输出也近似为零，形成一个尖峰脉冲波。

2. 积分电路

在一个 RC 一阶电路中，输入连续的方波脉冲激励，当时间常数满足 $\tau = RC \gg T/2$（T 为方波脉冲的周期）时，而且电容两端的电压作为输出电压时，即输出电压与输入电压成积分关系的电路称为积分电路，如图 4-22（a）所示，其数学表达式为

$$u_o = \frac{1}{RC}\int u_i \mathrm{d}t \tag{2}$$

积分电路的特点是输出主要反映输入信号的恒定部分对电路的影响，而不注重输入信号的跃变部分，反映出输出对输入信号持续作用部分的跟踪能力。

如图 4-22（b）所示，当输入的脉冲宽度 T_w 一定时，即 $\tau \gg T_w$ 时，电路的时间常数愈大，则过渡过程愈长，电容两端的电压（输出电压）就愈小。为了得到线性度好，且有一定幅度的三角波，要注意时间常数的取值。

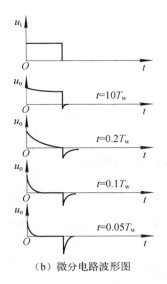

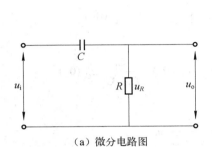

（a）微分电路图　　　　　　　　（b）微分电路波形图

图 4-21　微分电路

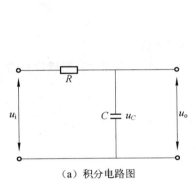

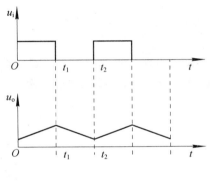

（a）积分电路图　　　　　　　　（b）积分电路波形图

图 4-22　积分电路

3. 补偿分压器

　　电工电子技术中常用到分压器。由于分压器输出端所接电子装置往往表现出电容的效果，这就相当于在输出端并联一个电容。显然，当方波信号作用于分压器时，输出端电压并不能得到按分压关系确定的部分输入电压。因此，应进行补偿以使输出电压能满足要求。补偿分压器电路原理图如图 4-23 所示。

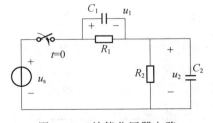

图 4-23　补偿分压器电路

　　在分压器电路中，C_2 代表输出端电子装置表现的电容，C_1 是有意加入进行补偿的。当想得到与输入波形一致的输出波形时，就要求输出值在初始时刻和进入稳态时刻是相等的。也就是 $u_o(0_+) = u_o(\infty)$。

　　当 $t \to \infty$ 时，电容相当于开路，计算稳态值 $u_o(\infty)$

$$u_o(\infty) = u_s \cdot R_2 / (R_1 + R_2)$$

（3）

当 $t \to (0_-)$ 时，假如 $u_{C_1}(0_-)$、$u_{C_2}(0_+)$ 均有值，则 $t = (0_+)$ 时，据 KVL 有

$$u_S = u_{C_1}(0_+) + u_{C_2}(0_+) \tag{4}$$

如果 u_{c_1}、u_{c_2} 在 $t = (0_+)$ 时，其值不能跃变，仍等于 $t = (0_-)$ 时的值，就可能出现：
$u_s \ne u_{c_1}(0_-) + u_{c_2}(0_-)$，这是违背 KVL 定理的。因此说这里 $u_{C_1}(0_-)$、$u_{C_2}(0_-)$ 发生了跃变，但电荷是守恒的。根据电荷守恒，在 C_1、C_2 连接处有

$$C_1 \left[u_{C_1}(0_+) + u_{C_1}(0_-) \right] = C_2 \left[u_{C_2}(0_+) + u_{C_2}(0_-) \right] \tag{5}$$

由式（4）、（5）解出 $u_{C_2}(0_+)$ 为

$$u_{C_2}(0_+) = \frac{C_1}{C_1 + C_2} u_S - \frac{C_1}{C_1 + C_2} u_{C_1}(0_-) + \frac{C_1}{C_1 + C_2} u_{C_2}(0_-)$$

假定 $u_{C_1}(0_-)$、$u_{C_2}(0_-)$ 无值，即为零，则

$$u_{C_2}(0_+) = \frac{C_1}{C_1 + C_2} u_S$$

$$u_o(0_+) = \frac{C_1}{C_1 + C_2} u_S \tag{6}$$

即电路的时间常数为

$$\tau = R_0 C_0$$

式中：当电压源置 0 时，$R_0 = R_1 /\!/ R_2$；$C_0 = C_1 /\!/ C_2 = C_1 + C_2$。

① 当 $u_o(0_+) = u_o(\infty)$ 时，输出波形和输入波形一致，此时称为完全补偿或恰补偿，如图 4-24 所示。这时有

$$\frac{C_1}{C_1 + C_2} = \frac{R_2}{R_1 + R_2}$$

即

$$\frac{C_2}{C_1} = \frac{R_1}{R_2} \tag{7}$$

补偿分压器曲线图如图 4-24 所示。

② 当 $\dfrac{C_1}{C_1 + C_2} > \dfrac{R_2}{R_1 + R_2}$ 时

即

$$\frac{C_2}{C_1} < \frac{R_1}{R_2} \tag{8}$$

此时输出波形对应于输入波形的前后沿将出现一尖峰，称为过补偿，说明微分作用强，突出了输入的变化量部分，如图 4-24 所示。

③ 当 $\dfrac{C_1}{C_1 + C_2} < \dfrac{R_2}{R_1 + R_2}$ 时

即

$$\frac{C_2}{C_1} > \frac{R_1}{R_2} \tag{9}$$

此时输出波形对应于输入波形的前、后沿处将变缓，称为欠补偿，如图 4-24 所示。

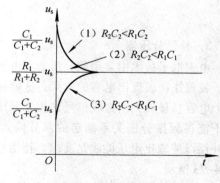

图 4-24　补偿分压器曲线图

四、实验内容

1. 设计微分电路

函数信号发生器输出幅度 $U_{P-P} = 2\text{ V}$，频率 $f = 1\text{ kHz}$ 的方波作为输入信号。试设计一个微分电路使其满足以下要求：

① 输出幅度与输入幅度比例为 $1:1$ 的方波。

② 输出幅度与输入幅度比例为 $2:1$ 的尖峰脉冲波。

2. 设计积分电路

函数信号发生器输出幅度 $U_{P-P} = 2\text{ V}$，频率 $f = 1\text{ kHz}$ 的方波作为输入信号。试设计一积分电路使其满足以下要求：

① 输出幅度与输入幅度比例为 $1:1$ 的方波。

② 输出幅度不限的三角波。

实验中注意时间常数 τ 对微分电路和积分电路输出波形的影响，可通过改变 R 或 C 的值（实验室可提供电阻箱或电容箱）观测不同参数下的输出波形。

3. 探头电路的设计

双踪示波器的探头衰减系数分为 $\times 1$ 和 $\times 10$ 两挡：$\times 1$ 表示示波器测量的输出信号幅度与输入幅度是 $1:1$ 的比例；$\times 10$ 表示示波器测量的输出信号幅度与输入幅度是 $10:1$ 的比例，即示波器测得的信号幅度与信号源的真实输出幅度相比衰减了 10 倍。探头衰减系数 $\times 10$ 挡位设计具有补偿作用的电路，可弥补电子测量装置带来的电容效应造成的波形失真。

实验参考电路如图 4-25 所示，其中 R_1 和 R_2 系分压电路的电阻。

分压电路输入信号由函数信号发生器提供一脉冲宽度为 250 μs，电压幅度为 2 V 的方波信号。

① 使用示波器探头衰减系数 $\times 10$ 的挡位，观察分压后 R_2 两端波形是否失真。如果没有波形失真，试分析原因并写入实验报告中。

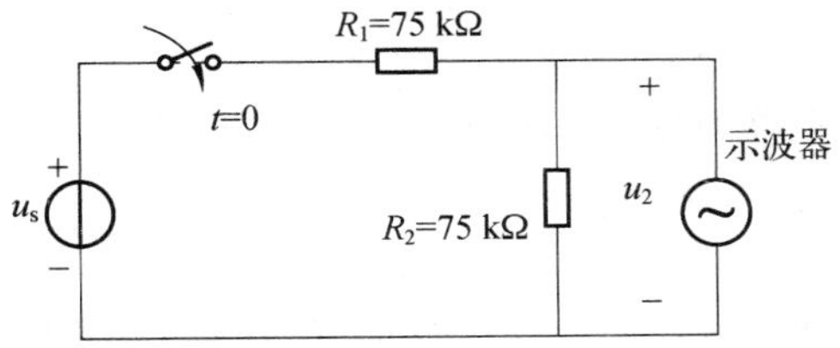

图 4-25　分压电路

② 使用示波器探头衰减系数 $\times 1$ 的挡位，观察分压后 R_2 两端波形是否失真。如果波形失真，在输入信号与示波器之间加入已设计好的补偿分压电路，重新测试波形，看是否能得到恰补偿，然后通过实际测量，调整参数获得理想波形。

实验中补偿电路可使用可调式电容箱，通过示波器可观察到恰补偿、过补偿、欠补偿波形。通过前面介绍的恰补偿公式（7），可计算出所需补偿的电路参数值和电子测量装置（即示波器）表现出的电容值。

五、思考题

① 为什么信号源的接地端与示波器的接地端要连在一起？

② 积分电路和微分电路在方波序列脉冲的激励下，其输出信号波形的变化规律如何？这两种电路有何功用？

六、实验报告要求

将实验结果进行详细的归纳、总结。

【实验 4-7】 一阶、二阶网络电路响应的研究

一、实验目的

① 掌握 RC 一阶电路在阶跃信号输入下的零状态响应、零输入响应和完全响应。
② 学会电路时间常数的测量方法。
③ 观察、分析二阶网络电路响应在过阻尼、临界阻尼、欠阻尼 3 种情况下的波形特点。

二、预习内容

① 掌握有关一阶、二阶网络电路的内容。
② 了解固有频率 f_d 和衰减系数 α 的概念。

三、实验原理

1. 一阶网络电路

一阶网络电路是只含一个动态元件的线性时不变电路，此电路是用线性常系数一阶常微分方程进行描述的。本实验以 RC 一阶网络电路为对象，用示波器对它的各种响应进行观察和测量。

（1）RC 一阶电路的零状态响应

RC 一阶电路如图 4-26 所示。当储能元件的初始状态为零时，仅由外施激励源所引起的响应称为零状态响应。在阶跃信号作用下电路的电容 C 充电，其两端的电压按指数规律变化，即

$$u_C(t) = u_i\left(1 - e^{\frac{-t}{\tau}}\right), \quad t \geq 0$$

式中，$\tau = RC$ 为电路的时间常数，通常认为大约经过 5τ 的时间电路暂态过程基本结束，电路进入稳态。

在图 4-26 中，$R = 2\,\text{k}\Omega$，$C = 0.01\,\mu\text{F}$，则电路时间常数为 $\tau = RC = 20\,\mu\text{s}$，达到稳态的时间 $5\tau = 100\,\mu\text{s}$。如果要在示波器上完整地观测到电容上的电压波形，即观测到零状态响应，只需提供脉宽大于 $100\,\mu\text{s}$、幅值足够大的周期性的输入信号就可以了。

如图 4-27 所示，图中输入信号为一方波，其周期 $T = 1\,\text{ms}$，脉冲宽度 $T_w = 0.5\,\text{ms}$，脉冲幅度 $A = 2\,\text{V}$。

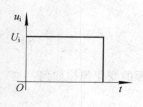

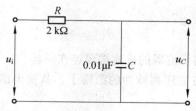

图 4-26　RC 一阶电路

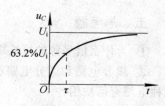

图 4-27　零状态响应

此输入信号脉冲宽度达 $500\,\mu\text{s}$ ，大于 $100\,\mu\text{s}$ ，是可以观测到电容电压波形在阶跃信号输入下的零状态响应的。

（2）RC 一阶电路的零输入响应

当外施激励源为零时，仅由动态元件的初始储能所引起的响应称为零输入响应。图 4-26 所示的 RC 一阶电路中，动态元件（电容 C）的初始状态在初始时刻（$t=0$）所储存的能量为

$$W(0) = C \cdot \frac{U_C^2(0)}{2}$$

这是电容在初始状态下所储存的电场能，它与初始时刻电容上的初始电压 $U_C(0)$ 有关。要在示波器上观测到 RC 一阶电路的零输入响应，电容器上就要有重复出现的初始电压 $U_C(0)$ ，这个初始电压是由信号发生器提供的周期性窄脉冲，不断地加在 RC 电路的输入端，在极短的时间内给电容充电，使电容具备了周期性的初始电压，即储存了电场能。在输入脉冲信号的作用下，电容初始电压 $U_C(0)$ 的幅度为

$$U_C(0) = \frac{T_{\text{w}}}{RC} \cdot U$$

式中，T_{w} 为窄脉冲信号的宽度（$T_{\text{w}} \leqslant RC$），$RC$ 为电路常数，U 为窄脉冲信号的幅度。

在窄脉冲还未到来之前的一段时间里，电路中电容的放电就是所要观察、测量的零输入响应。其变化规律为

$$U_C(t) = U_C(0) \cdot \text{e}^{\frac{-t}{\tau}}, \quad t \geqslant 0$$

RC 一阶电路的零输入响应是按指数规律衰减的，衰减的快慢决定于网络的时间常数，如图 4-28 所示。这里要求脉冲的重复周期必须远大于 5τ ，脉冲的幅度要足够大，才能在示波器上观察到零输入响应的完整波形。

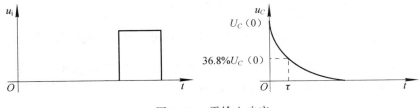

图 4-28　零输入响应

（3）RC 一阶电路的完全响应

电路中由初始储能与外施激励源共同作用而产生的响应称为完全响应。它等于零状态响应与零输入响应之和。将信号发生器输出的方波信号加在 RC 一阶电路的输入端，用示波器观察并测量电路的零状态响应、零输入响应和完全响应的波形及有关参数。

2．二阶网络电路

含有两个动态元件，由二阶微分方程或两个联立的一阶微分方程来描述的电路称为二阶网络电路。在 RLC 串联电路中，若无外施激励源，仅由电路的初始状态的储能所引起的响应，称为零输入响应。由于二阶电路中含有的两种储能元件电感和电容之间存在着能量交换，使电路产生了振荡。耗能元件电阻的存在，使这种振荡受到了约束，因此电路零输入响应的形式是由元件 R、L、C 的数值决定的，元件 R、L、C 的数值影响固有频率的大小。所以，电路的零输入响应的形式，根据固有频率的不同可出现 3 种不同的情况。

① 当 $R > 2\sqrt{\dfrac{L}{C}}$ 时，电路响应是非振荡性，称为过阻尼。

② 当 $R = 2\sqrt{\dfrac{L}{C}}$ 时，电路响应仍是非振荡性，但阻尼再小一点，电路就会出现衰减振荡，称为临界阻尼。

③ 当 $R < 2\sqrt{\dfrac{L}{C}}$ 时，电路响应是振荡性，为振幅按指数规律衰减的振荡，称为欠阻尼。

注意： $2\sqrt{\dfrac{L}{C}}$ 具有电阻的量纲，称为 RLC 串联电路的阻尼电阻。

四、实验内容

1．观察输入信号以及响应波形

按图 4-26 接好电路，信号发生器输出的是频率 1 kHz、幅度 2 V 的方波信号，用双踪示波器同时观察、测量电路的输入方波信号和电路响应的波形。将波形和测量的数据记录于表 4-15 中。

表 4-15　RC 一阶电路响应的测试表

项　目		波形	幅度/V	时间常数
输入信号（U_i）				
零状态响应	U_C			
零输入响应	U_C			
完全响应	U_C			

2．测量电路的时间常数，并与理论值作比较

① 用示波器测量零状态响应的波形如图 4-27 所示。

零状态响应 $U_C(t) = U_i\left(1 - e^{\frac{-t}{\tau}}\right)$，当 $t = \tau$ 时，$U_c(\tau) = 0.632U_i$，因此零状态响应的波形增加到 $0.632\,U_i$ 时所对应的时间即是时间常数 τ。测量的数据记录于表 4-15 中。

② 用示波器测量零输入响应的波形如图 4-28 所示。

零状态响应 $U_C(t) = U_C(0) \cdot e^{\frac{-t}{\tau}}$，当 $t = \tau$ 时，$U_C(\tau) = 0.368U_C(0)$，因此零状态响应的波形增加到 $0.368\,U_C(0)$ 时，所对应的时间即是时间常数 τ。测量的数据记录于表 4-15 中。

3．调节阻值，记录数据

二阶电路的电路图如图 4-29 所示，信号发生器输出的是频率 150 Hz、幅度 2 V 的方波信号。

调节电位器 R_w 的阻值，将示波器上观测到的过阻尼、临界阻尼、欠阻尼的波形及 R_w 的阻值记录在自己设计的表格中。

4．测量固有频率 f_d 和衰减系数 α

图 4-30 是示波器测量到的电容 C 两端稳定的欠阻尼响应波形，测量固有频率 f_d 和衰减系数 α 的方法如下：

① 在图 4-30 中，测量两个相邻的同相位峰值之间的时间差 T_d，即可算出固有频率 f_d，即 $f_d = \dfrac{1}{T_d}$。

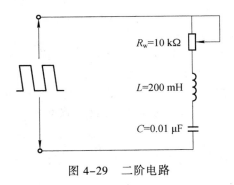

图 4-29　二阶电路

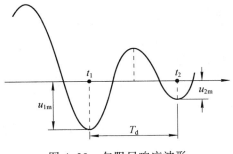

图 4-30　欠阻尼响应波形

② 在图 4-30 中，当 $t = t_1$ 时，

$$U_C(t_1) = u_{1m} = Ke^{\alpha t_1} \cos(\omega_d t_1 + \Phi)$$

当 $t = t_2$ 时，

$$U_C(t_2) = u_{2m} = Ke^{\alpha t_2} \cos(\omega_d t_2 + \Phi)$$

由于 $t_2 = t_1 + T_d$，则两式之比为

$$\frac{u_{1m}}{u_{2m}} = e^{\alpha T_d} \qquad \alpha = \frac{1}{T_d} \ln \frac{u_{1m}}{u_{2m}}$$

由上式看出，只要测量相隔一个周期的两个时刻所对应的电压值，就可测出衰减系数 α。显然，选择相邻的两个峰值点是最方便的。

③ 将测量的有关固有频率 f_d 和衰减系数 α 的参数计入自拟的表格中。

五、思考题

改变电容 C 的数值，对一阶 RC 电路响应有何影响？

六、实验报告

① 整理所测量的数据，在坐标纸上绘出 RC 一阶电路的各种响应的波形图。
② 过阻尼、临界阻尼和欠阻尼 3 种情况下所测量的 R_w 的阻值与理论值进行比较。
③ 根据测量数据计算欠阻尼情况下的固有频率 f_d 和衰减系数 α。

【实验 4-8】　*RLC* 串联谐振电路的研究

一、实验目的

① 测量 R、L、C 串联电路的参数，绘出串联电路的幅频特性曲线。
② 研究电路的谐振现象及电路参数对谐振特性的影响。

二、实验预习内容

① 认真复习频率响应的内容。
② 熟悉本实验所用的仪器。

三、实验原理

1. *RLC* 串联电路

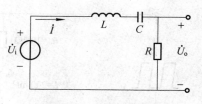

图 4-31　*RLC* 串联电路

RLC 串联电路如图 4-31 所示。

U_i 为交流输入电压，U_o 为交流输出电压。电路的阻抗为

$$Z = \dot{U} / \dot{I} = R + \mathrm{j}(X_L - X_C) = R + \mathrm{j}\left(\omega L - \frac{1}{\omega C}\right)$$

$$= \sqrt{R^2 + \left(\omega L - \frac{1}{\omega C}\right)^2} \cdot \angle\arctan\frac{\left(\omega L - \dfrac{1}{\omega C}\right)}{R}$$

输出电压与输入电压的关系为

$$\frac{\dot{U}_o}{\dot{U}_i} = \frac{R}{R + \mathrm{j}\left(\omega L - \dfrac{1}{\omega C}\right)^2} = \frac{R}{\sqrt{R^2 + \left(\omega L - \dfrac{1}{\omega C}\right)^2}} \cdot \angle\arctan\frac{\left(\omega L - \dfrac{1}{\omega C}\right)}{R}$$

幅值之比为

$$A_u = \frac{U_o}{U_i} = \frac{R}{\sqrt{R^2 + \left(\omega L - \dfrac{1}{\omega C}\right)^2}}$$

相位差为

$$\theta = \theta_o - \theta_i = -\arctan\frac{\left(\omega L - \dfrac{1}{\omega C}\right)}{R}$$

当 $\omega L = \dfrac{1}{\omega C}$ 时，电路呈现电阻性，输入电压 u_i 一定时，电流达最大，这种现象称为串联谐振，谐振时的频率称为谐振频率，也称电路的固有频率。即：

① 以 Hz 为单位时，记为 f_0

$$f_0 = \frac{1}{2\pi\sqrt{LC}}$$

② 以 rad/s 为单位时，记为 ω_0

$$\omega_0 = 2\pi f_0 = \frac{1}{\sqrt{LC}}$$

上式表明谐振频率仅与元件参数 L、C 有关，而与电阻 R 无关。

2. 电路处于谐振状态时的特征

① 电路的等效阻抗 Z 最小，电路呈现纯电阻性，电路中电流与输入电压同相位。

② 电感 L 上的电压（U_L）与电容 C 上的电压（U_C），数值相等，相位相反。此时 U_L 和 U_C 为输入电压的 Q 倍，Q 称为品质因数。且有

$$U_L = U_C = QU_i$$

由公式可知，若 Q 大于 1，则电感和电容上电压均大于输入电压，Q 值越高，电压也就越大。当输入电压保持不变时，电路中的电流为最大值，输出电压接近输入电压，也为最大值。

讨论分析：

① 幅频特性 $A_u(\omega)$：

- 当 $\omega = \omega_0 = \dfrac{1}{\sqrt{LC}}$，有 $A_u = A_m = 1$，为最大。A_m 为最大电压放大倍数。

- 当 $\omega > \omega_0(\omega \to \infty)$ 时，$A_u < A_m$，即 $A_u < 1$。

- 当 $\omega < \omega_0(\omega \to 0)$ 时，$A_u < A_m$，即 $A_u < 1$。

RLC 串联电路的幅频特性曲线，亦称谐振曲线。如图 4-32（a）所示，图中 u_m 为最大输出电压，图中画出了不同 Q 值下幅频特性曲线，品质因数 Q 越高的电路，其谐振曲线愈尖锐，电路的通频带愈窄，电路的选择性就越好。

② 相频特性 $\theta(\omega)$：

- 当 $\omega = \omega_0$ 时，则 $\theta = 0$。

- 当 $\omega \to \infty$ 时，则 $\theta \to -\dfrac{\pi}{2}$。

- 当 $\omega \to 0$ 时，则 $\theta \to \dfrac{\pi}{2}$。

RLC 串联电路的相频特性曲线如图 4-32（b）所示。信号源频率 ω 从 0 到 ω_0，电抗 X 由 $-\infty$ 变到 0 时，θ 角从 $-\dfrac{\pi}{2}$ 变到 0，电路为容性。ω 从 ω_0 增加到 ∞ 时，电抗 X 由 0 变到 ∞ 时，θ 角从 0 变到 $\dfrac{\pi}{2}$，电路为感性。

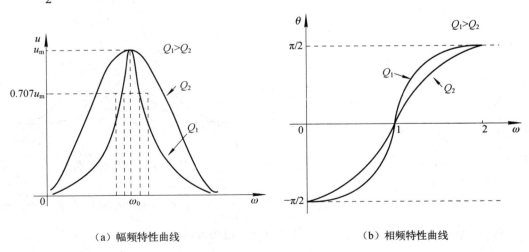

（a）幅频特性曲线　　　　　　　（b）相频特性曲线

图 4-32　RLC 串联电路的幅频和相频特性曲线

通过对 $A_u(\theta)$ 的分析可以看出当 $\theta \to \infty$ 或 $\omega \to 0$ 时，均有 $A_u \to 0$，因此，RLC 串联电路具有带通性质。

3. 通频带 BW

当输出电压的幅度下降到最大值的 $1/\sqrt{2}$（即 0.707）倍时，所对应的频率范围称为通频带，用 BW 表示，如图 4-33 所示。频率低于 ω_0 的 ω_1，称为下三分贝（dB）频率，频率高于 ω_0 的 ω_2，称为上三分贝（dB）频率，则通频带 BW $= \omega_2 - \omega_1$。

上、下三分贝频率也称为半功率点频率。半功率点频率就是电压下降至谐振电压 U_o 的 $1/\sqrt{2}$ 时的频率，因此，用电压幅值之比表示时，应为 $1/\sqrt{2} = 0.707$ 的关系，有

$$|A_u| = \frac{R}{\sqrt{R^2 + (\omega_L - 1/\omega_C)^2}} = \frac{1}{\sqrt{2}}$$

由上式解得三分贝频率（半功率点频率）为

$$\omega_1 = -\frac{R}{2L} + \sqrt{\left(\frac{R}{2L}\right)^2 + \frac{1}{LC}}$$

$$\omega_2 = \frac{R}{2L} + \sqrt{\left(\frac{R}{2L}\right)^2 + \frac{1}{LC}}$$

由上式可知通频带与电路参数的关系为

$$BW = \omega_2 - \omega_1 = \frac{R}{L}$$

4. 品质因数 Q

品质因数定义为 $Q = \omega_0 / BW$，它的大小反映了电路对输入信号频率的选择能力，Q 值越高，选择性越强，也是衡量幅频特性曲线（见图 4-34）尖锐程度的参数。

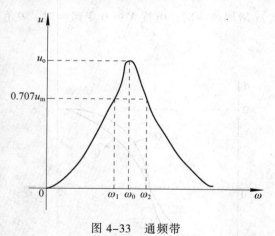

图 4-33　通频带　　　　　　　　　图 4-34　幅频特性曲线

当电路参数 L、C 确定后（ω_0 一定），由 $Q = \frac{1}{R}\sqrt{\frac{L}{C}}$ 可知，Q 值的大小只取决于 R 的大小：R 越小，Q 值越高。Q 值越高，选择性就越强，通频带就越窄。

注 意

谐振频率并非是通频带的中心频率，即幅频特性曲线并非以 ω_0 为对称，只有当 Q 值很大时，ω_0 才近似为通频带的中心频率。

四、实验内容

1．实验电路图

实验电路图如图 4-31 所示。

① 电路参数：$L = 0.1 \text{ H}$，$C = 0.5\ \mu\text{F}$，$R = 10\ \Omega$。

② 信号参数：u_i 为正弦输入信号，当输入的频率变化时，输入电压 U_i（交流毫伏表测量值）不随频率和负载的改变而变化，恒等于 2 V（$U_i = 2\text{ V}$），用交流毫伏表测量输出电压。

③ 电路的幅频特性曲线的测量方法，先找出电路的谐振频率，将交流毫伏表监测在输入电压 u_i 和输出电压 u_o（电阻 R）的两端，逐渐增加信号发生器的频率（注意保持输入电压 u_i 的幅度不变），当输出电压有效值 U_o 的读数为最大值且 $U_o = U_i = 2\text{ V}$ 时，信号发生器上所对应的频率即是谐振频率。在谐振点两侧，频率依次递增或递减各测量 6 组数据（注意靠近谐振频率处多取几点）。

④ 实验开始前，先计算谐振频率并测量谐振点的电压，在测试谐振电压时，若发现实验数据与理论值不符的结果，且误差大于 20% 以上，请分析原因，并对电路参数进行改进，重新测量数据，并填入表 4-16 中。

表 4-16　串联谐振电路测试表

						f_o						
f/Hz												
$U_o\ /\text{V}$												
I/mA												
$Z/\text{k}\Omega$												

2．设计 *RLC* 串联电路

根据给定的条件，重新设计一个 *RLC* 串联电路。

① 电路中 L、C 的参数不变，已知通频带 BW=25 000 rad/s，重新考虑电路中个别参数的取值，重复上述步骤③的测量过程，自制表格，表格形式参考表 4-16。

② 谐振时测量电容和电感上的电压，并计算 Q 值。

3．绘制特性曲线

结合实验数据以 ω（或 f）为横坐标，u_o 为纵坐标画出幅频特性曲线。以 ω（或 f）为横坐标，Z 为纵坐标画出阻抗幅频特性曲线。注意 Z_o 为谐振时对应于频率 f_o 的阻抗值。

五、思考题

① 用哪些实验方法可以判断电路处于谐振状态？

② 如果要提高 *RLC* 串联电路的品质因数 Q，电路中参数将如何改动？

③ 实验中，当 *RLC* 串联电路发生谐振时，是否有 $u_o = u_i$ 及 $u_L = u_C$？若关系不成立，试分析其原因。

六、实验报告要求

① 通过实验总结 *RLC* 串联谐振电路的主要特点。

② 各种数据要齐全，要求的曲线要用坐标纸画好，并且附上详细的理论分析。

③ 做好思考题并结合本实验的特点写好实验报告。

【实验 4-9】 电子仿真软件 Multisim 的使用与分析

一、实验目的

① 学习电子仿真软件 Multisim 的使用方法。

② 学会使用 Multisim 对简单的直流电路进行仿真和分析。

二、预习内容

学习 Multisim 的有关章节内容。

三、实验原理

分析直流电路可以通过 Multisim 提供的两种分析方法：直流工作点分析（DC Operating Analysis）和参数扫描分析（Parameter Sweep Analysis），以及利用虚拟仪表直接测量电路中电压、电流的方法。

1. 万用表（Multimeter）

万用表是 Multisim 虚拟仪表中最常用的仪器，能测量交直流电压、电流和电阻等。在 Multisim 的工作区建立起仿真电路后，从仪器栏中选择万用表，放置到电路窗口中，然后与被测点的两端相连即可。当运行仿真时就能自动测量数值，其图标和操作面板如图 4-35 所示。

用虚拟仪器测量直流电压和电流的方法与真实仪器的使用方法类似。电压表并联在被测电路两端，电流表串联在被测电路中。同时还需设置好工作方式和表的内阻，图 4-36 所示为万用表设置对话框。没有特别指定内阻大小的情况下均可以使用软件默认参数，注意内阻设置不合理，如电压表内阻设置过小，电流表设置过大，输出将会有很大的偏差。虚拟电压表、电流表读数的正负和表的正负极接入有关。

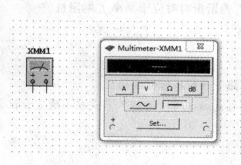

图 4-35 万用表图标及操作面板

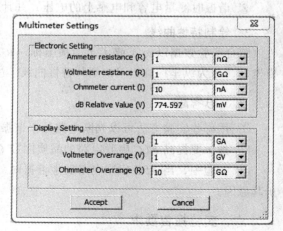

图 4-36 万用表设置对话框

2. 直流工作点分析

Multisim 的直流工作点分析，是分析电路的直流工作状态，若电路中有交流电源将被自动置零，且电容器被开路，电感器被短路。此方法分析的结果将给出电路中各节点的对地电压数值及含电压源支路的电流数值。因此，在 Multisim 软件工作区中建立的电路必须有一个接地点。

采用直流工作点分析方法求图 4-37 所示电路中流过两个电压源的电流。

首先在工作区中建立仿真电路，从元件栏中选出要用的元件，将其拖放在下方绘图区；选中元件后按工具栏的旋转按钮，可以旋转元件；双击元件，在弹出的菜单中设置元件的值及元件的称号，选择菜单命令 Circuit→Schematic Options→Show Nodes，显示节点的标号，建好的仿真电路如图 4-38 所示。然后，选择菜单 Analysis 下的 DC Operating Point 选项，即可得到图 4-39所示的分析结果，可知流经 5 V 电压源的电流为 5 A，流经 10 V 电压源的电流为 10 A。仿真电路中电压和电流采用的是一致的参考方向，即电流的参考方向为电源的正极指向负极，所得到的结果是负值，说明电流的实际方向与参考方向相反，电流由电源的正极流出。

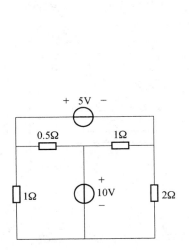

图 4-37　电路图 1

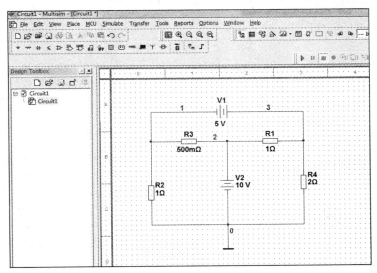

图 4-38　仿真分析电路图

说明：正文中涉及的仿真电路图形符号与国家标准符号对照表参见附录 G。

3. 参数扫描分析

参数扫描分析是元件参数在一定范围内变化时，按照固定的比例，选取一系列的参数，对电路进行多次分析，从而得到参数变化对电路的影响。

采用参数扫描分析方法绘出图 4-40 所示电路中电阻 R_1 在 1 kΩ到 10 kΩ变化时的伏安特性曲线。

首先在工作区中建立如图 4-41 所示的仿真电路，选择菜单命令 Analysis 中的子菜单 Parameter Sweep 选项，出现图 4-42 所示扫描参数设置对话框，其中 Sweep Parameter 为选择扫描参数，这里选择 Device Parmeter，其变化范围设置为 1～10 kΩ；Sweep Variation Type 为选择扫描类型，这里选择 Linear；Increment 为设置扫描步长，这里设置为 200 Ω，即从 1 kΩ起每隔 200 Ω选择一个参数值对电路进行分析；Analysis to sweep 为选择扫描形式，选择 DC Operating

Point；Output 选择输出节点 1 对地电压，即电阻元件 R_1 两端的电压。设置好后，单击左下角的 Simulate 按钮，输出分析结果，如图 4-43 所示。

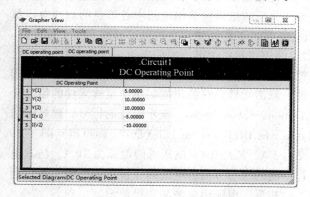

图 4-39　直流工作点分析结果

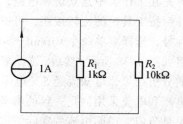

图 4-40　电路图 2

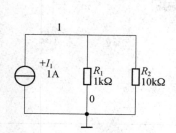

图 4-41　仿真分析电路图

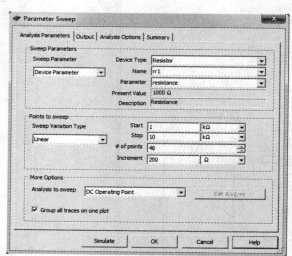

图 4-42　扫描参数设置对话框

图 4-43　参数扫描分析结果

四、实验内容

1．求解电流电压值

用 Multisim 的虚拟仪器和直流工作点分析两种方法求解图 4-44 所示电路中的电流 I 和电压 U_{be} 的值。

2．分析电路

利用 Multisim 软件中的参数扫描分析方法分析图 4-45 所示电路。已知 $i_1 = 2\text{A}$，$r = 0.5\Omega$，求 i_s。

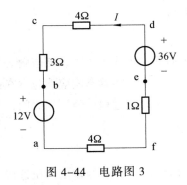

图 4-44　电路图 3　　　　　　　　　图 4-45　电路图 4

五、思考题

① 为什么在 Multisim 中建立的仿真电路都必须有一个接地点？

② Multisim 中电压表、电流表的内阻设置有何要求？设置不当对分析结果有何影响？

六、实验报告要求

① 整理实验数据，并将测量结果进行处理、分析。

② 总结 Multisim 软件的使用方法。

【实验 4-10】　一阶 RC 电路暂态响应的仿真

一、实验目的

① 利用 Multisim 熟悉一阶 RC 电路的零状态响应、零输入响应和全响应。

② 研究一阶电路在阶跃激励和方波激励情况下，响应的基本规律和特点。

③ 利用 Multisim 掌握积分电路和微分电路的基本概念。

④ 研究一阶动态电路阶跃响应和冲激响应的关系。

⑤ 从响应曲线中求出 RC 电路时间常数 τ。

二、预习内容

① 进一步学习 Multisim 的使用方法。

② 学习一阶 RC 各种暂态响应。

三、实验原理

1. 零输入响应

零输入响应指输入为零，初始状态不为零所引起的电路响应。

2. 零状态响应

零状态响应指初始状态为零，而输入不为零所引起的电路响应。

3. 全响应

全响应指输入与初始状态均不为零时所产生的电路响应。

4. 方波响应

应当方波信号激励加到 RC 两端时，只要方波的 1/2 周期大于或等于阶跃响应瞬态过程所经历的时间，在示波器的屏幕上看到的响应波形中，零输入响应和零状态响应均包含在内。当激励为方波信号时，只要方波的 1/2 周期大于或等于冲激响应瞬态过程所经历的时间，且脉冲的宽度足够窄，在示波器的屏幕上便可看到冲激响应波形。

5. 微分和积分电路

当方波信号加到 RC 电路上时，若 $\tau \gg T$（一般取 $\tau = 10T$），电容上的输出电压近似为三角波，此结构的电路称为积分电路。当方波的频率一定时，τ 值越大输出三角波的线性度越好，但其幅度下降；τ 变小时，波形的幅度随之增大，但其线性度将变坏。

若 $\tau \ll T$（一般取 $T = 10\tau$），输出电压取自电阻两端，则输出和输入构成微分关系。

6. 冲激响应和阶跃响应

阶跃响应是零状态响应，而冲激响应是阶跃响应的导数。

四、实验内容

利用 Multisim 软件仿真，了解电路参数与响应波形之间的关系，并通过虚拟示波器的调节熟悉时域测量的基本操作。

1. 用 Multisim 软件分析图 4-46 所示电路，$R=510\ \text{k}\Omega$，$C=0.1\ \mu\text{F}$。测出电路的电间常数，并设置电容电压初值为零，给定起始和终止时间后得到电容电压变化曲线。

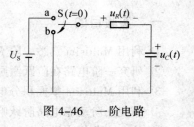

图 4-46　一阶电路

2. 一阶电路（时钟源频率为 2000 Hz，占空比为 50%，电压为 10 V，$R=10\ \text{k}\Omega$，$C=47\ \text{nF}$）如图 4-47 所示。熟悉示波器和信号源的调节方法。观测零输入响应和零状态响应，并分别测出时间常数。改变方波的周期或电路中 R 的大小，使电路的时间常数由 τ 变为 0.1τ、0.5τ、2τ、10τ 和 20τ，观察输出波形的变化。

3. 如图 4-48 所示电路，用 Multisim 软件同时观测阶跃和冲激响应。仿真电路图如图 4-49 所示。

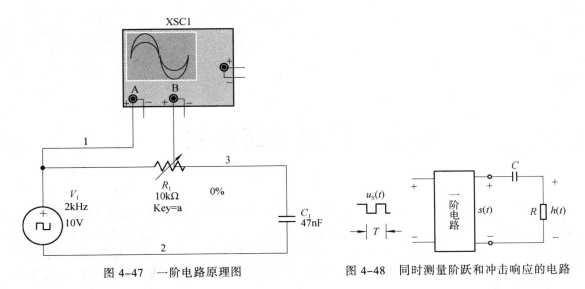

图 4-47　一阶电路原理图　　　　　　图 4-48　同时测量阶跃和冲击响应的电路

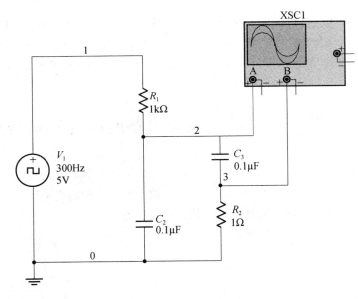

图 4-49　仿真电路图

五、思考题

1. 已知一阶 RC 电路 $R=10\ \Omega$，$C=0.1\ \mu F$，试计算时间常数 τ，并拟定测量 τ 的方案。

2. 积分电路和微分电路必须具备什么条件？这两种电路有何功用？

六、实验报告要求

1. 根据实验观测结果，在方格纸上绘出一阶 RC 电路充放电时 u_c、i_c 变化曲线。

2. 根据观观测结果，归纳、总结积分电路和微分电路的形式条件，说明波形变换的特征。

第5章 模拟电路实验

本章将介绍模拟电子技术基础实验和设计性实验。通过基本实验教学，使课堂所学理论知识得以在实践中应用，用实验来进一步验证理论知识的正确性；同时在实验课程中对基本原理的再次学习，能够在实验过程中遇到相关问题时用理论知识来进行指导，找出规律，分析问题，提高实际动手能力，从而体现实验教学验证理论知识的重要性，理论知识指导实验教学的必要性的相互补充的作用。

本章除 5.13 节讲述综合设计性实验的基本方法外，总共有 17 个实验，包括 12 个基础实验室（5.1～5.12）、3 个综合设计性实验（5.14～5.16）、2 个仿真实验（5.17～5.18）。在实验题目后面都附有一些相关思考题，供学有余力的同学进行尝试，从而进一步扩大发展空间和提高创新能力。

【实验 5-1】 单级共射放大电路的综合测试与研究

一、实验目的

① 掌握放大电路静态工作点的调试方法及其对放大电路性能的影响。
② 掌握低频小信号放大器主要性能指标的综合测试方法。
③ 了解单级共射放大电路的特性。

二、预习内容

① 掌握静态工作点和放大的基本概念。
② 学习晶体管的伏安特性及单级共射放大电路的工作原理。
③ 熟悉放大电路的静态工作点和动态指标 A_u、U_{omax}、R_i、R_o、f_{BW} 的测量方法。

三、实验原理

放大电路是电子系统中信号处理的基本电路，其作用是将微弱信号进行不失真的放大，得到所需要的数值。单级交流放大器的基本结构是组成集成芯片和各种复杂电路的单元块和基础电路。虽然当前分立元件的单级放大电路很少在实际电路中应用，但是其基本分析方法、电路调试技术及指标的测量方法等仍具有普遍意义。

本实验体现了晶体管的原理、放大电路的静态工作点分析方法以及动态指标的基本测试方

法，如输入、输出电阻的测试方法、电压增益的测
试方法，以及通频带的测试方法。实验电路采用有
NPN 型硅材料晶体管以及若干电阻、电容组成的共
射级放大电路，如图 5–1 所示。

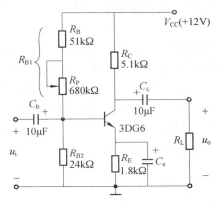

图 5–1 静态工作点稳定的单级共射放大电路

1. 电路组成原理

共射单级放大电路是单级放大器的 3 种组态
之一，而共射单级放大电路的组成形式也有多种。
图 5–1 是电阻分压式偏置、稳定静态工作点的单级
共射低频放大器。

放大是最基本的模拟信号处理能力，包含两方
面：一是能将微弱的低频小信号增强到所需要的数
值，即放大电信号以方便测量和使用；二是要求放
大后的信号波形与放大前波形的形状相同，即信号不能失真，否则会丢失传送的信息，失去了
放大的作用。

基于以上分析可以知道，电阻组成的基本原则也包括两方面：首先，要给电路中的晶体管
加上合适的直流偏置电路，即发射结正偏、集电结反偏，使其工作在放大状态，同时施加合适
范围的电源和电流，即合适的静态工作点；其次，要保证信号发生器、放大电路和负载之间的
信号能够正常传递，即有动态输入 u_i 时，应该有输出响应 u_o。

（1）直流偏置原则

由于基极电流 I_{BQ} 很小，分流效果可忽略不计，通过基极偏置电阻 R_{B1} 和 R_{B2} 对 V_{CC} 分压获得
稳定的基极电压 U_{BQ}，保证晶体管的发射结正偏。V_{CC} 是集电极电源，它通过 R_C 加至晶体管的集
电极，保证晶体管的集电结加反向电压。在此基础上，基极偏置电阻 R_{B1}、R_{B2} 以及集电极电阻
R_C 取值得当，与电源 V_{CC} 配合，为晶体管设置合适的静态工作点，使之工作于放大区。它的主
要特点是电路的结构能自行稳定由温度的变化带来的静态工作点的变化。

（2）对耦合电路的要求

第一，信号发生器和负载接入放大电路时，不能影响晶体管的直流偏置。第二，在交流信
号的频率范围内，耦合电路应能使信号正常传输。

在分立元件阻容耦合电子电路中，起传递作用的电容器称为耦合电容，如 C_b 和 C_c。只要电
容器的容量足够大，即在信号频率范围内的容抗 X_c（$1/\omega c$）足够小，就可以保证信号几乎毫无
损失地传输。同时，电容器对直流量的容抗无穷大，使输入端信号发生器的接入以及输出端负
载的连接都不会影响放大电路的直流偏置。可见，电容具有"隔直通交"的作用。另外，旁路
电容 C_e 的作用是短路交流信号在 R_E 上的压降，增大电压放大倍数（由小信号交流等效电路分
析去理解）。

2. 负反馈电阻 R_E 的作用

为了稳定静态工作点 Q，晶体管发射极接有负反馈电阻 R_E（又称电流采样电阻），它的作
用是可以将温度变化带来的射极电流 I_{EQ} 变化，通过 R_E 转换成发射极 U_{EQ} 点电位的变化，而基极电
位 U_B 取决于 R_{B1} 和 R_{B2} 对 V_{CC} 的分压，与环境温度无关，即当温度变化，如升高时，一连串的连
锁反应结果使 I_C 随温度升高而增大的部分得以抵消，I_C 将基本不变，实现了稳定静态工作点的目的。

比如，当温度 T 变化时：

$$T\uparrow \rightarrow I_{\text{C}}\uparrow \rightarrow U_{\text{E}}\uparrow \rightarrow U_{\text{B}}\text{稳定} \rightarrow U_{\text{BE}}\downarrow \rightarrow I_{\text{B}}\downarrow \rightarrow I_{\text{C}}\downarrow$$

这种将输出量（I_{C}）通过一定的方式（利用 R_{E} 将 I_{C} 的变化转化成电压的变化）引回到输入回路从而影响输入量（U_{BE}）的措施称为反馈。由于反馈的结果使输出量变小，因此称之为负反馈。从反馈理论上讲，R_{E} 越大，反馈越强，Q 点越稳定。但实际上，对于一定的集电极电流 I_{C}，由于 V_{CC} 的限制，R_{E} 也不能太大，过大的 R_{E} 易使晶体管脱离放大区，电路也将不能正常工作。

3. 参数计算

（1）静态工作点的计算

$$U_{\text{B}} = \frac{R_{\text{B2}}}{R_{\text{B1}} + R_{\text{B2}}} V_{\text{CC}}$$

$$I_{\text{E}} = \frac{U_{\text{B}} - U_{\text{BE}}}{R_{\text{E}}} \approx I_{\text{C}}$$

$$U_{\text{CE}} = V_{\text{CC}} - I_{\text{C}}(R_{\text{C}} + R_{\text{E}})$$

由以上公式可见，静态工作点的调整有多种方式，但为方便起见，实际多以调整电位器 R_{p} 为主。

（2）电压放大倍数

$$A_{\text{u}} = \frac{u_{\text{o}}}{u_{\text{i}}} \approx -\beta \frac{R_{\text{L}} // R_{C}}{r_{\text{be}}}$$

（3）输入电阻

$$R_{\text{i}} = R_{\text{B1}} // R_{\text{B2}} // r_{\text{be}}$$

（4）输出电阻

$$R_{\text{o}} = R_{C}$$

4. 放大电路的两种工作状态

放大电路的重要特点：交流信号叠加在直流工作点上，交流量与直流量共存。因此，分析时，将直流和交流分开进行处理。

（1）静态工作点的选取与调整

当放大电路输入信号为零时，晶体管的基极电流 I_{BQ}、集电极电流 I_{CQ}、b-e 间电压 U_{BEQ} 和管压降 U_{CEQ} 称为放大电路的静态工作点。放大电路的静态工作点是由晶体管的参数和放大电路的偏置电路共同决定的。参数的选取影响到放大电路的增益、失真和其他各个方面。

调整的方法是在不加输入信号的情况下，测量放大电路的静态工作点，并进行必要的调整，使之工作于合适的工作点上。

晶体管的输出特性曲线中有放大区、饱和区和截止区 3 个工作区。当晶体管作为开关管使用时，应使静态工作点在饱和区和截止区之间快速转换，以实现开关的功能。当把它用在线性放大电路中时，静态工作点应处于放大区，并选取在放大区中交流负载线的中间位置，如图 5-2 中 Q_1 点所示，这样才能使放大电路实现最大输出幅度的无失真放大功能。静态工作点选取得过高或过低会使输出波形产生失真。

① 截止失真。在单级共射放大电路中，如果放大器的静态工作点偏低，会使逐步加大的

输入信号电压负半周进入晶体管的截止区，使输出电压波形的"顶部被切掉"，这种现象称为截止失真，如图 5-2 中 Q_2 点所示。出现这种情况时，应通过加大基极偏流 I_{BQ}，使晶体管脱离截止区以消除截止失真。

② 饱和失真。如果放大器的静态工作点偏高，会使逐步加大的输入信号电压正半周进入晶体管的饱和区，使输出电压 u_o 波形的"底部被切掉"，这种现象称为饱和失真，如图 5-2 中 Q_3 点所示。出现这种情况时，应通过减小基极电流 I_{BQ}，使晶体管脱离饱和区以消除饱和失真。

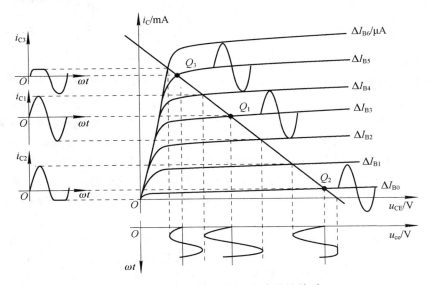

图 5-2　选择工作点与输出波形的关系

③ 最大不失真动态范围。当逐渐加大输入信号 u_i 的幅度时，若使输出电压波形 u_o 的顶部和底部几乎同时被切掉一部分，那么除了说明电路此时既有截止失真又有饱和失真，还说明静态工作点比较合适，如图 5-2 中 Q_1 点所示，意味着电路可获得最大不失真动态范围峰峰值 U_{op-p}。此时的失真只是由于输入信号幅度太大而引起的，只要适当减小输入信号的幅度即可消除。

如果电路仅仅出现饱和或截止失真，就要调整静态工作点 Q，使之获得最大不失真动态范围。

（2）动态性能指标与实验测试方法

放大电路的目的是放大交流信号，静态工作点是电路能正常工作的基础，放大电路工作必须在直流电源作用下施加交流信号，晶体管的 u_o、u_{CE}、i_B 和 i_C 都是直流和交流分量叠加后的瞬时值。晶体管放大电路的主要性能指标有电压放大倍数 A_u、最大输出动态范围 U_{omax}、输入电阻 R_i，输出电阻 R_o 及通频带 f_{BW} 等。

① 电压放大倍数 A_u。电压放大倍数 A_u 是输出电压与输入电压之比，是衡量电路电压放大能力的主要性能指标。在实测电压放大倍数时，应该用示波器观察输出端的电压波形，也可以用双踪示波器同时测量放大电路的输入端和输出端的电压峰峰值（或有效值、半峰值，输入输出测量量统一），然后再进行计算。注意：只有在不失真的情况下，测试数据才有意义。

有时，由于示波器的灵敏度因素，对很小的微信号不好观察，还要在输入端加一级电阻衰减器，将信号源幅值预先进行衰减，用示波器观测信号源输出信号，放大电路的实际输入信号在衰减器后，如图 5-3 所示。

这里，放大倍数仍为：

$$A_u = \frac{u_o}{u_i} \approx -\frac{\beta R_L'}{r_{be}}$$

其中有：$r_{be} \approx r_{bb'} + \beta \dfrac{26\text{mV}}{I_{EQ}}$ ，常取 $r_{bb'} \approx 100 \sim 300\ \Omega$。

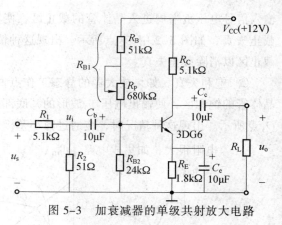

图 5-3　加衰减器的单级共射放大电路

另外，放大倍数还和空载、有载有关。放大电路总要接负载，而有时负载的角色实际就是下一级的输入电阻。

② 测量最大输出动态范围 U_{omax}。前面从理论上了解了最大不失真动态范围的概念，测量方法是给放大电路输入 1 kHz 的正弦信号，慢慢增大输入信号 u_i 幅度，使输出 u_o 出现明显的失真，再根据失真波形的削顶或削底情况调整静态工作点，直到输入信号幅度增大到使输出 u_o 同时出现截止和饱和失真（即削顶又削底）为止，之后再慢慢减小输入信号 u_i，使输出 u_o 波形刚好不失真为止。此时观测示波器输出电压 U_{op-p}，通常表示不失真输出的半峰 U_{omax} 为最大输出动态范围。

③ 输入电阻 R_i。输入电阻 R_i 的定义：$R_i = U_i / I_i$。R_i 是指从放大电路输入端看进去的等效电阻。其大小表明放大电路对信号源的影响程度。放大电路的 R_i 可看成信号源的负载，必然从信号源索取电流，R_i 越大，表明放大电路从信号源索取的电流越小，对信号源而言即轻载，放大电路所得到的输入电压 u_i 越接近信号源电压 u_S，换句话说放大电路能从信号源获取较大电压；反之，若 $R_i \ll R_s$，放大电路从信号源吸收较大电流，放大电路从信号源得到的输入电压 u_i 越小；若 $R_i = R_s$，则放大电路从信号源获取最大功率。

实际测量 R_i 有多种方法：

a. 替代法。替代法的测试方法如图 5-4 所示。先将开关 S 拨到 c 挡，测出输入 u_i 的值。再将开关 S 拨到 b 挡，调整电阻 R，使其上压降 u_i 同样达到 c 挡时的值，此时对应的电阻 R 即 R_i。

b. 换算法：

● 输入电阻为低值的测试方法：当理论估算出输入电阻不是很大时，输入电阻还可用输入换算法测量，测试方法如图 5-5 所示。在被测放大电路前串一个电阻 R_X，输入正弦信号，用示波器分别测量出电压 u_S 和 u_i，则由电阻分压比可得：$R_i = \dfrac{u_i}{u_s - u_i} R_X$。

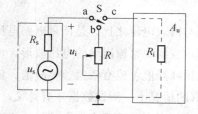

图 5-4　输入电阻替代法的测试原理图

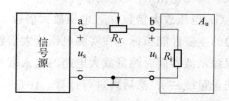

图 5-5　输入电阻为低值时的测试原理图

需要注意，在实际测量中输入端接的电阻 R_X 不宜过大，否则容易引入干扰。但也不宜过小，过小会使测量误差增大，最好 R_X 与 R_i 取在同一个数量级。为了减小测量误差，一般取 R_X 为可调电阻，调整 R_X 接近 R_i 值，若使 $u_i = \dfrac{1}{2} u_s$，这时 $R_i = R_x$。

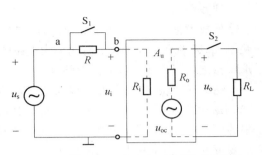

图 5-6　输入电阻为高值时的测试原理图

- 输入电阻为高值的测试方法：当理论估算输入电阻很大（如集成电路）时，测试方法如图 5-6 所示。先将开关 S_1 闭合、S_2 打开，测量出输出 u_{o1} 的值，再将开关 S_1、S_2 都打开，测量出输出 u_{o2} 的值，利用放大器的开路电压 $u_o = A_u u_i$ 的关系，而放大倍数是不变的，则放大倍数

$$A_u = \frac{u_{o1}}{u_s} = \frac{u_{o2}}{u_s \dfrac{R_i}{R + R_i}}$$

解得：

$$R_i = \frac{u_{o2}}{u_{o1} - u_{o2}} R$$

④ 输出电阻 R_o。放大电路作为线性含源二端网络，从放大电路输出端看进去可以等效为戴维南电路，即等效成一个输出电阻 R_o 与开路电压源 u_{oc} 的串联组合。输出电阻 R_o 的大小反映了放大器带负载的能力，R_o 越小，带负载能力越强。若 $R_o \ll R_L$，则 $u_{oc} \approx u_{oL}$，意味着接负载后 R_L 的变化对 u_{oL} 的影响很小，放大器可以等效成一个恒压源。

理论上讲，求输出电阻要对有源二端网络用置零网络信号源、外加电压源比端电流得到输出电阻的计算方法，但实际上，R_o 的测试方法常如图 5-7 所示。输入端加一个正弦信号，用示波器分别测量空载时的输出电压 u_{oc} 和接负载电阻 R_L 时的输出电压 u_{oL}，则有

$$R_o = \left(\frac{u_{oc}}{u_{oL}} - 1 \right) R_L$$

在测量时要注意，保证在 R_L 接入和断开时输出波形均不失真，且 R_L 和 R_o 处于同一数量级。

⑤ 通频带 f_{BW}。上述指标为时域范围研究的问题，通频带是频域范围研究的问题。放大器的放大倍数实际上是频率的函数，这是由于放大电路中耦合电容和晶体管内部 PN 结的结电容存在，在信号频率下降以及信号频率上升到一定程度时，放大倍数的数值会明显下降，而在中间频带范围内输出幅度基本不变，如图 5-8 所示，A_{um} 为中频区放大倍数。通频带用于衡量放大电路对不同频率信号的放大能力。

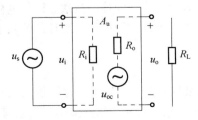

图 5-7　输出电阻的测试原理图

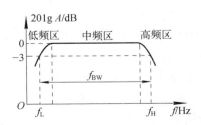

图 5-8　放大器的幅频特性

通频带 f_{BW} 的定义：$f_{BW} = f_H - f_L$。

使放大倍数的数值下降到 A_{um} 的 0.707 倍时，对应的频率称为下限截止频率 f_L 和上限截止频率 f_H。频率小于 f_L 的部分称为放大电路的低频段，频率大于 f_H 的部分称为放大电路的高频段，f_L 和 f_H 之间形成的频段成为中频段。

通频带 f_{BW} 越宽，表明放大电路对不同频率信号的适应能力越强。例如，对语音信号（20 Hz～20 kHz）放大扩音机设备等，其通频带应宽于音频范围的频率段。若只要求对单一频率的信号放大，如收音机的选频，为避免其他信号的干扰和噪声的影响，f_{BW} 越窄越好。所以，通频带 f_{BW} 的宽窄视工程要求而定。

通频带（幅频特性）通常有如下测试方法：

- 逐点记录法：在保持输入信号幅度不变的情况下，改变输入信号的频率 f，用示波器逐点观测记录输出电压 u_o。由 $A_u = u_o / u_i$ 计算对应于不同频率下放大器的电压增益，以升序频率在坐标纸上记录所测数据（频率采样越密曲线越平滑），对应找出 f_L 和 f_H，即可计算出通频带 f_{BW}。注意：记录前要先调整输入信号幅度，用示波器观测到输出信号为不失真输出波形。实际上，输入 u_i 幅度不变，描点记录不同频率下的 u_o，幅频特性曲线。
- 扫频法：利用扫频仪直接在屏幕上显示出幅频曲线，由幅频曲线 $A_u(f)$ 可测出通频带 f_{BW}。

四、实验内容

提 示

① 养成连接和改变调整电路时先关闭电源的习惯。

② 测量调整好直流电源的规定数值再连接开通电路。

③ 信号源的输出端切勿与直流电源输出端相连接，以免损坏仪器。

④ 在进行电路指标的测试过程中，要保证输出电压波形始终不失真。

⑤ 经常利用万用表判断电路板上工作的晶体管好坏（也可用晶体管特性测试仪测试晶体管）。

⑥ 建议初学者采用间接测量法测支路电流，此方法不易损坏器件和仪表：即先测得支路电阻上的电压 U_R 再除以电阻 R，计算得到支路电流 I。

单极低频放大电路的实验参考电路如图 5-1 所示，电容的极性不要接反。

测量并调试放大电路的静态工作点，研究电路参数 R_p、R_c、V_{cc} 变化过程中，对静态工作点的影响。

实验过程中，静态工作点的测量可以通过万用表测量晶体管的是那个引脚的电位 U_B、U_c、U_E，然后计算 U_{BEQ}、U_{CEQ}。实际测量中，进行电流测量时通常采用间接测量法，即集电极电流通过测量电压来换算得到。即 $I_{CQ}=(V_{CC}-U_C)/R_c$，该方法不用更改被测电路，而且还消除了反复拆装电路导致故障发生的可能。

1. R_p 对静态工作点的影响

① 调节 R_p 和输入信号，使放大器的静态工作点为最佳状态（即输入信号幅值增大时，输出波形同时出现饱和与截止失真）。撤去信号发生器，用万用表测量 U_{BQ}、U_{CQ}、U_{EQ}，计算出

集电极电流 I_{CQ}。

②　将信号发生器重新连入放大电路输入端，且保持输入信号不变。将 R_p 增大，观察并记录波形。撤去信号发生器，用万用表测量 U_{BQ}、U_{CQ}、U_{EQ}，计算出集电极电流 I_{CQ}，并根据波形和数据判断出失真的类型。

③　将信号发生器再次连入放大电路输入端，且保持输入信号不变。将 R 减小，观察并记录波形。撤去信号发生器，用万用表测量 U_{BQ}、U_{CQ}、U_{EQ}，计算出集电极电流 I_{CQ}，并根据波形和数据判断出失真的类型。

2. 集电极电阻 R_C 对静态工作点的影响

将输入信号接入放大电路，在集电极电阻上 R_C 并联 R'_C，$R'_C = R_C = 15\,\text{k}\Omega$，观察输出波形，并记录下来。撤去信号发生器，用万用表测量 U_{BQ}、U_{CQ}、U_{EQ}，计算出集电极电流 I_{CQ}，并和无 R'_C 时的情况进行比较。完成后，断开 R'_C。

3. 电源电压 Vcc 对静态工作点的影响

将输入信号接入放大电路，再将 Vcc 由 12 V 变为 6 V，观察并记录输出波形。撤去信号发生器，用万用表测量 U_{BQ}、U_{CQ}、U_{EQ}，计算出集电极电流 I_{CQ}，并将两种不同电源电压幅值时的情况进行比较。

4. 测量放大器的性能指标

①　将 1 kHz 的正弦信号接入放大电路输入端，用示波器观察输出电压波形，在波形没有出现失真的情况下，改变负载，分别当负载是 1 kΩ、15 kΩ 和输出开路的情况下，测量放大电路的输入和输出电压，计算放大电路的增益。

②　最大输出动态范围。在测量放大倍数的基础上，使得输入信号幅值逐渐增大，观察输出波形，当输入输出波形同时失真时的输出值 U_o，即为 U_{omax}。

③　放大器输入电阻的测量。用输入换算法测量输入电阻。输入信号不变，在放大器输入回路串入与输入电阻为同一数量级的电阻 R，用示波器分别测量 R 两端对地的电压 u_o 和 u_i，则输入电阻为：

$$R_i = \frac{u_i}{u_o} R$$

④　放大器输出电阻的测量。用输出换算法测量输出电阻。当负载电阻为 15 kΩ 时，输入端加入正弦信号，用示波器分别测量空载和加载时的输出电压 u_o 和 u_L，则输出电阻为：

$$R_i = \left(\frac{u_o}{u_L} - 1 \right) R$$

⑤　测试通频带 f_{BW}。用逐点记录法自拟表格，同时描绘出幅值频率特性曲线，找出 f_L 和 f_H 点，计算通频带 f_{BW}。

五、思考题

①　一般通过改变上偏置电阻 R_{B1} 来调节静态工作点，为什么？改变下偏置电阻 R_{B2} 是否可以？R_C 是否可以？为什么？

②　若将电容 C_e 断开，会对什么指标有影响？可用实验结果说明问题。

③　示波器上显示的 NPN 和 PNP 型晶体管放大器输出电压的两种失真波形（截止和饱和）

相同吗？为什么？

④ 单管放大电路中，决定电路的静态工作点的元件有哪些，这些器件是如何影响静态工作点的？

⑤ 能否用数字万用表进行放大电路幅频特性曲线的测量？为什么？

六、实验报告要求

① 完成各项实验内容，整理测试数据，并对数据进行处理，画出相关曲线。

② 简述分析过程和结论，与理论分析结果进行比较，对实验结果作出说明。

③ 完成思考题，画出设计电路图，给出元件参数。

【实验 5-2】　射极电压跟随电路

一、实验目的

① 熟悉射极电压跟随电路的特性以及与其他组态放大电路的区别。

② 掌握常用电子测试方法。

二、预习内容

① 熟悉射极电压跟随电路原理及特点。

② 根据图 5-9 元器件参数，估算静态工作点，计算交流指标（设 $r_{be}=3$ kΩ），掌握图解分析法。

三、实验原理

射极电压跟随电路又称为射极输出器、共集放大电路，电路如图 5-9 所示。射极电压跟随电路的特点很突出，相比其他组态的放大电路——共射极放大与共基极放大来说，其具有交流输出电压与输入电压同相位、电压放大倍数小于、接近于 1（故又称为电压跟随电路）、输入电阻大、输出电阻小等特点，因而在多级放大电路中常用于输入级和输出级。输入电阻大的特点使输入级与信号源连接可以吸收小电流，因而起到隔离器的作用。输出电阻小的特点使输出级与负载连接可以提高带负载能力。

1. 静态分析

在图 5-9 电路中，射极电压跟随电路的各项静态指标如下：

$$I_B = \frac{V_{CC} - U_{BE}}{R_{B1} + (1+\beta)R_E}$$

$$I_E = (1+\beta)I_B$$

$$U_{CE} = V_{CC} - I_E R_E$$

2. 动态分析

电路的交流小信号微变等效电路如图 5-10 所示，因而：

$$r_{be} \approx r_{bb'} + \beta \frac{26mV}{I_{EQ}} , \ 常取 r_{bb'} \approx 100 \sim 300 \ \Omega,$$

$$A_{\mathrm{u}} = \frac{u_{\mathrm{o}}}{u_{\mathrm{i}}} = \frac{(1+\beta)R_L'}{r_{\mathrm{be}} + (1+\beta)R_L'}，其中，R_L' = R_{\mathrm{E}} // R_L，$$

$$R_{\mathrm{i}} = \frac{u_{\mathrm{o}}}{i_{\mathrm{i}}} = R_{\mathrm{B1}} // [r_{\mathrm{be}} + (1+\beta)R_L']。$$

$$R_{\mathrm{o}} = R_{\mathrm{E}} // R_{\mathrm{o}}'，其中 R_{\mathrm{o}}' = \frac{r_{\mathrm{be}} + r_{\mathrm{S}}}{1+\beta}。$$

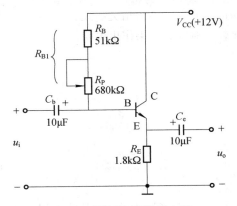

图 5-9　射极电压跟随电路

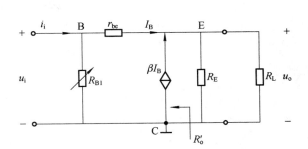

图 5-10　射极输出器的交流小信号微变等效电路

3．实验测试

晶体管在线性放大时，各处的物理量是直流与被放大的交流信号的叠加，因而一般先研究测试直流工作点的各项指标，再测试分析交流指标。

交流指标的测试原则与单管共射放大电路相似，要计算电压放大倍数 A_{u}，就要先求直流 I_{EQ}，再求 r_{be}，最后求出 A_{u}。输入电阻的测试可以考虑带载也可以考虑不带载。

四、实验内容

1．连接电路

按图 5-9 连接电路。

2．静态工作点的调整

将 $u_{\mathrm{i}} = 100\ \mathrm{mV}$（$f = 1\ \mathrm{kHz}$）的正弦波信号接入电路，输出端用示波器监视（$R_L = \infty$），反复调整 R_{P} 及增大信号源的幅度，使输出端 u_{o} 得到一个最大不失真波形。然后断开输入信号，用万用表测量此时放大器的静态工作点，并将所测直流量数据填入表 5-1 中。

表 5-1　直流量与交流放大量的测试

直流量			交流量		
$U_{\mathrm{E}}/\mathrm{V}$	$U_{\mathrm{B}}/\mathrm{V}$	$I_C \approx U_{\mathrm{E}}/R_{\mathrm{E}}$	$u_{\mathrm{i}}/\mathrm{V}$	$u_{\mathrm{o}}/\mathrm{V}$	$A_{\mathrm{u}} = u_{\mathrm{o}}/u_{\mathrm{i}}$

3．测量电压放大倍数 A_u

接入 $R_L = 1\ \mathrm{k\Omega}$ 的负载。在静态工作点不变的前提下（此时偏置电位器 R_{P} 不能再旋动），输入端接入 $f = 1\ \mathrm{kHz}$ 的正弦波信号，逐步增大输入信号幅度，用示波器观测到输出为最大不失真波形时，将所测交流量数据填入表 5-1 中，同时观测射极电压跟随电路的跟随特性和信号的出入相位关系。

4．测量输入电阻 R_i

图 5-11 是采用换算法的输入电阻测量原理图，即在图 5-12 所示电路的输入端串入可变电阻 R_X，从 A 点输入 f=1 kHz 的 u_i 正弦波信号（u_i 幅度由小到大调整，但不必调整到输出为最大不失真），可以设 R_L=∞，用示波器观察输出波形不失真时，将所测数据填入表 5-2 中，并且利用下面公式求出输入电阻：

$$R_i = \frac{R_X}{\dfrac{u_s}{u_i} - 1}$$

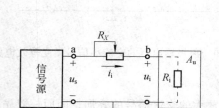

图 5-11　输入电阻换算法的测试原理图

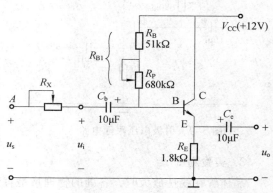

图 5-12　输入电阻测试图

表 5-2　输入电阻和输出电阻的测量与计算

输入电阻 R_i			输出电阻 R_o		
u_S/V	u_i/V	$R_i = \dfrac{R_X}{(u_s / u_i) - 1}$	u_{oc}/mV	u_{oL}/mV	$R_o = \left(\dfrac{u_{oc}}{u_{oL}} - 1\right) R_L$

5．测量输出电阻 R_o

在输入端接入 u_i=100 mV、f=1 kHz 的正弦波信号，用示波器观测记录分别测得的有载（R_L=2.2 kΩ）和空载（R_L=∞）时的输出电压 u_{oL} 和 u_{oc} 值。

则

$$R_o = \left(\frac{u_{oc}}{u_{oL}} - 1\right) R_L$$

将所测数据填入表 5-2 中，计算出输出电阻。

五、思考题

① PNP 管的射极电压跟随电路如何接直流电源？

② 为何不在集电极上接电阻？可用实验结果说明问题。

③ 射极电压跟随电路有电流放大、功率放大作用吗？

六、实验报告要求

① 整理实验数据及说明实验中出现的各种现象，将实验结果与理论计算值比较，分析产生误差的原因，得出有关的结论。

② 对思考题的思考或实验结果做出说明。

【实验 5-3】 直流差分放大电路

一、实验目的

① 熟悉差动放大电路的工作原理及应用场合。

② 掌握差动放大电路的基本分析与测试方法。

二、预习内容

① 计算图 5-13 所示电路的静态工作点（设 $r_{be}=3\ k\Omega$，$\beta=100$）。

② 计算图 5-13 所示电路的电压放大倍数及输入电阻。

三、实验原理

基本差动放大电路由两个完全对称的共发射极放大电路组成，有两个输入端和两个输出端。它是一种特殊的直接耦合放大器，其结构上的特点是电路两边的元器件完全对称，即两管的型号相同，特性相同，各对应电阻值相等。功能上的特点是利用结构上的对称克服温漂（零点漂移），抑制共模信号，放大差模信号。

典型的长尾式差动直流放大电路在 T_1、T_2 的发射极上，接一反馈电阻 R_E 和负电源 V_{EE}，利用负反馈能稳定工作点的原理，R_E 愈大稳定性愈好，同时为保证静态工作点位于线性区，加大 R_E 的同时也要加大负电源 V_{EE}。但一方面由于负电源不可能用得很低，因而限制了 R_E 阻值的增大。另一方面差动放大电路在集成芯片电路中也得到广泛应用，而集成电路的工艺制作不了大电阻。为了解决这一矛盾，改善差动式直流放大电路的零点漂移，实际应用中常用晶体管恒流源来代替 R_E，形成了具有恒流源的差动放大器，电路如图 5-13 所示。

具有恒流源的差动放大器，应用十分广泛。特别是在模拟集成电路中，常被用作输入级或中间放大级。在图 5-13 中，晶体管 T_1、T_2 是做在同一块衬底上的两个管子，称为差分对管，如 5G921、BG319 和 FHIB 等。它与基极限流电阻 R_{B1}、R_{B2}，集电极电阻 R_{C1}、R_{C2} 及电位器 R_P 共同组成差动放大器的基本电路。T_3 管和电阻 R_E、R_{B3}、R_{B4} 共同组成恒流源电路，为差分对管的射

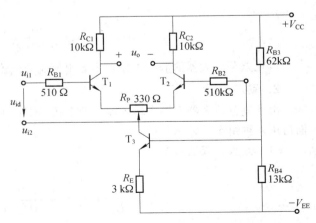

图 5-13 具有恒流源的差动放大电路

极提供恒定电流 I_o。电路中差分对管基极的两个电阻 R_B 是取值一致而且比较小的电阻（有时也可以直接接地），其作用是使在连接不同输入方式时（双入或单入），加到电路两边的信号能得到大小相等、极性相反的差模信号，或大小相等、极性相同的共模信号，以满足得到不同信号的输入需要。电路参数应完全对称，调节 R_P 可调整电路的对称性。

1. 静态分析

（1）抑制零漂（共模信号）

静态时，两边输入端不加信号（置零），即 $U_{id} = 0$。由于电路两边电路参数、元件都是对称的，故两管的电流、电压相等，即 $I_{B1}=I_{B2}$，$I_{C1}=I_{C2}$，$U_{CQ1}=U_{CQ2}$，此时输出电压 $U_o=U_{CQ1}-U_{CQ2}=0$，若接有负载电阻 R_L，则 R_L 上没有电流流过。所以在理想情况下，当输入信号为零时，此差分直流放大电路的输出 U_o 为零。而流过管 T_3 的电流 I_o 为 T_1、T_2 两管的发射极电流 I_{E1}、I_{E2} 之和。

当某些环境因素或干扰存在时，会引起电路参数的变化。例如，当温度升高时，晶体管 U_{BE} 会下降，β 会增加，其结果使两管的集电极电流增加了 ΔI_{CQ}。由于电路对称，故必有 $\Delta I_{CQ1}=\Delta I_{CQ2}=\Delta I_{CQ}$，使两管集电极对地电位也产生了增量 ΔU_{CQ1} 和 ΔU_{CQ2}，且数值相等。此时输出电压的变化量：$\Delta U_o=\Delta U_{CQ1}-\Delta U_{CQ2}=0$。这说明虽然由于温度升高，每个管子的集电极对地产生了漂移，但只要电路对称，输出电压取自两管的集电极，差分式直流放大电路是可以利用一个管子的漂移去补偿另一个管子的漂移，从而使零点漂移得到抵消，放大器性能得到改善。可见，差动放大器能有效地抑制零漂。这个零漂通常被虚拟为输入加入了一对共模信号，而电路对共模信号是不起放大作用的。

（2）静态工作点的计算

如图 5-13 所示，对于恒流源电路，I_o 为 T_3 的恒定镜像电流，I_o 主要由电源电压 V_{CC}、$-V_{EE}$ 及电阻 R_E、R_{B3}、R_{B4} 决定，与晶体管的特性参数无关。

对于差分对管 T_1、T_2 组成的对称电路，则有

$$I_{C1} = I_{E1} = I_{E2} \approx I_o / 2$$

$U_{R_{B4}} = (V_{CC} + V_{EE})\dfrac{R_{B4}}{R_{B3} + R_{B4}}$，$I_{B3}$ 很小，可忽略不计。

$$I_o \approx \frac{U_{R_E}}{R_E} = \frac{(U_{R_{B4}} - U_{BE})}{R_E}$$

$$U_{C1} = U_{C2} \approx V_{CC} - I_{C1}R_{C1} = V_{CC} - \frac{I_o}{2}R_{C1}$$

可见差分放大器的静态工作点主要由恒流源电流 I_o 决定。

2. 动态分析

由于差分放大器有两个输入端、两个输出端，不同的输入、输出连接具有不同的组态。下面讨论两种组态的动态分析。

（1）差入、双出组态

$$A_d = \frac{\Delta U_o}{\Delta U_{id}} = A_{d1} = \frac{\Delta U_{o1} - U_{CQ1}}{\Delta U_{id1}} = -\frac{\beta\left(R_C \mathbin{/\!/} \dfrac{R_L}{2}\right)}{R_B + r_{be}}$$

$$A_c = 0$$

$$K_{CMR} = 20\lg\left|\frac{A_d}{A_c}\right| \approx \infty$$

（2）差入、单出组态（从 T_1 输出）

$$A_d = \frac{1}{2}A_{d1} = -\frac{1}{2} \cdot \frac{\beta(R_C /\!/ R_L)}{R_B + r_{be}}$$

$$A_C = \frac{\Delta U_{oC1}}{\Delta U_{iC1}} = \frac{\Delta U_{oC1} - U_{CQ1}}{\Delta U_{iC1}} \text{ 很小,}$$

K_{CMR} 很大。

3. 实验测试

① 调零：电路一般难以完全对称，故需要先调整其对称性，使 $U_{id}=0$ 时，$U_o=0$。

② 静态值测量：调完零之后，测试各点的静态物理量。

③ 动态指标测试

在输入端加入一直流变量 ΔU_{id}，测差入、双出（或单出）的电压值。切记，在计算单出压降时，一定要将测量的瞬时值 U_{C1} 或 U_{C2}（交直流混合量）减去先前测得的直流量 U_{CQ} 才是该点真正的动态变量 ΔU_{od}。不仅计算单出的差模 ΔU_{od} 如此，计算单出的共模 ΔU_{oC} 也如此。

静态叠加上动态变量（这里直流放大可以理解为直流变量）犹如跷跷板的道理，如图 5-14 所示：电路调对称以后，差分对管的静态值 U_{CQ} 是相等的，加入动态变量后，好比跷跷板（虚线）翘起，左右端点分别距离静态值 U_{CQ} 的差距 Δ（动态变量）是相等的，只不过一高一低，即增量为一正一负而已，同时表明了从不同管子取输出，波形有反相、同相的区别。图 5-14 中差距 Δ 表示单出的增量，而 ΔU_o 表示双出的增量。

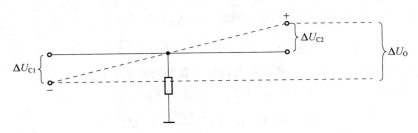

图 5-14 差放电路的静态与动态关系图

下面介绍一个设计案例。

设计一具有恒流源的单端输入-双端输出差动放大器，指标要求 $R_{id} > 20\text{ k}\Omega$，$A_{ud} \geqslant 20$，$K_{CMR} > 60\text{ dB}$。已知：$V_{CC}=12\text{ V}$，$-V_{EE}=-12\text{ V}$，$R_L=20\text{ k}\Omega$，$U_{id}=20\text{ mV}$。

具体设计过程：

1. 晶体管型号确定和电路连接方式选择

分析设计要求，可以知道，K_{CMR} 相对较高，要求电路的对称性好，故可采用集成差分管，如 BG319 或者 FHIB，前者内部含有 4 个完全相同的晶体管，后者含有两只完全相同的晶体管。

实验电路可选择如图 5-15 所示电路，是一个具有恒流源的单端输入-双端输出的差分放大电路，其中晶体管为 BG319 的 4 只晶体管，可以测量 $\beta_1 = \beta_2 = \beta_3 = \beta_4 = 60$

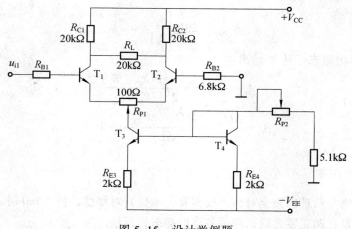

图 5-15 设计举例题

2. 静态工作点设置和元件参数计算

恒流源 I_0 确定了差分放大电路的静态工作点，因此，应该首先设置 I_0，其取值不能太大，取值越小，恒流源越恒定，漂移越小，放大器的输入阻抗越高。但也不能太小，一般选择几毫安即可。

假设 $I_0 = 1\text{mA}$，对于恒流源电路，$I_R = 2I_{B4} + I_{C4} = 2\dfrac{I_{C4}}{\beta} + I_{C4} \approx I_0$

I_0 为 I_R 的镜像电流，有 $I_0 = I_R = \dfrac{-V_{EE} + 0.7}{R + R_{E4}}$，该式表明，电流 I_0 由电源电压 V_{EE}、电阻 R 和 R_{E4} 确定，与晶体管的特性参数没有关系。

对于差分管 T_1、T_2 组成的对称电路，则有 $I_{C1} = I_{C2} = I_0 / 2$

$$U_{C1} = U_{C2} = V_{CC} - I_{C1}R_{C1} = V_{CC} - \frac{I_0 R_{C1}}{2}$$

因此，差分放大电路的静态工作点主要由恒流源电流来确定 I_0。

所以可以得到，$I_0 = I_R = 1\text{ mA}$，$I_{C1} = I_{C2} = I_0 / 2 = 0.5\text{ mA}$，

$$r_{be} = 300\,\Omega + (1+\beta)\frac{26\text{mV}}{I_0 / 2} = 3.4\text{ k}\Omega。$$

取设计中要求 $R_{id} > 20\text{ k}\Omega$，则可以得出 $R_{id} = 2(R_{b1} + r_{be}) > 20\text{ k}\Omega$，得到 $R_{b1} > 6.6\text{ k}\Omega$，这样可以去 $R_{b1} = R_{b2} = 6.8\text{ k}\Omega$

设计中要求 $A_{ud} \geqslant 20$，则可得 $A_{ud} = \left| \dfrac{-\beta R_L'}{R_{b1} + r_{be}} \right| \geqslant 20$，可以取 $A_{ud} = 30$，所以可得 $R_L' = R_C // R_L / 2 = 6.7 k\Omega$，计算得到

$$R_C = \frac{R_L' \cdot (R_L / 2)}{R_L / 2 - R_L'} = 20.3 k\Omega，\quad 取 R_{C1} = R_{C2} = 20\text{ k}\Omega$$

所以：$U_{C1} = U_{C2} = V_{CC} - I_{C1}R_{C1} = V_{CC} - \dfrac{I_0 R_{C1}}{2} = 2\text{ V}$

U_{C1}、U_{C2} 分别为 T_1、T_2 集电极对地的电压，而基极对地的电压 U_{B1}、U_{B2} 则为：

$$U_{B1} = U_{B2} = \frac{I_C}{\beta} R_{b1} = 0.08\,\text{V} \approx 0\,\text{V}$$

则
$$U_{E1} = U_{E2} \approx 0.7\,\text{V}$$

由于射级电阻不能太大，否则负反馈太强，影响放大器的增益，使其减小，所以通常电位器的取值在 100 Ω左右，从而用来调整电路的对称性，这里选取 R_{P1}=100 Ω。

对于恒流源电路，元件的参数和静态工作点计算过程如下：

$$I_0 = I_R = \frac{-V_{EE} + 0.7}{R + R_{e4}}，所以 R + R_E = 11.3\,\text{k}\Omega$$

在选取射级电阻时，一般取值为几千欧，所以可以取 $R_{E3} = R_{E4} = 2\,\text{k}\Omega$，这样可以得到 $R = 9\,\text{k}\Omega$。为了调整 I_0 方便，R 用 5.1 kΩ 固定电阻和 10 kΩ 电位器 R_{P2} 串联

3. 静态工作点调整方法与调试

按照电路图安装电路，检查无误后接通电路。

（1）调零

输入端 1 接地，接入直流电源，用万用表测试 T_1、T_2 的集电极对地的电压 U_{C1}、U_{C2}，如果 $U_{C1} \neq U_{C2}$，则电路不对称，调整电阻器 R_P 使差分对管的输出电压 U_o=0，或测量两边的集电极电位使 $U_{CQ1} = U_{CQ2}$。

（2）测量静态工作点

测量 R_{C1} 两端电压，并调节 R_{P2}，使 $I_0 = 2\dfrac{U_{R_{C1}}}{R_{C1}}$，使得其值满足要求，如 1 mA。但由于 I_0 为提前设置好的值，因此晶体管有可能不在放大状态，需要通过万用表测量晶体管 T_1、T_2 各极对地的电压 U_{B1}、U_{C1}、U_{E1}、U_{B2}、U_{C2}、U_{E2}，这时 $U_{BE} \approx 0.7\,\text{V}$，$U_{CE}$ 为正几伏。如果 T_1、T_2 处于放大状态，采用差模传输特性曲线观测电路的对称性，并调整静态工作点 I_0 的值。

四、实验内容

1. 设计一个双端输入-双端输出差分式直流放大电路

指标参数：当输入信号 $U_{Id} = 100\,\text{mV}$，输出电压 $\geqslant 2\,\text{V}$，$K_{CMR} > 40\,\text{dB}$。

设计条件：信号源平衡输出，内阻 $R_{内}$=40 kΩ，R_L=120 kΩ。

2. 设计一个带由恒流源的单端输入-单端输出差分式直流放大电路

指标参数：$R_{id} > 10\,\text{k}\Omega$，$A_{ud} \geqslant 15$，$K_{CMR} > 50\,\text{dB}$ $K_{CMR} > 50\,\text{dB}$。

设计条件：电源电压 ±12 V，输入信号频率 1 kHz，幅值 20 mV 的交流信号，R_L=20 kΩ。

五、思考题

① 为什么电路在工作前需进行零点调整？

② 恒流源的电流 I_0 取大一些好还是取小一些好？

③ 测量差模放大倍数与共模放大倍数应该选用什么样的测量仪器？为什么？

④ 当双端输入正弦交流信号时，如何使用示波器观测双端输出信号？

六、实验报告要求

① 比较实测数据，计算图 5-13 电路的静态工作点，与预习理论计算结果相比较。

② 整理实验数据，填写计算各种接法的 A_d 和 A_c，具体写出计算过程，要详细代入分子分母的数值，并与理论计算值相比较。

③ 总结差分放大电路的性能和特点。

【实验 5-4】 负反馈放大电路的设计

一、实验目的

① 学习集成运算放大器的应用，掌握多级集成运放电路的工作特点。

② 掌握负反馈放大电路的定性分析和参数估算。

③ 研究负反馈对放大器性能的影响，掌握负反馈放大器性能指标的测试方法。

测试开环和闭环的电压放大倍数、输入电阻、输出电阻、反馈网络的电压反馈系数和通频带；比较电压放大倍数、输入电阻、输出电阻和通频带在开环和闭环时的差别；观察负反馈对非线性失真的改善。

二、预习内容

① 复习集成运放的使用方法。

② 掌握 4 种负反馈的性质，根据图 5-16 指出单级负反馈类型和可能构成的双级负反馈类型。

③ 认真阅读实验内容，估算该放大电路基于反馈系数的电压放大倍数 $A_f \approx 1/F$，其中 F 为反馈系数。

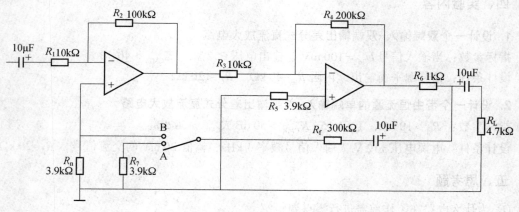

图 5-16 反馈放大器

三、实验原理

由于电路中元器件的参数会随着测试环境温度的变化而改变，从而导致静态工作点、放大倍数不稳定。另外，失真、干扰等问题也可能存在。实际电路过程中，需要引入反馈机制，来改善电路的性能。

1．负反馈放大器的概念

将放大电路中的输出量（可以是电压，也可以是电流）的一部分或者全部通过构建的反馈网络引入到输入端，从而来改变净输入量，改善电路的性能称之为反馈。反馈在电子电路中应用较广泛，是进行自动控制的最基本、最重要的手段。

（1）正、负反馈

根据反馈网络的增加，电路输出的变化情况，反馈可分为正反馈、负反馈：正反馈是指加入反馈后，净输入量增加，输出信号也增加；负反馈是指加入反馈后，净输入量减小，输出信号也减小。电路中常用的是负反馈。

（2）交、直流反馈

根据反馈存在于直流通路和交流通路，反馈可分为直流反馈和交流反馈。直流反馈是指反馈量只有直流量；交流反馈是指反馈量中只有交流量。直流反馈的作用是稳定放大电路的静态工作点；交流反馈用来改善电路的动态性能。因此，负反馈放大电路是指引入了交流负反馈的放大电路。

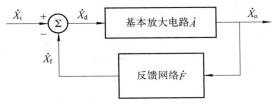

图 5-17　反馈电路的方框图表示法

（3）反馈电路基本框架

负反馈放大电路的基本构成有两部分：基本放大电路和反馈网络，如图 5-17 所示。

其中，$\dot{X}_i$ 表示输入量，$\dot{X}_f$ 表示反馈量，$\dot{X}_d$ 表示净输入量，$\dot{X}_o$ 表示输出量。根据反馈的具体类型，这些电量可以是电压也可以是电流。

从工程角度分析反馈放大电路时，均可设反馈环路中信号是单向传输，如图 5-17 中的箭头所示。由于反馈网络通常由无源器件构成，无放大作用，所以信号从输入端和输出端的正向传输，即放大作用只经过了基本放大电路，反馈网络的作用可以忽略。

（4）反馈电路 4 种组态

根据反馈通路连接输入、输出端的位置不同，改变的输入、输出量的不同，可分为不同组态。根据反馈电路影响的输出量的情况，如果稳定的是输出电压，则是电压反馈，如果稳定的是输出电流，则是电流反馈；反馈电路对输入端净输入量的影响情况，如果影响的是电路的净输入电流，则是并联反馈（并联改变电流），反之，如果影响的是净输入电压，则是串联反馈（串联改变电压）。将这些不同情况进行组合构成了反馈的 4 种组态：电压串联、电压并联、电流串联、电流并联。不同的反馈通路对电路的改善作用不一样。引入电压负反馈能稳定输出电压，使放大器输出电阻减小。引入电流负反馈能稳定输出电流，使放大器输出电阻增大。引入串联负反馈使放大器输入电阻增大，适用于恒压源的输入信号源形式。引入并联负反馈使放大器输入电阻减小，适用于恒流源的输入信号源形式。

图 5-18 所示为 4 种组态的方框连接图。

反馈网络 F 的输入端常称为采样点，当采样点采在放大器 A 的输出端 U_o 上时，则形成电压反馈，如图 5-18（a）和图 5-18（c）所示；否则是电流反馈，如图 5-18（b）和图 5-18（d）所示。

反馈网络 $\dot{F}$ 的输出端常称为反馈点，当反馈点在放大器 A 的输入端 U_i 上，则形成并联反馈，如图 5-18（c）和图 5-18（d）所示；否则是串联反馈，如图 5-18（a）和图 5-18（b）所示。

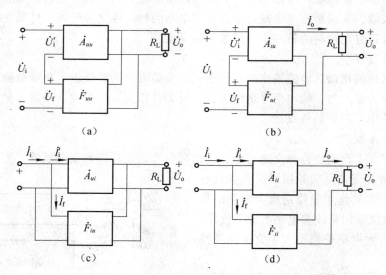

图 5-18　四种反馈组态的方框图连接

2. 分立元件深度负反馈的虚断与虚短

深度负反馈的虚断与虚短分析方法在简化计算过程、定性分析结论、理清物理概念上十分有益。

如图 5-18 所示，大多数反馈电路都满足深度负反馈的要求，即

$$1 + \dot{A}\dot{F} \gg 1$$

$$\dot{A}_f = \frac{\dot{X}_o}{\dot{X}_i} = \frac{\dot{X}_o}{\dot{X}_d + \dot{X}_i} = \frac{\dot{A}\dot{X}_d}{\dot{X}_d + \dot{A}\dot{F}\dot{X}_d} = \frac{\dot{A}}{1 + \dot{A}\dot{F}} \approx \frac{1}{\dot{F}}$$

因为

$$\dot{A}_f = \frac{\dot{X}_o}{\dot{X}_i} \approx \frac{1}{\dot{F}} = \frac{\dot{X}_o}{\dot{X}_d}$$

所以

$$\dot{X}_i \approx \dot{X}_f ; \quad \dot{X}_d \approx 0$$

（中频段实数域分析时表达式也可不标相量符号"·"）

对于分立元件构成的反馈放大器来说，有以下表 5-3 的对应描述：

表 5-3　分立元件反馈放大器框图中的物理量

输入量 X_i: U_i, I_i	反馈量 $\dot{X}_f$: U_f, I_f	净输入量 X_d: $U_{BE}(U_{EB})$, $I_B(I_E)$	输出量 X_o: U_o、I_o
	串联: U_f	串联: $U_{BE}(U_{EB})$	
	并联: I_f	并联: $I_B(I_E)$	

对于上式两个近似值，同样有"虚短"和"虚断"的引入。

净输入量 $\dot{X}_d = \dot{U}_{BE} \approx 0$，对应"虚短"的物理概念，即 $\dot{U}_{BE}$ 可忽略不计。

净输入量 $\dot{X}_d = \dot{I}_B \approx 0$，对应"虚断"的物理概念，即 $\dot{I}_B$ 可忽略不计。

串联反馈时输入量 $\dot{X}_i = \dot{U}_i \approx \dot{U}_f$，并联反馈时输入量 $\dot{X}_i = \dot{I}_i \approx \dot{I}_f$。

3. 负反馈对放大器性能指标的影响

放大性能受到反馈类型的影响，负反馈使得增益下降，提高增益的稳定性。同时可以使得非线性失真减小、干扰受到抑制、频带得到扩展，以及输入、输出电路得到改变等。具体性能改变情况如下：

（1）降低增益

反馈的引入，其电路闭环增益为 $\dot{A}_{\mathrm{f}} = \dfrac{\dot{A}}{1+\dot{A}\dot{F}}$，相比开环增益，闭环增益降低。但这里需要强调的是反馈放大电路开环时的 $\dot{A}$（无反馈通路）并不等同于框图中基本放大电路的 A，若对反馈电路中基本放大电路 A 作分析，要考虑反馈网络 F 的负载效应是比较复杂的变化过程（可参考清华大学童诗白主编"模拟电子技术基础"第三版相关内容）。但由于绝大多数的反馈放大器满足深度负反馈的要求，所以分析反馈放大倍数时可以不必关心基本放大电路 A 的组成结构，只需考虑反馈网络基于反馈系数的分析即可，即

$$\dot{A}_{\mathrm{f}} = \frac{1}{F}$$

（2）提高了增益的稳定性

引入反馈后，放大器的闭环增益的变化率为

$$\frac{\mathrm{d}\dot{A}_{\mathrm{f}}}{\dot{A}_{\mathrm{f}}} = \frac{1}{1+\dot{A}\dot{F}} \cdot \frac{\mathrm{d}\dot{A}}{\dot{A}}$$

相对变化率在引入反馈后下降，闭环增益的相对变换量 $\mathrm{d}\dot{A}_{\mathrm{f}} / \dot{A}_{\mathrm{f}}$ 是开环增益的相对变化 $\mathrm{d}\dot{A} / \dot{A}$ 量的 $1/(1+\dot{A}\dot{F})$，提高了增益的稳定性。

（3）输入、输出电路的影响

根据负反馈影响输入端采样值的情况，可知输入电路与串联、并联反馈有关；同理，输入电路与电压、电路反馈组态有关。假设开环的输入电阻为 R_{i}，开环的输出电路为 R_{o}，则可以得到反馈后的输入输出电阻为：

并联负反馈输入电阻为 $R_{\mathrm{if}} = R_{\mathrm{i}} / (1+\dot{A}\dot{F})$

串联负反馈输入电阻为 $R_{\mathrm{if}} = R_{\mathrm{i}} (1+\dot{A}\dot{F})$

电流负反馈输入电阻为 $R_{\mathrm{of}} = R_{\mathrm{o}} (1+\dot{A}\dot{F})$

电压负反馈输入电阻为 $R_{\mathrm{of}} = R_{\mathrm{o}} / (1+\dot{A}\dot{F})$

（4）频带展宽

由于电路中存在着电抗原件，因此基本放大电路的增益成为频率的函数，使得高低频处增益下降，这样导致放大器可以在更宽的通频带上保持恒定的增益，从而扩展了通频带，即引入反馈后

$$f_{\mathrm{Hf}} = f_{\mathrm{H}}(1+\dot{A}\dot{F})$$

$$f_{\mathrm{Lf}} = \frac{f_{\mathrm{L}}}{1+\dot{A}\dot{F}}$$

表 5-4 总结了 4 种反馈组态对放大器性能的影响。

表 5-4　反馈组态对放大器性能的影响

项目	反馈组态 电压并联	电压串联	电流并联	电流串联
输入电阻	减小	增加	减小	增加
输出电阻	减小	减小	增加	增加
通频带	增宽	增宽	增宽	增宽
非线性失真与噪声	减小	减小	减小	减小

5. 负反馈电路的设计

（1）单级要能正常放大

两级反馈放大器中的每一单级放大器都要实现不失真放大，对于由晶体管组成的阻容耦合放大电路，两级放大的静态工作点是独立的，相互不受影响。另外，共射极放大电路的设计可以考虑射极加旁路电容 C_e 以提高放大倍数，这不影响静态工作点的计算，除此之外，还要考虑最大不失真动态范围。理论上不必对静态的偏置计算过细，可通过实验调整观察输出波形加以修正。有时问题往往出现在单级放大的静态工作点没调好。

（2）没引入反馈时电路的设计

没引入反馈电路时（开环），加入交流信号后每一级都要能正常放大，两级连接后，由于第二级的等效输入电阻即是第一级的负载，波形会有所变化，实验观测两级连接后也不能失真。

（3）负反馈电路的设计

依照理论知识设计负反馈电路，反馈点的连接要正确。反馈点不要接在一些入地的旁路电容上，避免反馈信号直接入地影响反馈效果。

（4）分立元件小信号放大的设计

由于是两级放大器的设计，放大倍数较大（A_u 大约上千倍），电路为小信号放大，u_i 为毫伏量级，为观测方便起见，一般要在输入端设计衰减器环节。

分立元件的放大电路静态与动态的概念很清晰，分析中先着手静态分析，再进行动态分析，反馈电压放大倍数是基于反馈网络的分析。

（5）建立初步的工程设计理念

再好的理论设计也要付诸工程实践，在设计中要逐步建立工程设计理念。设计中要注意分立器件与集成电路的区别，局部与全局的概念，理论与实际的差别。完美的设计很难做到，但综合指标的实现要统筹兼顾考虑，边设计边实践，在实验调整中逐步完善电路的设计。

四、实验内容

① 测试电路的开环基本特性。

调节开关，使开关与 A 端连接测试电路的开环基本特性。

- 将信号发生器输出调为 1 kHz、20 mV（峰–峰值）正弦波，然后接入放大器的输入端。
- 保持输入信号不变，用示波器观察输入和输出的波形。
- 接入负载 R_L，用示波器分别测出 V_i、V_n、V_f、V_o' 记入表 5-5 中。
- 将负载 R_L 开路，保持输入电压 V_i 的大小不变，用示波器测出输出电压 V_o' 记入表 5-5 中。
- 从伯德图上读出放大器的上限频率 f_H 与下限频率 f_L 记入表 5-6 中。

- 由上述测试结果，计算放大电路开环时的 A_v、R_i、R_o 和 F_v 的值，并计算出放大器闭环式 A_{uf}，R_{if} 和 R_{of} 的理论值。

② 测试电路的闭环基本特性。

调节开关，使开关与 B 端相连，测试电路的闭环基本特性。

- 将信号发生器输入调为 1 kHz、20 mV（峰–峰值）正弦波，然后接入放大器的输入端。
- 接入负载 R_L，逐渐增大输入信号 V_i，使输入电压 V_o 达到开环时的测量值，然后用示波器分别测出 V_i、V_n 和 V_f 的值，记入表格。
- 将负载 R_L 开路，保持输入电压 V_i 的大小不变，用示波器分别测出 V_o' 的值，记入表 5-5 中。
- 闭环式放大器的频率特性测试同开环时的测试，即重复开环测试第五步。
- 有上述结果并根据公式计算出闭环时的 A_{vf}、R_{if}、R_{of} 和 F_v 的实际值，记入表 5-5 中。
- 由伯德图测出上、下限频率，计算通频带 BW。

表 5-5　负反馈放大电路仿真测试数据

参数\项目	V_i/mV	V_n/mV	V_f/mV	V_o'/V	V_o/V	A_v'/A_{vf}'	A_v/A_{vf}	R_i/R_{if}	R_o/R_{of}	F_v
开环测试										
理论计算										
闭环测试										

将反馈电路对通频带的影响记入表 5-6 中。

表 5-6　反馈电路对通频带的影响

参数\项目	f_H/Hz	f_L/Hz	f_{BW}/Hz
开环			
闭环			

③ 该电路还可能组成其他反馈组态吗？请给出电路图，并实验验证。

五、思考题

① 理论估算开环电压放大倍数。
② 若原设计电路不合理，在设计调试中应主要改进哪些地方？为什么改进？
③ 加入正弦交流信号后，若输出近似方波波形，是什么原因造成的？
④ 在调整放大电路的静态工作点时，是否要加入反馈？为什么？

六、实验报告要求

① 将实验值与理论值比较，分析误差原因。
② 分析负反馈对失真的改善作用，比较波形，并进行分析论述。
③ 根据实验内容总结负反馈对放大电路的影响。

【实验 5-5】 基本运算电路

一、实验目的

① 研究由集成运算放大器组成比例、加法、减法、积分和微分等基本运算电路的功能。
② 掌握基本运算电路的设计方法。
③ 了解运算放大器在实际应用时应考虑的一些问题。

二、预习内容

① 查阅集成运算放大器的资料，熟悉运放各参数的意义。
② 熟悉电路的工作原理和分析方法，计算出设计电路的理论值。

三、实验原理

集成运算放大器是具有高放大倍数的直接耦合放大电路，其内部电路由差分输入级、电压放大级、功率输出级和偏置电路四部分组成。由于内部各级采用直接耦合方式，因此可以放大低频甚至直流信号，但同时存在零点漂移问题。

1. 集成运算放大器的分类

集成运算放大器可以分为如下几类：

（1）通用型运算放大器

通用型运算放大器是以通用为目的而设计，其特点是价格低廉、产品量大，性能指标适合于一般性使用，是最为广泛的集成电路，如实验中用到的 μA741（单运放）、LM324（四运放）、LM358（双运放）等。

（2）高阻型运算放大器

高阻型运算放大器具有如下特点：差模输入阻抗高、输入偏置电流小，一般 $R_{id} > (10^9 \sim 10^{12})\Omega$，$I_{IB}$ 为几皮安到几十皮安，这些指标的实现是利用场效应管的高输入阻抗，用场效应管组成运放的差分输入级，不仅输入阻抗高，输入偏置电流低，而且具有高带宽、低噪声和高速的特点，但输入失调电压较大也是其缺点。该类运算放大器常用的有 LF347（四运放）、LF351、LF353、CA3140（输入阻抗更高）等。

（3）高速型运算放大器

高速型运算放大器的主要特点是具有高的转换速率和宽的频率响应，常用在视频放大器、快速 A/D 和 D/A 转换器中，集成运算放大器的转换速率 SR 要求很高，单位增益带宽 BWG 要足够大，而通用型集成运算放大器不适合应用于高速场合。常见的运算放大器有 μA715、LM2505 等，其 SR=50～70 V/μs，BWG>20 MHz。

（4）低温漂型运算放大器

低温漂型运算放大器旨在解决运算放大器的失调电压要小且不随温度的变化而变化，常用在精密仪器、弱信号检测等自动控制仪表中，OP_27、AD508 及由 MOSFET 组成的斩波稳零型低漂移器件 ICL7650 等军事当前常用的高精度、低温漂型运算放大器。

（5）低功耗型运算放大器

电子电路集成化使得复杂电路小型轻便化，因此便携式仪器需要使用如下特性的运算放大器：即低电源电压供电、低功率消耗。这类运算放大器常见的有 TL-022C、TL-060C 等，其工作电压为 ±2 V～±18 V，消耗电流为 50～250 μA。ICL7600 的供电电源为 1.5 V，功率已达微瓦级；为 10 mW，可采用单节电池供电。

（6）高压大功率型运算放大器

运算放大器的供电电源限制其输出电压的大小。普通运算放大器的输出电压的最大值一般仅几十伏，输出电流仅几十毫安。为了提高输出电压或输出电流，集成运算放大器外需外加辅助电路。而高压大电流集成运算放大器不需外加电路，即可输出高电压和大电流。例如，D41 集成运算放大器的电源电压可达 ±150 V，μA791 集成运算放大器的输出电流可达 1 A。

（7）可编程控制型

量程是仪器仪表使用时需要注意的地方，固定电压的输出需要改变运算放大器的放大倍数。例如，有一运算放大器的放大倍数为 10 倍，输入信号为 1 mV 时，输出电压为 10 mV，当输入电压为 0.1 mV 时，输出就只有 1 mV，为了得到 10 mV 就必须改变放大倍数为 100。可编程控制型就可以有效解决这一问题。例如，PGA103A，通过控制 1、2 脚的电平来改变放大的倍数。

2. 集成运算放大器的选择

集成运算放大器使用较广，具体使用时根据应用不同，所选的性能要求也不同。

一般情况下，没有特殊要求时，使用通用型集成运算放大器，可降低成本，保证充足的货源。当需要使用多个运算放大器时，可选用多运放集成电路，比如 LF347、LM324 等四运放集成电路。

集成运算放大器通过综合性能评估衡量其性能优劣。常用系数 K 来衡量，其定义为

$$K = \frac{S_R}{I_{ib}U_{os}}$$

式中，S_R 为摆率，其值越大，表明运放的交流特性越好；U_{os} 为输入失调电压，I_{ib} 为输入偏置电流，这两个参数值越小，则运放的直流特性越好。在音频放大电路、视频放大电路等交流信号的电路中，应选择摆率较大的运算放大器。对于处理微弱直流信号的电路，集成运算放大器应满足如下特性：即精度高，失调电压、失调电流、温漂等较小。

在实际选择过程中，除了以上参数需要考虑，还考虑其他因素。例如，信号源、电压源或者电流源。负载性质，集成运算放大器输出电流电压是否满足。环境条件：允许工作范围、工作电压范围、功耗、体积等。

3. 理想运算放大器特性

在大多数情况下，将运算放大器视为理想运算放大器，即把运算放大器的各项技术指标理想化。满足下列条件的运算放大器称为理想运放：

- 开环电压增益：$A_{ud} = \infty$。
- 输入阻抗：$r_i = \infty$。
- 输出阻抗：$r_o = 0$。
- 带宽：$f_{BW} = \infty$。

理想运算放大器在线性应用时的两个重要特性：

① 输出电压 u_o 与输入电压之间满足关系式：

$$u_o = A_{ud}(u_+ - u_-)$$

由于 $A_{ud} = \infty$，而 u_o 为有限值，因此 $u_+ - u_- \approx 0$。即 $u_+ \approx u_-$，称为"虚短"。

② 由于 $r_i = \infty$，故流进运算放大器两个输入端的电流可视为零，即 $i_+ = i_- = 0$，称为"虚断"。这说明运放对其前级吸取电流极小。

上述两个特性是分析理想运算放大器应用电路的基本原则，可简化运算放大器电路的计算。

4．集成运算放大器的应用

集成运算放大器是具有两个输入端、一个输出端的高增益、高输入阻抗的直接耦合多级放大电路。在它的输出端和输入端之间加上反馈网络，则可实现各种不同的电路功能。当反馈网络为线性电路时，运算放大器的功能有：放大、加、减、微分和积分等；当反馈网络为非线性电路时，可实现对数、乘法和除法等功能；还可组成各种波形形成电路，如正弦波、三角波、脉冲波等波形发生器。

（1）反相比例放大电路

反相比例放大电路如图 5-19 所示。输入信号 u_i 通过电阻 R_1 作用于集成运放的反相输入端，所以输出电压和输入电压反向。R_1 应远大于信号源的内阻。电阻 R_f 作为负反馈电阻，构成电压并联负反馈，使得电阻的输入、输出电阻都较小。R_f 不能取得太大，以免产生较大的噪声和漂移，一般取十至几百千欧。同相输入端通过平衡电阻 R_p 接地，确保集成运放输入级差分放大电路的对称性，为了减小输入级偏置电流引起的运算误差，$R_p = R_f // R_1$。当运算放大器开环增益足够大时（大于 10^4 以上），反相比例放大器输出电压与输入电压之间的关系为：

$$u_o = -\frac{R_f}{R_1} u_i$$

由上式可知，选用不同的电阻比值 $\dfrac{R_f}{R_1}$，电路的闭环电压增益 A_{ud} 可以大于 1，也可以小于 1。若取 $R_f = R_1$，则放大器的输出电压等于输入电压的负值，即 $u_o = -u_i$，这时电路称为反相跟随器或反相器。

（2）同相比例放大电路

同相比例放大电路即将图 5-19 所示的输入、输出端互换，如图 5-20 所示，电阻 R_f 作为负反馈电阻，构成电压串联负反馈，使得电阻的输入阻抗高、输出电阻小。当运算放大器开环增益足够大时（大于 10^4 以上），同相比例放大器输出电压与输入电压之间的关系为：

$$u_o = \left(1 + \frac{R_f}{R_1}\right) u_i$$

由上式可知，电路的闭环电压增益 A_{ud} 恒大于 1，其中 $R_p = R_f // R_1$。

若 $R_f = 0$ 或 $R_1 = \infty$，A_{ud} 为 1，于是同相比例放大器转变为跟随器（见图 5-21）。跟随器具有输入阻抗高、输出阻抗低的特点，且有阻抗变换的作用，常用来做缓冲或隔离级。此时，$R_p = R_f$，用以减小漂移和起保护作用。一般 R_f 取 $10\ \text{k}\Omega$，R_f 太小起不到保护作用，太大则影响跟随性。

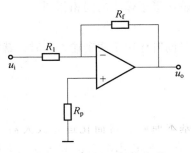

图 5-19　反相比例放大器

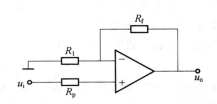

图 5-20　同相比例放大器

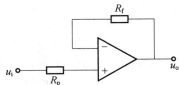

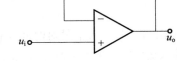

图 5-21　电压跟随器

（3）加法器

加法器根据信号输入端不同，可分为反相加法器和同相加法器两种。反相加法器的多个输入端信号均作用于集成运放的反相输入端，如图 5-22 所示，同相加法器的多个输入信号均作用于集成运放的同相输入端，电路如图 5-23 所示。当运算放大器开环增益足够大时，运算放大器的输入端为虚地，3 个输入电压可以独立地通过自身的输入回路电阻转换为电流，能精确地实现代数相加运算。

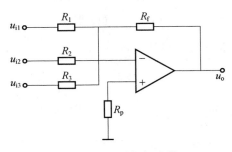

图 5-22　反相加法器

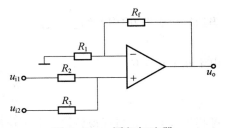

图 5-23　同相加法器

输入电压与输出电压之间的关系为：

$$u_o = -\left(\frac{R_f}{R_1} u_{i1} + \frac{R_f}{R_2} u_{i2} + \frac{R_f}{R_3} u_{i3} \right)$$

当 $R_1 = R_2 = R_3 = R_f$ 时，$u_o = -(u_{i1} + u_{i2} + u_{i3})$。图 5-22 中 $R_p = R_1 \mathbin{/\mkern-5mu/} R_2 \mathbin{/\mkern-5mu/} R_3 \mathbin{/\mkern-5mu/} R_f$。

对于同相加法器，其输出电压为：

$$u_o = \left(1 + \frac{R_f}{R_1} \right) R_p \left(\frac{u_{i1}}{R_2} + \frac{u_{i2}}{R_3} \right)$$

式中，$R_p = R_2 \mathbin{/\mkern-5mu/} R_3$。

将同相加法器后面再加一级反相跟随器，即能实现输出等于输入的同相相加。

（4）减法器

将同相放大器和反相放大器进行组合，即当多个信号同时作用于两个输入端时，就构成了减法器电路，如图 5-24 所示。

则输入、输出之间的关系为：

$$u_o = \left(1 + \frac{R_f}{R_1}\right)\left(\frac{R_3}{R_3 + R_2}\right)u_{i2} - \frac{R_f}{R_1}u_{i1}$$

当运算放大器开环增益足够大时，若取 $R_1 = R_2, R_3 = R_f$，则输出电压 u_o 与各输入电压之间的关系为：

$$u_o = \frac{R_f}{R_1}(u_{i2} - u_{i1})$$

（5）积分器

积分器是指输出信号与输入信号对时间成积分关系，反相输入和同向输入均可构成积分运算电路，将反向输入比例电路中的反馈电阻换成电容，就可构成一个反相积分器，电路如图 5-25 所示。

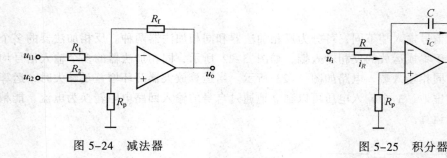

图 5-24 减法器   图 5-25 积分器

当运算放大器开环增益足够大时，流入运放的电流为零，可认为：

$$i_R = i_C$$

由于 $u_+ = u_- = 0$，故有

$$i_R = \frac{u_i}{R_1}, \qquad i_C = -C\frac{\mathrm{d}u_o(t)}{\mathrm{d}t}$$

将其代入上式，整理得到输出电压与输入电压之间为积分关系：

$$u_o(t) = -\frac{1}{R_1 C}\int u_i(t)\mathrm{d}t$$

即输出电压的大小与输入电压对时间的积分值成正比关系，比值由电阻和电容决定，RC 确定了积分时间，数值越大，达到给定的输出值所需的时间就越长。前面的符号表明输入、输出电压反相。

如果电容器两端的初始电压为零，则

$$u_o(t) = -\frac{1}{R_1 C}\int_0^t u_i(t)\mathrm{d}t$$

当输入信号 $u_i(t)$ 是幅度为 U 的阶跃电压时，

$$u_\text{o}(t) = -\frac{1}{RC}\int_0^t U\mathrm{d}t = -\frac{1}{RC}\cdot U(t-0) = -\frac{1}{RC}Ut$$

此时输出电压 $u_\text{o}(t)$ 的波形随时间线性下降，如图 5-26 所示。但输入电压值不会无限制地增加。时间常数数值越大，达到饱和所需的时间就越长。因此，RC 的值要满足：

$$RC \geqslant \frac{U}{u_\text{o max}}t$$

式中，$u_\text{o max}$ 为运算放大器的最大输出电压。

如果输入电压 $u_\text{i}(t)$ 是幅度为 U 的矩形波，则输出电压的波形为三角波，如图 5-27 所示。

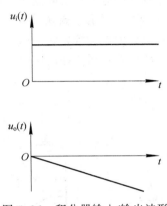

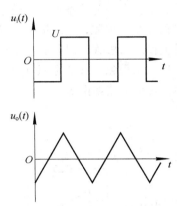

图 5-26　积分器输入/输出波形　　　　图 5-27　输入方波时积分器输入/输出波形

三角波的幅值要满足一定要求，需要通过常数 RC 进行调整，RC 过小，积分器的输出会在未达到积分时间要求时进入饱和，RC 值过大，则在一定的积分时间内，输出电压会过低，无法满足输出幅值的要求。

当时间常数 RC 确定之后，就需要对 R、C 的值进行确定。在反相积分电路中，输入电阻等于 R，因此 R 的值越大越好，但在 RC 一定的情况下，要求 C 的值就要小一些，积分漂移就越严重。因此，一般满足输入电阻要求之后，尽量加大 C 的取值。但一般不超过 1 μF。

实际积分电路中，由于失调电压的影响，会在输出中出现直流漂移，通常在积分电容 C 两端并联反馈电阻 R_f，用作直流负反馈，目的是减小放大器输出端的直流漂移。但是，反馈电阻的存在将影响积分器的线性关系，为了改善线性特性，反馈电阻一般不宜太小，但太大又对抑制直流漂移不利，因而反馈电阻应取适中值，常取 1 MΩ。积分电容应选漏电小的电容。

实际积分器中，输入失调电压、输入偏置电流和失调电流的影响，使得积分出现误差，另外，积分电容的漏电流也是产生积分误差的原因。所以，积分器需要采用失调电压较小、输入偏置电流和失调电流都较小的运算放大器，同时在同相输入端接入严格对称的平衡电阻；另外，应该选择泄漏电流小的电容，从而减小积分电容的漏电带来的积分误差。

（6）微分电路

微分电路的输出信号是输入信号对时间的微分关系，电路如图 5-28 所示。当运算放大器开环增益足够大时，流入运放的电流为零，可认为：

$$i_C = i_R$$

由于 $u_+ = u_- = 0$，故有

$$i_C = C\frac{\mathrm{d}u_i}{\mathrm{d}t}, \qquad i_R = -\frac{u_o}{R_f}$$

将其代入上式，整理得到输出电压与输入电压之间为微分关系：

$$u_o(t) = -R_f C\frac{\mathrm{d}u_i}{\mathrm{d}t}$$

当输入电压 $u_i(t) = U_m \sin\omega t$ 时，输出电压 $u_o(t) = -U_m \omega R_f C \cos\omega t$。

基本微分电路很少直接应用，因为当输入信号频率高时，电容容抗变小，放大倍数升高，使得高频噪声和干扰比较严重。另外，反馈网络为滞后网络，与集成运放内部的滞后环节相叠加，容易满足自激振荡的条件，导致电路不稳定。为了克服这些问题，在实际微分电路中，应在电容 C 两端串入电阻，在反馈电阻 R_f 两端并联电容，以解决直流漂移、高频噪声等问题。同时，并联上稳压二极管，以限制输出幅度，从而保证集成运放中的放大管始终工作在放大区，不至于出现阻塞现象，并在电阻 R_f 上并入一个很小的电容 C_2，起到相位补偿作用，提高电路的稳定性。具体电路如图 5-29 所示。

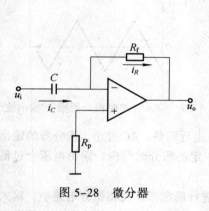

图 5-28　微分器

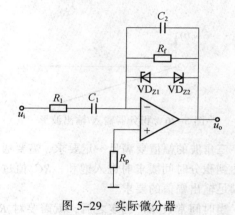

图 5-29　实际微分器

四、实验内容

1．调零

为了提高集成运算放大器的运算精度，消除因失调电压和失调电流引起的误差，必须采取调零技术，保证运算放大器输入为零时，输出也为零。无调零端的运放需外加一个补偿电压，以抵消运放本身的失调电压，达到调零的目的。具有外部调零端的运放，如 μA741，其调零电路如图 5-30 所示。将输入端接地，用万用表直流电压挡测量输出电压，调节调零电位器，使输出电压为零。

2．比例放大电路

设计一反相比例放大电路，使输出与输入之间满足关系式 $u_o = -20u_i$。

在该比例放大电路的输入端加入下列直流电压值：

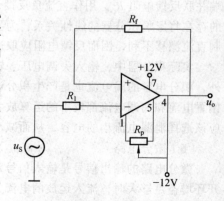

图 5-30　调零电路

–700 mV、–500 mV、–300 mV、–100 mV、0、100 mV、300 mV、500 mV、700 mV，用万用表直流电压挡测出运算放大器的输出电压值，观察其线性。

在输入端加入正弦电压 $u_i = 0.5V$，$f = 1 kHz$，用示波器测量输出电压的幅度。

3．加法器

设计一加法器，使输出、输入之间满足关系式：$u_o = -2(5u_{i1} + u_{i2})$。

① 两个输入信号都是频率为 1 kHz 的正弦信号，峰–峰值分别为 300 mV 和 500 mV，观察输出是否满足要求。

② 一个输入信号是峰–峰值 200 mV，频率是 1 kHz 的交流正弦信号，一个是直流信号，电压幅值是 5 V，观测输出是否满足要求，观察输出信号中是纯交流信号与含有直流信号时的区别。

4．减法器

设计一减法器，使输出、输入之间满足关系式：$u_o = 3(u_{i1} - u_{i2})$。

选择合适的幅值，使得输出波形无失真，观察输出是否满足要求。

5．反向积分器

积分时间常数是 0.5 ms，输入信号为频率 1 kHz、占空比 50%的方波，峰–峰值为 5 V，观察信号的输入幅值，并和理论值进行比较。

改变积分时间常数 RC 的值，让其变大或者变小，观察输出信号幅度的变化及失真情况，掌握 RC 对输出的影响。

6．微分器

时间常数是 2 ms。

① 在输入端加三角波，频率为 1 kHz，其峰–峰值为 5 V，观测输出信号的幅度，并与理论值进行比较，如果输出有振荡，调整输入电阻的阻值，直到消除振荡。

② 改变输入信号的频率，让其变大或者变小，观察输出信号幅度的变化及失真情况，掌握在输入频率变化时，输出是如何被 RC 影响的。

设计要求如下：

① 根据技术指标要求及实验室条件设计出原理电路图，分析工作原理，计算元件参数。

② 安装调试所设计的电路，使之达到设计要求。根据设计及调试总结，撰写实验报告。

五、思考题

① 运算放大器作精密放大时，同相输入端对地的直流电阻要与反相输入端对地的直流电阻相等，如果不相等，会引起什么现象，请详细分析。

② 运算放大器接成积分器时，在积分电容两端跨接电阻 R_f，试分析为什么这样能减少输出端的直流漂移？R_f 太大或太小对电路有何影响？

③ 实验中为何要对电路事先调零？不调零对电路有什么影响？试比较不调零时测量的误差情况。

④ 实际应用过程中，积分器的误差与哪些因素有关系？哪些因素起到主要作用？

⑤ 积分器中与电容并联的电阻有何作用？

⑥ 积分器输入方波信号，输出的三角波信号的幅度大小受到哪些因素的制约？

六、实验报告要求

① 设计出标有元件值的实验电路，写出主要测试内容步骤。
② 整理实验数据，并将测量结果进行处理、分析。
③ 将实验结果与理论计算值比较，并分析误差产生的原因。

【实验 5-6】　二阶有源滤波电路

一、实验目的

① 掌握由集成运算放大器和阻容元件构成的有源滤波器的功能。
② 掌握有源滤波电路的设计方法。
③ 掌握有源滤波器幅频特性的测量方法。

二、预习内容

① 了解无源低通滤波器、高通滤波器、带通滤波器和带阻滤波器的工作原理。
② 了解运算放大器与电阻和电容组成的低通滤波器、高通滤波器、带通滤波器和带阻滤波器的工作原理。
③ 完成设计任务，给出设计电路和参数。

三、实验原理

滤波器是一种使有用频率信号通过而对无用频率范围的信号实现有效抑制的电路。它常用在信息处理、数据传输、抑制干扰等方面。滤波器分为由 R、L、C 等无源元件组成的无源滤波器和由运算放大器等有源器件及 RC 网络组成的有源滤波器两种。后者具有重量轻、体积小、增益可调节等优点，因而被广泛采用。近年来，随着 MOS 工艺的迅速发展，由 MOS 开关电容和运放组成的开关电容滤波器已实现集成化，目前性能已达到相当高的水平。

本实验对有源滤波器进行研究。因受运算放大器频带限制，有源滤波器主要用于低频范围。目前有源滤波器的最高工作频率只能达到 1 MHz 左右。根据连接形式、储能元件的数量不同可构成不同的有源滤波器。就信号频率而言，滤波器可分为低通、高通、带通和带阻 4 种，其幅频特性如图 5–31 所示。由图可看出，理想滤波特性与实际特性是有一定差别的。具有理想幅频特性的滤波器是很难实现的，只能用实际的幅频特性去逼近。就滤波器传递函数的零极点数而言，又有低阶和高阶之分。高于二阶的滤波电路都可由一阶和二阶 RC 有源滤波器级联实现，因此掌握好二阶有源滤波器的组成和特性是学习滤波器的关键。

1. 低通滤波器（LPF）

低通滤波器用来通过低频信号，衰减或抑制高频信号。

（1）一阶低通滤波电路

图 5–32 所示为一阶低通滤波电路。它由一级 RC 网络和同相比例放大电路组成，不仅具有滤波功能，还有放大作用。

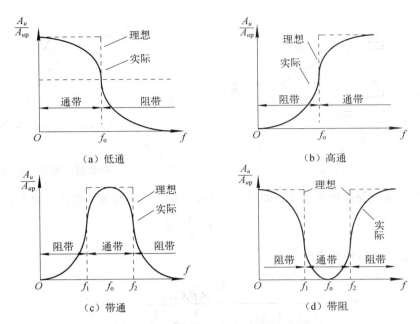

图 5-31 有源滤波器的 4 种幅频特性

图 5-33 为一阶低通滤波电路的幅频特性曲线。

一阶低通滤波电路的传递函数为

$$A_u = \frac{u_o}{u_i} = \left(1 + \frac{R_f}{R_1}\right)\frac{1}{1 + j\omega RC}$$

通带截止频率 $f_p = f_o = \dfrac{1}{2\pi RC}$。

可以看出一阶电路的过渡带较宽，幅频特性的最大衰减斜率仅为 -20dB/十倍频程。若增加 RC 环节，可以加大衰减斜率。

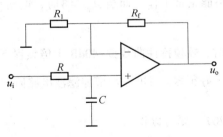

图 5-32 一阶低通滤波电路

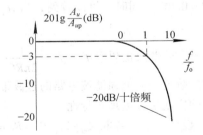

图 5-33 一阶低通滤波电路的幅频特性曲线

（2）二阶有源低通滤波电路

① 基本原理。图 5-34 所示为典型的二阶有源低通滤波电路。它由两级 RC 滤波环节和同相比例放大电路组成，由于运放为同相输入，该电路的输入阻抗很高，输出阻抗很低，该同相比例放大电路是一个电压控制电压源，同相端电位控制由运放和 R_1、R_f 组成的电压源。电路中既引入了负反馈，又引入了正反馈，以改善幅频特性。具有增益容易调节、电路稳定的特性。

图 5-35 为二阶低通滤波电路的幅频特性。

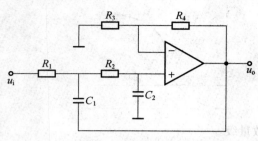

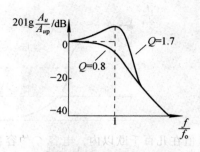

图 5-34　二阶低通滤波电路　　　　　　图 5-35　二阶低通滤波电路的幅频特性

二阶低通滤波电路的通带增益，即频率等于零时输出电压与输入电压之比为：

$$A_{up} = 1 + \frac{R_4}{R_3}$$

二阶低通滤波电路的传递函数为

$$A(s) = \frac{A_{up}\dfrac{1}{R_1 R_2 C_1 C_2}}{s^2 + \left[\dfrac{1}{R_2 C_2}(1 - A_{up}) + \dfrac{1}{R_1 C_1} + \dfrac{1}{R_2 C_1}\right]s + \dfrac{1}{R_1 R_2 C_1 C_2}}$$

其中，

$$\frac{\omega_C}{Q} = \frac{1}{R_2 C_1}(1 - A_0) + \frac{1}{R_1 C_1} + \frac{1}{R_2 C_1} , \quad \omega_C = \frac{1}{\sqrt{R_1 R_2 C_1 C_2}}$$

式中，ω_C 是低通滤波器的截止角频率；Q 是品质因数，$Q = \left|\dfrac{1}{3 - A_{up}}\right|$，其值的大小会影响到滤波器的特性。值越大，在截止频率附近曲线会出现凸峰，使电路工作不稳定，值越小，阻带衰减速度慢，通带与阻带界线不明显。当 $Q = 0.707$ 时，滤波特性最好，通带内曲线平坦无凸峰，阻带内衰减增长速度快，阻带和带通界线明显，这种滤波器称为巴特沃斯滤波器。故通常情况下，$Q = 0.707$。同时，可以看到，当 $A_{up} < 3$ 时，电路能正常工作。而当 $A_{up} \geqslant 3$ 时，电路将自激振荡。

另外，通带截止频率 $f_p = f_0 = \dfrac{1}{2\pi RC}$。当 $f \gg f_p$ 时，幅频特性曲线按-40dB/十倍频程下降。这表明二阶比一阶低通滤波电路的过渡带窄，滤波效果好很多。当进一步增加滤波电路阶数时，其幅频响应就更接近理想特性。

② 设计方法。若取 $A_{up} = 1$，$R_1 = R_2 = R$，$Q = 0.707$，则可以得到

$$\frac{\omega_C}{Q} = \frac{1}{R_2 C_1}(1 - A_{up}) + \frac{1}{R_1 C_1} + \frac{1}{R_2 C_1} = \frac{1}{R_1 C_1} + \frac{1}{R_2 C_1} ,$$

又由 $\omega_C = \dfrac{1}{\sqrt{R_1 R_2 C_1 C_2}}$

因此，$\dfrac{1}{Q} = \dfrac{\sqrt{R_1 R_2 C_1 C_2}}{R_2 C_1} + \dfrac{\sqrt{R_1 R_2 C_1 C_2}}{R_1 C_1} = \dfrac{\sqrt{R_1 C_2}}{\sqrt{R_2 C_1}} + \dfrac{\sqrt{R_2 C_2}}{\sqrt{R_1 C_1}} = 2\dfrac{\sqrt{C_2}}{\sqrt{C_1}} = \dfrac{1}{\sqrt{2}}$

因此，$C_1 = 2C_2$

又由于 $R_1 = R_2 = R$，

因此 $\omega_C = \dfrac{1}{R_1 C_2 \sqrt{2}}$

在设计滤波器时，截止频率或者截止角频率通常是给定的，根据这个指标不太容易求出所有的电阻和电容，所以往往先设置一个或几个元件的值，再根据公式求出其他的值，通常电阻 R 的阻值在几百千欧以内，电容 C 的容量在微法数量级。

③ 设计举例：频率 $f_p = 3$ kHz，$A_{up} = 1$，试选择和计算图 5-36 的二阶低通滤波器的参数。

● 首先，计算电阻和电容的值。

电容由于标称值很多，选择较为困难，而电阻分档较细，选择起来较为容易。

假设 $C_1 = 2C_2 = 2 \times 0.01\ \mu\text{F} = 0.02\ \mu\text{F}$，

由 $\omega_C = \dfrac{1}{R_1 C_2 \sqrt{2}}$ 得

$$R_1 = R_2 = R = 3.76\ \text{k}\Omega$$

又由于 $A_{up} = 1$，$R_3 = 0$，R_4 开路。

$$A_{up} = 1 + \frac{R_4}{R_3} = 1$$

● 由于滤波器的性能对元件的误差比较敏感，稳定性高的电容或者电阻对整个电路较好。电阻的标称值尽可能接近设计值，可用电位器来进行调节，同时还需要对电阻、电容、运放等进行相应的测量。

按照电路图连接电路，无误后，将信号源和示波器加入，同时输入端接入固定幅值的正弦信号，在频率发生改变的情况下，观察波形变化，检查电路的低通效果。如果没有低通特性，则需要排除故障。

待电路具有低通特性后，测量电路指标。依次检测实际截止频率，如果高于计算值，则适当增大 R_1、R_2，反之减小，实际电路中可以接入一个电位器进行调整。电容调整过程中，需要保证两个电容同步调整，以免品质因数发生变化，直到性能指标达到设计要求，然后绘制特性曲线。

2．高通滤波器（HPF）

（1）电路原理

高通滤波器用来通过高频信号，衰减或抑制低频信号。

高通滤波电路与低通滤波电路具有对偶性。将低通滤波电路滤波环节中的电阻替换为电容，电容替换为电阻，就得到高通滤波电路。图 5-36 即为压控电压源二阶高通滤波电路。由于二阶高通滤波电路与二阶低通滤波电路在电路结构上存在对偶关系，它们的传递函数和幅频响应也存在对偶关系。其幅频特性如图 5-37 所示。

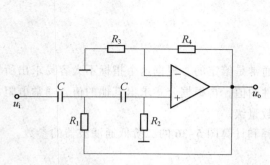

图 5-36 二阶高通滤波电路

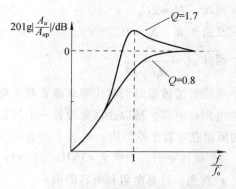

图 5-37 二阶高通滤波电路的幅频特性

二阶高通滤波电路的传递函数、通带增益、截止频率和品质因数分别为：

$$A(s) = A_{up} \cdot \frac{s^2}{s^2 + \frac{\omega_C}{Q} \cdot s + \omega_C^2}$$

其中，$A_{up} = 1 + \frac{R_4}{R_3}$。

$$\omega_C = \frac{1}{C\sqrt{R_1 R_2}}$$

$$f_p = f_o = \frac{1}{2\pi RC}$$

$$\frac{\omega_C}{Q} = \frac{1}{R_1 C}(1 - A_{up}) + \frac{2}{R_2 C_1}$$

$$Q = \left| \frac{1}{3 - A_{up}} \right|$$

二阶高通滤波电路的幅频特性如图 5-37 所示。当 $f \gg f_p$ 时，幅频特性曲线按 40 dB/十频程上升。

（2）设计方法

取 $A_{up} = 1$，$Q = 0.707$，则可以得到

$$\frac{1}{Q} = 2\sqrt{\frac{R_1}{R_2}} \text{，所以 } R_2 = 2R_1$$

这样就可以求出电容、电阻的值。方法和有源低通滤波器设计方法相同。需要注意的是，调试过程中，R_2 和 R_1 的值如果需要调整，则必须保持同步，否则品质因数发生变化。

3．带通滤波器（BPF）

带通滤波器只允许在某一个通频带范围内的信号通过，而对比下限截止频率低和上限截止频率高的信号均加以衰减或抑制。

构成带通滤波器的方式有两种：一种是通过高通滤波和低通滤波组合构成，图 5-38 为单个运放构成的压控电压源二阶带通滤波电路。其中 R_1、C_1 构成低通网络，R_2、C_2 构成高通网络。另一种是将低通滤波器和高通滤波器串联，就可得到带通滤波器。

取 $R_1 = R, R_2 = 2R, C_1 = C_2 = C$ ，则二阶带通滤波电路的传递函数、通带增益、中心频率和品质因数分别为：

$$A(s) = \cfrac{A_{up}}{\cfrac{s^2 + \omega_C^2}{s\Delta\omega} + 1}$$

$$A_{up} = \frac{R_f + R}{RR_1 C f_{BW}}$$

$$\omega_o^2 = \frac{1}{R_4 C^2}\left(\frac{1}{R_1} + \frac{1}{R_3}\right)$$

$$f_{BW} = \frac{1}{C}\left(\frac{1}{R_1} + \frac{1}{R_2} - \frac{R_f}{R_3 R}\right)$$

$$Q = \frac{f_o}{f_{BW}} = \frac{\omega_o}{\Delta\omega}$$

幅频特性如图 5-39 所示。带通滤波器的通带宽度 $\text{BW} = \dfrac{f_o}{Q}$ 。对于带通滤波器，Q 值越高，幅频响应曲线越尖锐，滤波器的选择性越好。但随着曲线变尖，通带范围也变窄，所以 Q 值不能太高，通常使得 Q 的值小于 10 较好。

4．带阻滤波器

带阻滤波器用来抑制或衰减某一频段的信号，而让该频段以外的所有信号通过。带阻滤波器又叫带限滤波器，经常用于电子系统的抗干扰。

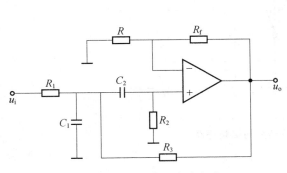

图 5-38　二阶带通滤波电路

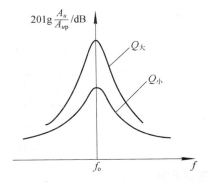

图 5-39　带通滤波电路的幅频特性

利用无源 LPF 和 HPF 并联构成无源带阻滤波器，然后接同相比例运算电路，从而得到带阻滤波器。图 5-40 为压控电压源二阶带阻滤波电路，图 5-41 所示为带阻滤波电路的幅频特性。

其传输函数、通带增益、中心频率、品质因数和通带宽度为：

$$A_u = \frac{A_{up}\left[1 - (\omega RC)^2\right]}{1 + 2\text{j}\left[2 - A_{up}\right]\omega RC - (\omega RC)^2}$$

$$A_{up} = 1 + \frac{R_f}{R_1}$$

$$f_o = \frac{1}{2\pi RC}$$

$$Q = \frac{1}{2(2 - A_{up})}$$

$$\mathrm{BW} = \frac{f_o}{Q}。$$

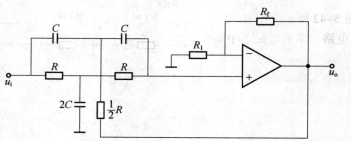

图 5-40   二阶带阻滤波电路

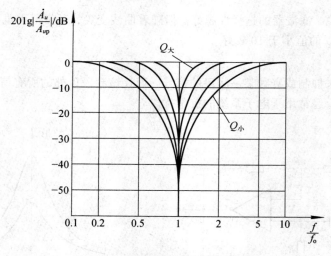

图 5-41   带阻滤波电路的幅频特性

四、实验内容

1. 二阶有源低通滤波电路设计

性能指标：截止频率 $f_c = 1.6\,\mathrm{kHz}$ ，$A_{up} = 2$，品质因数 $Q = 0.707$。

① 选择滤波器的电路形式，计算元件参数，组装并进行调试，使得低通滤波电路的截止频率满足要求。

② 逐点法，测量滤波器的幅频特性曲线，测量通带增益及截止频率。

2. 二阶有源高通滤波电路

性能指标：截止频率 $f_c = 300\,\mathrm{Hz}$ ，$A_{up} = 1$，品质因数 $Q = 0.707$。

① 选择滤波器的电路形式，计算元件参数，组装并进行调试，使得低通滤波电路的截止

频率满足要求。

② 逐点法，测量滤波器的幅频特性曲线，测量通带增益及截止频率。

3. 带通滤波电路

设计一带通滤波电路，要求电路的中心频率 $f_0 = 1\,\text{kHz}$，通带宽度 $\text{BW} = 100\,\text{Hz}$。自拟表格测出该带通滤波器的幅频特性。

4. 带阻滤波电路

实验电路如图 5-42 所示。

① 连接实验电路，实测电路的中心频率。

② 以实测中心频率为中心，测出电路的幅频特性，自拟表格。

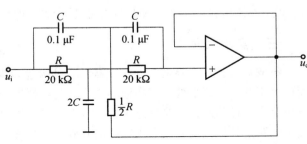

图 5-42　二阶带阻滤波电路

5. 选作实验题

设计一个语音滤波器，其主要指标为：

通带增益 $A_0 = 1$，上限截止频率 $f_H = 3\,\text{kHz}$，下限截止频率 $f_L = 300\,\text{Hz}$。

按照要求选择滤波器的电路形式。计算元件参数，组装并调试，使滤波器的性能指标与要求相符。

用逐点法测量此低通滤波器的幅频特性曲线，并测量通带增益及截止频率。

五、思考题

① 用集成运算放大器和 RC 组成的有源滤波器的优、缺点有哪些？

② 说明一阶低通滤波器与二阶低通滤波器有何不同。

③ 说明品质因数的改变对滤波电路频率特性的影响。

④ 如何构成高阶有源低通滤波器？

⑤ 从实际运放 μA741 的幅频特性来看，可以把它看成什么滤波电路？

⑥ 为什么高通滤波器的幅频特性在频率很高时，其电压增益会随频率升高而下降？

⑦ 与滤波器截止频率相关的元件有哪些？如果实际的截止频率与设计要求相比过高或过低，电路应该如何调整？

⑧ 带通滤波器的上、下限截止频率与哪些因素有关？带宽、选择性、增益之间有什么样的关系？

六、实验报告要求

① 整理实验数据，以频率的对数为横坐标，以电压增益的分贝数为纵坐标，对应画出各滤波电路的幅频特性曲线。总结有源滤波电路的特性。

② 将实验结果与理论计算值比较，并分析误差产生的原因。

【实验 5-7】　多种波形发生器电路

一、实验目的

① 理解集成运放的基本原理，掌握集成运放的基本使用方法。

② 掌握 RC 正弦波振荡电路的构成及工作原理。熟悉正弦波振荡电路的调整、测试方法。

③ 掌握由集成运算放大器组成的方波、三角波、锯齿波发生器的工作原理。

二、预习内容

① 复习 RC 桥式振荡电路的工作原理。

② 波形发生和转换的相关内容

③ 熟悉电路的工作原理和分析方法，计算出电路振荡频率的理论值。

三、实验原理

集成运放是一个高增益的放大器，通过构造反馈网络，利用正反馈原理满足振荡条件，从而产生正弦波。矩形波、三角波和锯齿波是模拟电子电路中常用的 3 种非正弦波。由于矩形波电压只有两种状态，不是高电平，就是低电平，所以电压比较器是它的重要组成部分。矩形波发生电路是其他非正弦波发生电路的基础，当方波电压加在积分运算电路的输入端时，输出可获得三角波电压；而如果改变积分电路正向积分和反向积分的时间常数，使某一方向的积分常数趋于零，就能够获得锯齿波。

波形转换的方法有很多种，利用一些基本电路就可以实现波形的转换。例如，利用积分电路将方波变为三角波，利用微分电路将三角波变为方波，利用电压比较器将正弦波变为矩形波，利用模拟乘法器将正弦波变为二倍频，等等。这里需要注意的是，这些波形的信号频率一般都属于低频范围，会受到运放带宽的限制。

1. 正弦波振荡电路

正弦波振荡电路是在没有外加输入信号的情况下，依靠电路自激振荡而产生正弦波输出电压的电路。欲使振荡电路能自行建立振荡，必须满足 $|\dot{A}\dot{F}| > 1$ 的起振条件。待振荡建立后，必须满足振幅平衡条件和相位平衡条件，即

$$|\dot{A}\dot{F}| = AF = 1$$
$$\phi_a + \phi_f = 2n\pi, \quad n = 0, 1, 2, \cdots$$

因此，从构成上说，正弦波振荡电路必须包含以下 4 个部分：

① 放大电路：保证电路能够有从起振到动态平衡的过程，使电路获得一定幅值的输出量，可采用晶体管或集成运放作为放大器。

② 选频网络：确定电路的振荡频率，使电路产生单一频率的振荡，即保证电路产生正弦波振荡，可以用 R、C 元件组成，也可用 L、C 元件组成。

③ 正反馈网络：引入正反馈，使放大电路的输入信号等于反馈信号。

④ 稳幅环节：非线性环节，作用是使输出信号幅度稳定。

用 R、C 元件组成选频网络的振荡电路称为 RC 振荡电路，一般用来产生 1 Hz ~ 1 MHz 范围内的低频信号。RC 正弦波振荡电路有桥式振荡电路、双 T 网络式和移相式电路等。

（1）RC 桥式正弦波振荡电路

电路图如图 5-43 所示。RC 串并联电路构成正反馈支路，同时兼做选频网络，二极管等元件构成负反馈支路，以稳幅和改善输出波形质量。调节电位器，可以改变负反馈深度，以满足振荡的振幅条件和改善波形，利用两个反向并联 D_1、D_2 正向电阻的非线性特性来实现稳幅。D_1、D_2 采用硅管（温度稳定性好），且要求特性匹配，才能保证输出波形正、负半周对称。

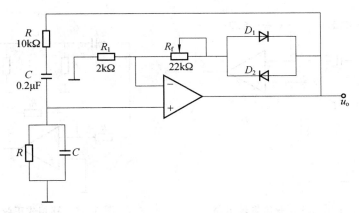

图 5-43　RC 桥式正弦波振荡电路

选频网络的电压传输系数和相位为：

$$F(\mathrm{j}\omega) = \frac{U_\mathrm{f}(\mathrm{j}\omega)}{U_\mathrm{o}(\mathrm{j}\omega)} = \frac{1}{3 + \mathrm{j}\left(\omega RC - \dfrac{1}{\omega RC}\right)}$$

$$\phi_f = -\arctan\left(-\frac{\omega RC - \dfrac{1}{\omega RC}}{3}\right)$$

当 $\dfrac{1}{\omega RC} = \omega RC$ 时，即 $\omega_0 = \dfrac{1}{RC}$ 时，

$$|F(\mathrm{j}\omega)| = \frac{1}{3}$$

$$\phi_f = 0$$

当输入 RC 网络的信号频率为 $\dfrac{1}{2\pi RC}$ 时，反馈系数最大，$|F(\mathrm{j}\omega)| = \dfrac{1}{3}$，而且反馈电压与输入电压同相。只要同相放大器的电压放大倍数 $A > 3$，满足起振条件就可以产生频率 $f_\mathrm{o} = \dfrac{1}{2\pi RC}$ 的正弦波。改变选频网络的参数 C 或 R，即可调节振荡频率。一般采用改变电容 C 作为频率量程切换，调节 R 作为量程内的频率细调。

（2）双 T 网络式正弦波振荡电路

电路图如图 5-44 所示。利用 RC 组成双 T 网络构成选频网络，其特点是选频特性好，但调频困难，适于产生单一频率的振荡。

振荡频率 $f_\mathrm{o} = \dfrac{1}{5RC}$。

（3）移相式正弦波振荡电路

电路图如图 5-45 所示。利用 RC 电路和运算放大电路的相移，调节放大电路的放大倍数，使电路同时满足相位和振幅条件，产生正弦振荡。这种电路简便，但选频作用差，振幅不稳，频率调节不便，一般用于频率固定且稳定性要求不高的场合。

振荡频率 $f_0 \approx \dfrac{1}{2\pi\sqrt{6}RC}$。

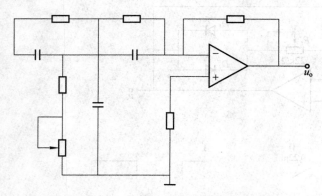
图 5-44　双 T 网络式正弦波振荡电路

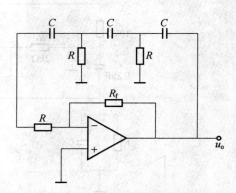
图 5-45　移相式正弦波振荡电路

2. 矩形波发生电路

图 5-46（a）所示为一矩形波发生电路。它由反相输入的滞回比较器和 RC 电路组成。RC 回路既作为延迟环节，又作为反馈网络，通过 RC 充放电实现输出状态的自动转换，同时利用二极管的单向导电性使电容正向和反向充电的时间常数不同，实现占空比可调。在输出端接限流电阻和两个背靠背的稳压管，保证输出电压的双向限幅。

电路的输出电压波形 u_o，电容两端的电压波形 u_c 如图 5-46（b）所示。

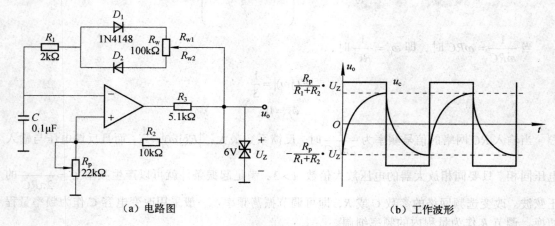

（a）电路图　　　　　　　　　　　　　（b）工作波形

图 5-46　矩形波发生器

电路正向充电的时间常数为 $\tau_1 \approx (R_{w2} + R_1)C$；

电路反向放电的时间常数为 $\tau_2 \approx (R_{w1} + R_1)C$。

输出电压的周期为：

$$T = T_1 + T_2 \approx \tau_1 \ln\left(1 + \frac{2R_p}{R_2}\right) + \tau_2 \ln\left(1 + \frac{2R_p}{R_2}\right) = (R_w + 2R_1)C \ln\left(1 + \frac{2R_p}{R_2}\right)$$

当 $T_1 = T_2$ 时，即占空比为 50% 时，输出波形为方波。

3. 三角波发生电路

图 5-47（a）所示为三角波发生电路，它由两级运放组成。前一个运放组成同相输入滞回比较器，后一级为积分运算电路。滞回比较器和积分电路的输出互为另一个电路的输入。

滞回比较器的输出是幅度为 $\pm U_Z$ 的方波，积分电路的输出是幅度为 $\pm\dfrac{R_1}{R_w}U_Z$ 的三角波。电路波形如图 5-47（b）所示。由此可以计算出振荡周期为：$T=\dfrac{4R_wR_3C}{R_1}$。

振荡频率 $f=\dfrac{R_1}{4R_wR_3C}$。调节 R_w 的大小可改变振荡频率。

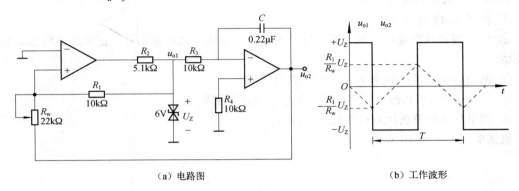

（a）电路图 （b）工作波形

图 5-47 三角波发生电路

4．锯齿波发生电路

图 5-48（a）所示为锯齿波发生电路。锯齿波发生电路在三角波发生电路的基础上，增加一对反接的二极管，利用二极管的单向导电性使积分电路两个方向的积分通路不同，调节电位器使得正向积分和反向积分的时间常数可调，从而得到锯齿波发生电路。

电路波形如图 5-48（b）所示。

锯齿波的上升时间 $\qquad T_1=\dfrac{2R_1}{R_2}(R_3+R_{w2})C$

下降时间 $\qquad T_2=\dfrac{2R_1}{R_2}(R_3+R_{w1})C$

振荡周期 $\qquad T=\dfrac{2R_1(2R_3+R_w)C}{R_2}$

振荡频率 $\qquad f=\dfrac{R_2}{2R_1(2R_3+R_w)C}$

改变电阻、电容和电位器的参数可以改变锯齿波的各项指标。

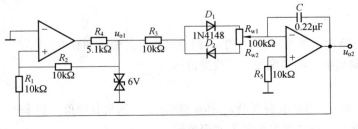

（a）电路图 （b）工作波形

图 5-48 锯齿波发生电路

5. 正弦波转换为矩形波

过零比较器就是一个最简单的正弦波-方波转换电路。如果想得到锯齿波，需用电位器调节占空比的大小，同时可用稳压管把输出电压的幅度控制在 $\pm U_z$ 两个电平位置上。

四、实验内容

1. RC 桥式正弦波振荡电路

① 按图 5-43 连接电路。

② 用示波器观察输出波形。调节反馈电路使获得满意的正弦信号，记录输出电压 u_o 的波形及幅度。

③ 测出输出信号的频率 f_o，并与计算值比较。

④ 改变 RC 参数以改变振荡频率，测量输出电压的频率。

⑤ 测量振荡电路的闭环电压放大倍数 A_{uf}。

测试电路如图 5-49 所示。

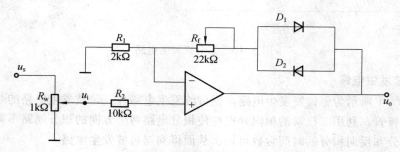

图 5-49　放大倍数测试电路

断开图 5-43 电路中的 RC 选频网络，保持反馈电阻不变。信号发生器输出一个正弦信号，信号频率即步骤③中测得的正弦波振荡频率，调节信号幅度 u_i 为使运放输出电压为步骤②中测得的输出电压值 u_o。此时测得的电路放大倍数即为正弦波振荡电路的放大倍数。

⑥ 自拟详细步骤，测量 RC 串并联网络的幅频特性曲线。

2. 矩形波发生电路

① 按图 5-46（a）连接电路调节 R_w，用示波器观测不同的 u_o 和 u_c 波形，记录并测量其幅值和频率。

② 去掉二极管环节，连接出方波发生电路，用示波器观测 u_o 和 u_c 的波形，测出其幅值和频率。

3. 三角波发生电路

① 按图 5-47（a）连接电路用示波器观测 u_{o1} 和 u_{o2} 的波形测出其幅值和频率。

② 改变电路参数，测量输出电压的幅度和频率改变范围。

4. 锯齿波发生电路

① 按图 5-48（a）连接电路 ，用示波器观测 u_{o1} 和 u_{o2} 的波形，测出其幅值和频率。

② 改变电路参数，测量输出电压的幅度和频率改变范围。

5．波形转换电路

① 自行设计波形转换电路，计算电路参数，实现正弦波转换为矩形波。

② 设计一个正弦波变换为三角波电路，要求如下：

● 输入信号频率为 500 Hz、有效值在 1～3 V 范围内的正弦波。

● 要求输出电压峰峰值为 6 V 的三角波，其频率与输入信号相同。

五、思考题

① 总结波形发生与转换电路的特点，各振荡电路中哪些参数与振荡频率有关？

② 为什么要在 RC 正弦波振荡电路中引入负反馈支路？

③ RC 文氏桥振荡器中二极管的作用是什么？说明其工作原理。

④ 如何将方波、三角波发生电路进行改进，使之产生占空比可调的矩形波信号？

⑤ 如何将正弦波发生器的输出波形，作为方波发生器的输入信号，如何改进电路完成多种波形发生器？

⑥ 如何用双踪示波器观测迟滞比较器的输入和输出波形，并求出上、下门限电压？

六、实验报告要求

① 将振荡频率的实测值与理论估算值比较，分析产生误差的原因。

② 总结改变负反馈深度对振荡电路起振的幅值条件及输出波形的影响。

③ 做出 RC 串并联网络的幅频特性曲线。

【实验 5-8】　电压比较器

一、实验目的

① 研究电压比较器的基本工作原理。

② 电压比较器的电路构成、参数计算和调试方法。

二、预习内容

① 复习比较器换的有关内容。

② 熟悉电路的工作原理和分析方法，计算出设计电路的理论值。

三、实验原理

电压比较器应用范围较广，如广泛应用于波形整形、信号产生、越限报警、模数转换等方面，是一种常见的信号幅度处理电路。其基本原理就是用一个模拟量的电压信号去和一个参考电压比较，在二者幅度相等的附近，输出电压产生跃变，得到需要的输出。电压比较器的技术指标是幅度鉴别的准确性、稳定性和输出响应的快速性。

由于集成运放的高增益和非线性特点，可被用来进行各类电压比较器的设计。图 5-50 是由运放构成的单限比较器，U_R 是参考电压，与集成运放的同相输入端相接，比较电压 U_i 接入集成运放的反相输入端。理想的传输特性为：

$$U_o = \begin{cases} U_L = -|U_Z + U_D| & U_i > U_R \\ U_H = |U_Z + U_D| & U_i < U_R \end{cases}$$

其中，U_D 是稳压二极管的正向导通电压，U_Z 是稳压二极管的稳定电压，U_H、U_L 是输出的高、低电压。

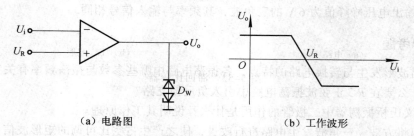

(a) 电路图　　　　　　　　(b) 工作波形

图 5-50　矩形波发生器

这种电压比较器较为简单，原理直接，但不常用，原因有二：①当输入信号电压幅值 U_i 变化比较缓慢时，输出电压 U_o 翻转也比较缓慢；②噪声和干扰会使得翻转不稳定，出现重复翻转。常用的是过零比较器，滞回比较器和窗口比较器。

1. 过零比较器

电路如图 5-51 所示，其参考电压 $U_R = 0$，当输入电压每改变一次极性，比较器的输出就翻转一次，两个二极管起保护作用。

2. 滞回比较器

图 5-51　过零比较器电路

电路如图 5-52 所示，其中电阻 R_1 R_2 通过反馈电阻将输出电压引入到同相输入端，构成正反馈。

假设比较器的输出高电平为 U_{oH}，低电平为 U_{oL}，则上门限值为：

$$U_{TH1} = \frac{1}{R_1 + R_2}(U_R R_2 + U_{oH} R_1)$$

下门限值为：

$$U_{TH2} = \frac{1}{R_1 + R_2}(U_R R_2 + U_{oL} R_1)$$

其中，$U_{oH} = -(U_Z + U_D)$，$U_{oH} = U_Z + U_D$。

由于上下门限不重合，高低电平的识别相对较为容易，具有较强的抗干扰能力，同时可以根据这个特性构成波形发生器等相关电路。图 5-52（b）是理想的传输特性，因为存在迟滞回线的形状，称为滞回比较器。

3. 窗口比较器

当输入发生单方向改变时，只有一个门限，因此只能检测一个电平，滞回比较器是一种单限比较器。对于窗口比较器而言，可以检测输入电压是否在两个电平之间。电路如图 5-53（a）所示，是一个由运放组成的简单的窗口比较器。

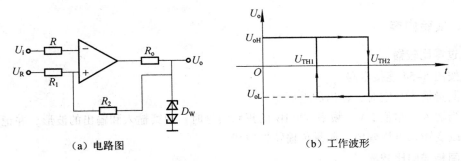

(a) 电路图　　　　　　　　　(b) 工作波形

图 5-52　滞回比较器

当电阻 R_1、$R_5 \gg R_2$、R_3、R_4 时，上下限电平为：

$$U_{TH1} = V_{CC} - \frac{R_3 + R_2}{R_3 + R_4 + R_2} 2V_{CC} = \frac{R_4 - R_3 - R_2}{R_3 + R_4 + R_2} V_{CC}$$

$$U_{TH2} = V_{CC} - \frac{R_2}{R_3 + R_4 + R_2} 2V_{CC} = \frac{R_4 + R_3 - R_2}{R_3 + R_4 + R_2} V_{CC}$$

因此，$U_{TH2} > U_{TH1}$，当 $U_i > U_{TH2}$ 时，二极管 D_1 截止，D_2 导通，则输入电压 U_i 加入到同相输入端，从而使得同相输入端的电压约等于输入电压，反向输入端的电压约等于 U_{TH2}，因此反向输入电压比同相输入电压高，从而输出高电平。而当同相输入端电压为 U_{TH1} 时，反向输入端电压比同相输入端电压低，输出依然是高电平，只有当 $U_{TH2} > U_i > U_{TH1}$ 时，两个二极管均导通，这样反向输入端高于同相输入端的电压，电路输出低电平 U_{oL}。图 5-53（b）是传输特性曲线。$U_{TH2} - U_{TH1}$ 成为门限宽度 $\triangle U_{TH}$。

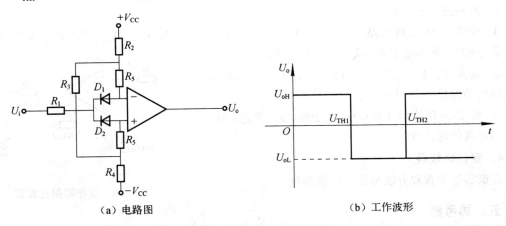

(a) 电路图　　　　　　　　　(b) 工作波形

图 5-53　窗口比较器

$$\triangle U_{TH} = U_{TH2} - U_{TH1} = \frac{2R_3}{R_3 + R_4 + R_2} V_{CC}$$

响应时间是比较器的主要性能指标，与运放的上升速率、增益带宽乘积有关，在实际选择过程中，需要选用的集成运放的这两项指标都较高，从而提高比较器的翻转速率。

四、实验内容

1. 过零比较器

① 按图 5-54 连接电路。

② 测量输入悬空时，输出的电压。

③ 当输入为幅值 2 V、频率 500 Hz 的正弦信号时，观察输入和输出的波形，并记录下来。

④ 改变输入电压幅值，测量传输特性曲线。

2. 同相滞回比较器

① 按图 5-55 连接电路，输入接 5 V 可调直流电源，测出输出由 $+V_{o,max}$ 到 $-V_{o,max}$ 的临界值。

② 同①，测出输出由 $-V_{o,max}$ 到 $+V_{o,max}$ 的临界值。

③ 输入接 2 V，频率为 500 Hz 的正弦信号，观察输入和输出的波形，并记录下来。

④ 将 R_3 的阻值由 100 kΩ 改为 200 kΩ，重复上述实验，测定其传输特性。

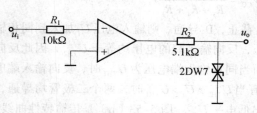

图 5-54　过零比较器

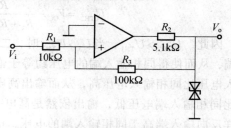

图 5-55　同相滞回比较器

3. 反相滞回比较器

① 按图 5-56 连接电路，输入接 5 V 可调直流电源，测出输出由 $+V_{o,max}$ 到 $-V_{o,max}$ 的临界值。

② 同①，测出输出由 $-V_{o,max}$ 到 $+V_{o,max}$ 的临界值。

③ 输入接 2 V，频率为 500 Hz 的正弦信号，观察输入和输出的波形，并记录下来。

④ 将 R_3 的阻值由 100 kΩ 改为 200 kΩ，重复上述实验，测定其传输特性。

4. 窗口比较器

自拟实验步骤和方法测定其传输特性。

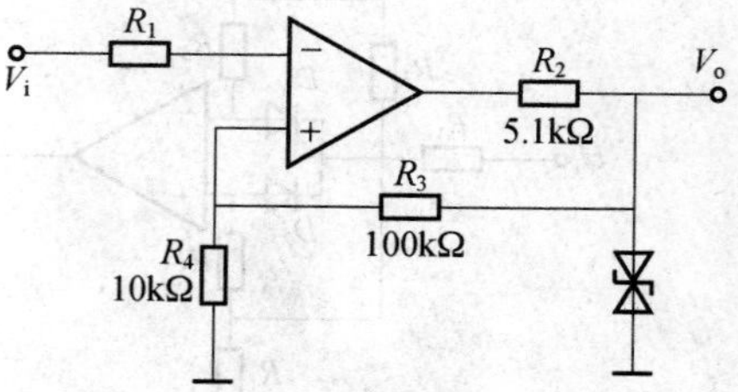

图 5-56　反相滞回比较器

五、思考题

① 过零比较器中的二极管所起的作用是什么？

② 滞回比较器的阈值跟哪些参数有关系？

六、实验报告要求

① 整理数据，画出各电路的输出波形并与理论值比较。

② 画出设计电路图，写出实验步骤及结果，若有必要可自拟表格。

【实验 5-9】 功率放大电路

一、实验目的

① 进一步理解 OTL 功率放大器的工作原理。

② 学会 OTL 电路的调试及主要性能指标的测试方法。

③ 熟悉集成功率放大电路的特点。

④ 掌握集成功率放大电路的主要性能指标及测量方法。

二、预习内容

① 复习有关 OTL 工作原理及集成功率放大电路工作原理。

② 了解对功放管极限参数的最低要求，如集电极最大允许耗散功率、集电极最大允许电流和基极开路击穿电压等。

③ 查阅集成芯片 LM386 的资料。

三、实验原理

能够向负载提供足够信号功率的放大电路称为功率放大电路，简称功放。功放既不是单纯追求高电压，也不是单纯追求输出大电流，而是追求在电源电压确定的情况下，输出尽可能大的输出功率。在功率放大电路设计和分析时主要考虑最大不失真输出功率和直流电源转换效率，同时还要考虑器件极限参数和非线性失真等问题。下面分别讨论 OTL 功率放大电路和集成功率放大电路。

1. OTL 功率放大电路

互补对称式功率放大电路是一种无变压器输出的功率放大电路，简称 OTL 功放。它具有输入电阻高输出电阻低的特点，所以可以代替输出变压器的阻抗变换作用，低负载阻抗可直接接入输出端。

图 5-57 所示为 OTL 功率放大电路。其中晶体管 T_1 为推动级（也称前置放大级），T_2、T_3 是一对参数对称的 NPN 和 PNP 型晶体管，它们组成互补推挽 OTL 功放电路。由于每一个管子都接成射极输出器形式，因此具有输出电阻低、带负载能力强等优点，适合于作为功率输出级。静态时要求输出端中点 M 的电位 $U_M = 0.5 V_{CC}$，可以通过调节 R_w 来实现，又由于 R_w 的一端接在 M 点，因此在电路中引入了交、直流电压并联负反馈，一方面能够稳定放大器的静态工作点，同时也改善了非线性失真。

OTL 电路的主要性能指标包括：

（1）最大不失真输出功率 P_{om}

理论上，理想情况下，$P_{om} = \dfrac{V_{CC}^2}{8R_L}$。在实验中可通过测量 R_L 两端的电压有效值，来求得实际的最大不失真输出功率。例如，可以逐渐增大功放电路的输入电压 u_i，使 R_L 上的输出 u_{oL} 最大且不失真，测得 u_{oL} 有效值并计算输出功率。

$$P_{om} = \frac{U_{oL}^2}{R_L}$$

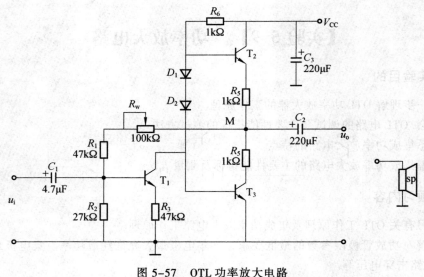

图 5-57 OTL 功率放大电路

（2）效率 η

$$\eta = \frac{P_{om}}{P_E} \times 100\%$$

式中，P_E 为直流电源供给的平均功率。

在实验中，可测量稳压电源供给功放的直流电流值 I_Q，从而求得 $P_E = V_{CC} \times I_Q$，负载上的交流功率已用上述方法求出，因而也就可以计算实际效率了。

（3）非线性失真

非线性失真度是被测信号中除基波以外各次谐波电压总的有效值与基波电压有效值的百分比。

$$\gamma = \frac{\sqrt{U_2^2 + U_3^2 + \cdots}}{U_1} \times 100\%$$

2. 集成功率放大电路

目前，单片集成音频功率放大器的产品很多，并已在收音机、录音机、电子玩具和电视机设备中获得了广泛的应用。本次实验使用的是 LM386 低电压音频功率放大器，该器件应用范围宽、功耗小、失真小、电压增益可调（20～200 倍），适用于电池供电作为电源的工作环境。LM386 是采用单电源供电的音频功率放大器，它是一种 OTL 电路，其内部电路如图 5-58 所示，由输入级、中间级和输出级组成。晶体管 $T_1 \sim T_6$ 构成复合管差分输入级。输入级的单端输出信号传送至由 T_{10} 组成的共射中间级，该级主要作用是提高放大倍数。T_7、T_8、T_9 和二极管 D_1、D_2 组成互补对称输出级，复合管 T_8、T_9 等效于一个 PNP 管。为了改善电路的性能，由电阻 R 引入负反馈。

LM386 的引脚排列如图 5-59 所示，其中 6 是电源"+"端，4 是接地端。它有两个输入端：2 是反相输入端，3 是同相输入端，5 是输出端，1、8 是增益调节端。当 1、8 断开时，电路增益是 20 倍，1、8 外接电容时，电路增益增加到 200 倍。7 是去耦端，为防止电路产生自激振荡，通常 7 端外接旁路电容。

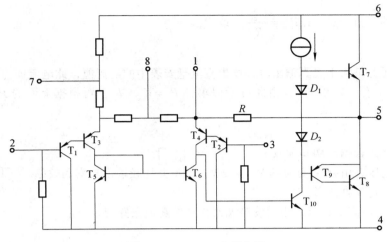

图 5-58　LM386 内部电路

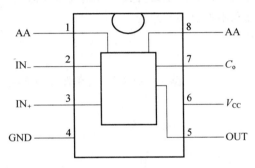

图 5-59　LM386 引脚图

其主要电气性能如表 5-7 所示。

表 5-7　LM386 主要参数

电源电压/V	输出功率/mV	电压增益/dB	谐波失真	输入电阻/ kΩ	输入偏置电流/ μA
+4～+5	250～700	46	<0.2%	50	250

四、实验内容

1．OTL 功率放大电路

（1）静态工作点的测试

按图 5-57 连接实验电路，将输入信号旋钮旋至零（$u_i = 0$），电源进线中串入直流毫安表，R_w 置中间位置。接通 + 5 V 电源，观察毫安表指示，同时用手指触摸输出级管子，若电流过大，或管子温升显著，应立即断开电源检查原因（如电路自激，或输出管性能不好等）。若无异常现象，可开始调试。

调节电位器 R_w，用直流电压表测量 M 点电位，使 $U_M = 0.5 V_{CC}$。

（2）最大输出功率 P_{om}

输入端接 $f = 1$ kHz 的正弦信号 u_i，输出端用示波器观察输出电压 u_o 波形。逐渐增大 u_i 幅度，使输出电压达到最大不失真输出，用交流毫伏表测出负载 R_L 上的电压有效值 U_o，或用示波器测量输出电压的峰值 u_{om}，则 $P_{om} = \dfrac{U_{oL}^2}{R_L}$，或 $P_{om} = \dfrac{u_{om}^2}{2R_L}$

（3）测量 η

当输出电压为最大不失真输出时，读出直流毫安表中的电流值，此电流即为直流电源供给的平均电流 I_Q（有一定误差），由此可近似求得 $P_E = V_{CC} \times I_Q$，再根据上面的 P_{om}，即可求出 $\eta = \dfrac{P_{om}}{P_E}$。

（4）测量并比较输出功率和效率

改变电源电压，由+5 V 变为+9 V、+12 V，测量并比较输出功率和效率。

（5）观察交越失真波形

调整 R_w 改变静态工作点，用示波器观察交越失真现象并记录波形。

（6）试听

输入信号改为收音机耳机输出，输出端接试听音箱及示波器。开机试听，并观察语言信号的输出波形，实际感受失真和不失真的效果。

2．集成功率放大电路

（1）插装电路

按图 5-60 电路在实验板上插装电路，开关 S 合上，引脚 1、8 间接电容 C_2。电源电压接+5 V，不加信号时测静态工作电流。

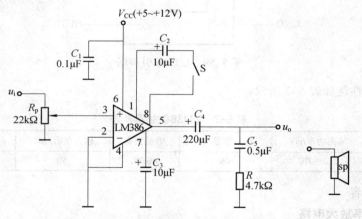

图 5-60　集成功率放大电路

（2）测量最大输出功率

在输入端接 1kHz 信号，用示波器观察输出波形，逐渐增加输入电压幅度，直至刚刚出现失真为止，记录此时输入电压、输出电压幅值，并记录波形。

（3）断开 S，去掉引脚 1、8 之间的 10 μF 电容，重复上述实验。比较步骤（2）测得的最大输出功率。

（4）改变电源电压

由+5 V 变为+9 V、+12 V，重复上述实验。分析电源电压与输出功率之间的关系。

（5）测量非线性失真

利用失真度测试仪，逐渐改变输出电压幅度，测出对应的失真度，然后做出失真度与输出电压的关系曲线。开始出现削顶后，失真度变化很快，测试点应当加密。

（6）试听

输入信号改为收音机耳机输出，输出端接试听音箱及示波器。开机试听，并观察语言信号的输出波形，实际感受失真和不失真的效果。

3．进行本实验时应注意的事项

① 功率放大器输出电压、电流都较大，实验过程中要特别注意安全，绝不能出现短路现象，以防烧毁功放集成电路。

② 功放电路信号较强，走线不合理时，很容易产生自激振荡。实验过程中随时用示波器观察输出波形，如发现有异常现象，马上切断电源。

③ 输入信号不要过大。

五、思考题

① 交越失真产生的原因是什么？怎样克服交越失真？

② 为了不损坏输出管，调试中应注意什么问题？

③ 如电路有自激现象，应如何消除？

六、实验报告要求

① 整理实验数据，计算静态工作点、最大不失真输出功率 P_{om}、效率 η 等，并与理论值进行比较。

② 根据实验数据做出电源电压与输出电压、输出功率的关系曲线。

③ 总结分立元件功率放大电路和集成功率放大电路的特点及测量方法。

【实验 5-10】　整流滤波稳压电路

一、实验目的

① 熟悉单相半波、桥式整流电路。

② 了解电容滤波作用。

③ 了解并联稳压电路。

④ 掌握串联稳压电路的工作原理。

⑤ 学会稳压电路的调试及测量方法。

二、预习内容

① 复习整流、滤波电路的有关内容。

② 了解串联稳压电路的组成、工作原理及主要性能指标。

三、实验原理

电子设备一般都需要直流电源供电。这些直流电除了少数直接利用干电池和直流发电机外，大多数是采用把交流电转换为直流电的直流稳压电源。直流稳压电源由电源变压器、整流、滤波和稳压电路四部分组成，其原理框图如图 5-61 所示。

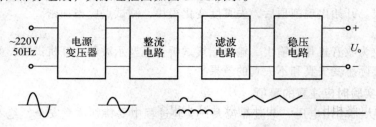

图 5-61　　直流稳压电源原理框图

电网供给的交流电压经电源变压器得到符合电路需要的交流电压，然后由整流电路利用二极管的单向导电性，把交流电变换成方向不变、大小随时间变化的脉动电压，再由滤波器利用储能元件的充放电功能，滤去其交流分量，就可得到比较平直的直流电压。但这样的直流输出电压还会随交流电网电压的波动或负载的变化而变化。在对直流供电要求较高的场合，还需要使用稳压电路，以保证输出的直流电压更加稳定。

1．整流电路

（1）单相半波整流电路

单相半波整流电路是最简单的一种整流电路，如图 5-62 所示。

输出电压平均值

$$U_L = \frac{\sqrt{2}U_2}{\pi} \approx 0.45U_2$$

输出电流平均值

$$I_L = \frac{U_L}{R_L} \approx \frac{0.45U_2}{R_L}$$

整流输出电压的脉动系数 S 定义为整流输出电压的基波峰值与输出电压平均值之比，即

$$S = \frac{U_{LM}}{U_L} = \frac{\pi}{2} \approx 1.57$$

说明半波整流电路的输出脉动很大，其基波峰值约为平均值的 1.57 倍。

（2）单相桥式整流电路

单相桥式整流电路由四只二极管组成，其构成原则是保证在变压器副边电压的整个周期内，负载上的电压和电流方向始终不变。电路如图 5-63 所示。

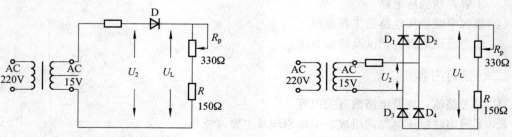

图 5-62　单相半波整流电路　　　　　图 5-63　单相桥式整流电路

输出电压平均值

$$U_L = \frac{2\sqrt{2}U_2}{\pi} \approx 0.9U_2$$

输出电流平均值

$$I_L = \frac{U_L}{R_L} \approx \frac{0.9U_2}{R_L}$$

桥式整流输出电压的脉动系数 S 为

$$S = \frac{U_{LM}}{U_L} = \frac{2}{3} \approx 0.67$$

与半波整流电路相比，输出电压的脉动减小很多。

2．滤波电路

电容滤波电路是最常见也是最简单的滤波电路，在整流电路的输出端（即负载电阻两端）并联一个电容即构成电容滤波电路，如图 5-64 所示。

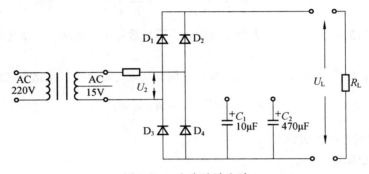

图 5-64　电容滤波电路

滤波效果取决于放电时间，电容愈大，负载电阻愈大，滤波后输出电压愈平滑，并且其平均值愈大。即当滤波电容容量一定时，若负载电阻减小，则时间常数 $R_L C$ 减小，放电速度加快，输出电压平均值随即下降，且脉动变大。为了获得好的滤波效果，在实际电路中，应选择滤波电容的容量满足 $R_L C = (3 \sim 5)T/2$ 的条件。

当 $R_L C = (3 \sim 5)T/2$ 时，输出电压的平均值为 $U_L \approx 1.2U_2$。

脉动系数为

$$S = \frac{1}{\dfrac{4R_L C}{T} - 1}$$。

3．稳压电路

直流稳压电路按工作方式分为串联型和并联型稳压电路。并联型稳压电路线路简单，但负载电流小，除非基本上不考虑功率，一般不单独作为稳压电源提供用户使用。串联型稳压电路调整元件与负载串联连接，稳定性能好，纹波小，在低压小功率设备中应用最广。

（1）并联稳压电路

由稳压管和限流电阻所组成的稳压电路是一种最简单的直流稳压电路，即并联型稳压电路，如图 5-65 所示。其输入电压 U_i 是整流滤波后的电压，输出电压 U_L 是空载时稳压管的稳定电压 U_Z。

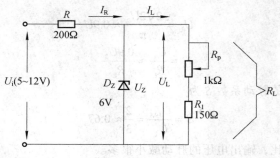

图 5-65　并联稳压电路

稳压系数定义为负载一定时稳压电路输出电压相对变化量与输入电压相对变化量之比，即

$$S_r = \left. \frac{\Delta U_o / U_o}{\Delta U_I / U_I} \right|_{R_L = 常数} \approx \frac{r_Z}{R} \cdot \frac{U_i}{U_Z}$$

式中，r_Z 为稳压管的动态电阻，R 为限流电阻。稳压系数越小，电网电压变化时输出电压变化愈小。

输出电阻为稳压电路输入电压一定时输出电压变化量与输出电流变化量之比，即

$$R_o = \left. \frac{\Delta U_o}{\Delta I_o} \right|_{U_I = 常数} = R // r_Z \approx r_Z$$

R_o 表明负载电阻对稳压性能的影响。

（2）串联型稳压电路

串联型稳压电路以并联型稳压电路为基础，利用晶体管的电流放大作用，增加负载电路，在电路中引入深度电压负反馈使输出电压稳定，并且通过反馈网络使输出电压可调。电路如图 5-66 所示。

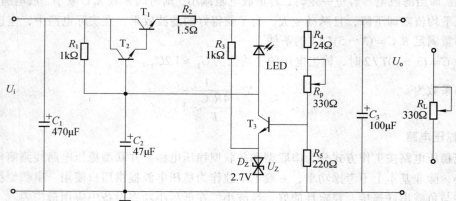

图 5-66　串联型稳压电路

稳压电路由基准电压、取样电路、比较放大及调整元件等环节组成。整个稳压电路是一个具有电压串联负反馈的闭环系统，其稳压过程为：当电网电压波动或负载变动引起输出直流电压发生变化时，取样电路取出输出电压 U_o 的一部分送入比较放大器，并与基准电压 U_Z 进行比较，产生的误差信号经 T_3 放大后送至调整管 T_2 的基极，使调整管改变其管压降，以补偿输出电

压的变化，从而达到稳定输出电压的目的。电路中 T_1 管起到对调整管的过流保护作用。

稳压电路的主要性能指标：

① 直流输出电压 U_o。直流稳压电路的直流输出电压 U_o 可由 R_P 调节：

$$U_o = \frac{R_4 + R_5 + R_P}{R_5}(U_Z + U_{BE2})$$

② 输出电压调节范围。调节 R_P 可以改变输出电压 U_o 的大小。

③ 最大负载电流 I_{om}。工程上常把由于负载变化而使输出电压下降到额定值的 90% 时的输出电流视为最大负载电流。

④ 输出电阻 R_o。 $R_o = \frac{\Delta U_o}{\Delta I_o}\bigg|_{U_1=常数}$

⑤ 稳压系数 S_r。 $S_r = \frac{\Delta U_o / U_o}{\Delta U_i / U_i}\bigg|_{R_L=常数}$

⑥ 纹波电压。输出纹波电压是指在额定负载条件下，输出电压中所含交流分量的有效值（或峰值）。

四、实验内容

1. 半波整流、桥式整流电路

实验电路分别如图 5-62、图 5-63 所示。分别接两种电路，用示波器观察 u_2 和 u_L 的波形，并测量 U_2、U_o 和 U_{oL}。记录在表 5-8 中。

表 5-8 整流电路波形及输出电压

波形和电压 类型	u_2 波形	u_L 波形	U_2 /V	U_o /V($R_L = \infty$)	U_{oL} /V
半波整流					
桥式整流					

2. 电容滤波电路

实验电路如图 5-64 所示。

① 分别用不同电容接入电路，R_L 先不接，用示波器观察波形，测 U_o 并记录。

② 接上 R_L，先接 $R_L = 1\,k\Omega$，重复上述实验并记录。

③ 将 R_L 改为 150Ω，重复上述实验。自拟表格记录数据。

3. 并联稳压电路

实验电路如图 5-65 所示。

① 测量在电源输入电压不变、负载变化时电路的稳压性能。改变负载电阻 R_L 使负载电流分别为 $I_L=5\,mA$、10 mA、15 mA 时，测量相应的 U_L、U_R、I_L、I_R 值，计算电路输出电阻。

② 测量负载不变、电源电压变化时电路的稳压性能。先将可调电源调到 10 V（模拟工作稳定时）接入电路，然后再分别调到 8 V、9 V、11 V、12 V（模拟工作不稳定时），按表 5-9 测量填表，并计算稳压系数 S_r。

表 5-9 并联稳压电路测试表

U_i /V	U_L /V	I_R /mA	I_L /mA
10			
8			
9			
11			
12			

4. 串联型稳压电路

（1）静态调试

① 按图 5-66 电路接线，负载 R_L 开路，即稳压电源空载。

② 将电源调到 9 V，接到 U_i 端，再调电位器 R_P，使 $U_o=6$ V。测量各晶体管的 Q 点。

③ 测试输出电压的调节范围，调节 R_P，观察输出电压 U_o 的变化情况，记录 U_o 的最大和最小值。

（2）动态测量

① 测量电源稳压特性。使稳压电源处于空载状态，调节电位器，模拟电网电压波动 ±10%；即 U_i 由 8 V 变到 10 V。测量相应的 ΔU_o。根据公式计算稳压系数 S_r。

② 测量稳压电路内阻。稳压电路的负载电流 I_L 由空载变化到额定值 $I_L=100$ mA 时，测量输出电压 U_o 的变化量，即可求出电源内阻 R_o。测量过程中使 $U_i=9$ V 保持不变。

③ 测试输出的纹波电压。在负载电流 $I_L=100$ mA 条件下，用示波器观察稳压电路输出中的交流分量 u_o，描绘其波形，并测量其大小。

（3）输出保护

① 在电源输出端接上负载 R_L 同时串接电流表。并用电压表监视输出电压，逐渐减小 R_L 值，直到短路，注意 LED 逐渐变亮，记录此时的电压、电流值。

② 逐渐加大 R_L 值，观察并记录输出电压、电流值。注意：此实验内容短路时间应尽量短(不超过 5 s)，以防元器件过热。

五、思考题

① 在桥式整流电路实验中，能否用双踪示波器同时观察 u_2 和 u_L 波形？为什么？

② 在桥式整流电路中，如果某个整流二极管发生开路、短路或反接 3 种情况，将会出现什么问题？

③ 把串联稳压电路中电位器的滑动端往上（或是往下）调，各晶体管的 Q 点将如何变化？可以试一下。电阻 R_2 和 LED 的作用是什么？

④ 电路能输出电流最大为多少？为获得更大电流应如何选用电路元器件及参数？

六、实验报告要求

① 整理实验数据，对所测结果进行全面分析，总结整流和滤波电路的特点。

② 计算稳压电源内阻和稳压系数，并进行分析。

③ 分析并讨论实验中出现的故障及排除办法。

【实验 5-11】　集成直流稳压电路测试

一、实验目的

① 掌握利用集成稳压器设计直流稳压电源的方法。
② 掌握直流稳压电源的调试和主要参数测试方法。

二、预习内容

① 复习直流稳压电源部分关于电源的主要参数及测试方法。
② 查阅手册，了解本实验使用稳压器的技术参数。
③ 画出设计电路，计算相应元件参数。

三、实验原理

由于集成稳压电源具有体积小、外接线路简单、使用方便、工作可靠和具有通用性等优点，在各种电子设备中应用十分普遍。集成稳压电源的种类很多，应根据设备对直流电源的要求进行选择。对于大多数电子仪器、设备和电子电路来说，通常是选用串联线性集成稳压电路。而在这种类型的器件中，又以三端式稳压电路应用最为广泛。按功能可把稳压电路分为固定式稳压电路和可调式稳压电路。本实验对 W7805 固定式和 W317 可调式三端集成稳压器进行设计和研究。W78 系列，3 个端子分别为 1 端输入、2 端接地、3 端输出；W317 系列，3 个端子分别为 1 端调整端、2 端输出、3 端输入。

1. 固定式三端集成稳压器

固定式三端集成稳压器的输出电压是固定的，在使用中不能进行调整。

正压系列：78XX 系列，输出正极性电压，一般有 5 V、6 V、9 V、12 V、15 V、18 V、24 V 七个档次。该系列稳压块有过流、过热和调整管安全工作区保护，以防过载而损坏。一般不需要外接元件即可工作，有时为改善性能也加少量元件。78XX 系列又分 3 个子系列，即 78XX、78MXX 和 78LXX。其差别只在输出电流和外形，78XX 输出电流为 1.5 A，78MXX 输出电流为 0.5 A，78LXX 输出电流为 0.1 A。

在温度为 25℃条件下 W7805 的主要参数如表 5-10 所示。

表 5-10　W7805 的主要参数

参 数 名 称	符 号	测 试 条 件	单 位	W7805（典型值）
输入电压	U_I		V	10
输出电压	U_o	$I_o = 500\text{mA}$	V	5
最小输入电压	U_{Imin}	$I_o \leqslant 1.5\text{A}$	V	7
电压调整率	$S_U(\Delta U_o)$	$I_o = 500\text{mA}$ $8\text{V} \leqslant U_i \leqslant 18\text{V}$	mV	7
电流调整率	$S_I(\Delta U_o)$	$10\text{mA} \leqslant I_o \leqslant 1.5\text{A}$	mV	25
输出电压温度变化率	S_r	$I_o = 5\text{mA}$	mV/℃	1
输出噪声电压	U_{no}	$10\text{Hz} \leqslant f \leqslant 100\text{kHz}$	μV	40

负压系列：79XX，与 78XX 系列相比，除了输出电压极性、引脚定义不同外，其他特点都相同。

78XX 系列、79XX 系列的典型应用电路如图 5-67 所示。图中 C_1 用于抵消输入线较长时的电感效应，以防止电路产生自激振荡，其容量较小，一般小于 1 微法。电容 C_2 用于消除输出电压中的高频噪声，可取小于 1 μF 的电容，也可取几微法甚至几十微法的电容，以便输出较大的脉冲电流。但是若 C_2 容量较大，一旦输入端断开，将从稳压器输出端向稳压器放电，易使稳压器损耗。因此，可在稳压器的输入端和输出端之间跨接一个二极管 D，起保护作用。

下面是 78 系列和 79 系列组成的几种应用电路。

（1）扩大输出电流的稳压电路

当所需输出电流大于稳压器标称值时，可采用外接电路来扩大输出电流，如图 5-68 所示。

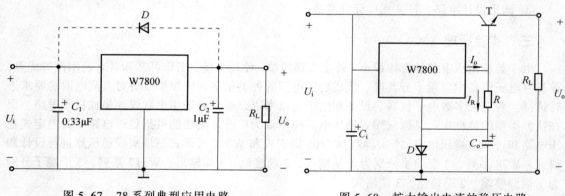

图 5-67　78 系列典型应用电路　　　图 5-68　扩大输出电流的稳压电路

设三端稳压器的最大输出电流为 $I_{o\max}$，则晶体管的最大基极电流 $I_{B\max} = I_{o\max} - I_R$，负载电流的最大值为 $I_{L\max} = (1+\beta)(I_{o\max} - I_R)$。

（2）升压的稳压电路

78XX 系列是固定电压输出类型，集成块的输出电压 U_{XX} 是不可改变的，但通过外接电路，可以改变整个稳压电路的输出电压值。

若输出电压不够高，可采用如图 5-69 所示的升压电路。

电路的输出电压近似为 $U_o = \left(1 + \dfrac{R_2}{R_1}\right) U_{XX}$。

在实际使用中，78 系列电压扩展范围不能很大，否则稳压性能会急剧变差。以 7805 为例，其扩展输出电压应小于 7 V。

（3）正、负输出稳压电路

W7900 与 W7800 相配合，可以得到正、负输出的稳压电路，如图 5-70 所示。

2．可调式三端集成稳压器

可调式三端稳压器 W317 稳定输出电压为 1.2～37 V，最大输出电流为 1.5 A，最大允许输入电压为 40 V，同样要求输入、输出电压之差不小于 2.5 V。通常，在选定了输出稳压值后，再适当决定输入电压的大小；在要求大范围可调输出电压的场合，一般分多挡电压输入，以免高输入低输出时稳压器功耗激增。

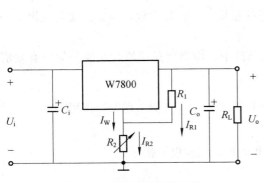

图 5-69　稳压器升压电路

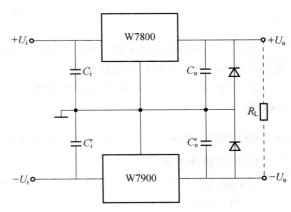

图 5-70　正、负输出的稳压电路

正压系列：W317 系列稳压块，外接元件只需一个固定电阻和一个电位器。其芯片内也有过流、过压和调整管安全工作区保护。其典型电路如图 5-71 所示。其中，电阻 R_1 与电位器 R_P 组成电压输出调节环节，输出电压 U_o 的表达式为：

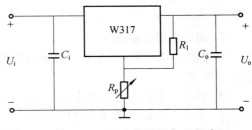

图 5-71　可调式稳压器典型电路

$$U_o \approx 1.25\left(1+\frac{R_P}{R_1}\right)$$

式中，一般 R_1 取值为（$120\sim240\,\Omega$），输出端与调整压差为稳压器的基准电压（典型值为 1.25 V），所以流经电阻 R_1 的泄放电流为 $5\sim10$ mA。

负压系列：W337 系列。与 W317 系列相比，W337 除了输出电压极性、引脚定义不同外，其他特点都相同。

3．稳压电源的技术指标

① 输出电压和输出电压调节范围。

② 最大负载电流 I_{om}。工程上常把由于负载变化而使输出电压下降到额定值的 90% 时的输出电流视为最大负载电流。

③ 输出电阻 R_o。输出电阻定义为当稳压电路输入电压 U_i 保持不变，由于负载变化而引起的输出电压变化量与输出电流变化量之比，即

$$R_o = \left.\frac{\Delta U_o}{\Delta I_o}\right|_{U_i=常数}$$

输出电阻 R_o 越小，表明负载变化对输出电压的影响越小，输出越稳定。

④ 稳压系数 S_r。稳压系数定义为当负载保持不变，输出电压相对变化量与输入电压相对变化量之比，即

$$S_r = \left.\frac{\Delta U_o / U_o}{\Delta U_i / U_i}\right|_{R_L=常数}$$

⑤ 电压调整率 S_D。由于工程上常把电网电压波动作为极限条件，因此也有将此时输出电压的相对变化作为衡量指标，称为电压调整率，即

$$S_D = \frac{\Delta U_o}{U_o} \times 100\%$$

稳压系数和电压调整率定义虽不相同，但描述的稳压器性能却大致相同，故实际应用中一般只用电压调整率来衡量稳压器性能。

⑥ 纹波电压。输出纹波电压是指在额定负载条件下，输出电压中所含交流分量的有效值（或峰值）。

四、实验内容

1. 稳压器的测试

实验电路如图 5-72 所示。自行设计测试方案和表格，测试以下指标：

① 稳定输出电压。

② 电压调整率。

③ 输出电阻。

④ 纹波电压（有效值或峰值）。

2. 稳压电路性能测试

仍用图 5-72 所示的电路，测试直流稳压电源性能。

① 保持稳定输出电压的最小输入电压。

② 输出电流最大值及过流保护性能。

③ 利用 78L05 设计一个扩展电流的稳压电路。测试相应参数和性能指标，并与实验内容①、②的结果进行比较。

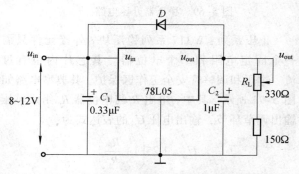

图 5-72　三端稳压器指标测试电路图

④ 利用 78L05 设计一个升压的稳压电路。测试相应参数和性能指标，并与实验内容①、②的结果进行比较。

⑤ 利用 78L05、79L05 设计一个输出 ±5 V 的稳压电路，测试相应参数和性能指标，并与实验内容①、②的结果进行比较。

⑥ 利用 W317 设计一个输出可调的稳压电路，按实验内容①、②测试相应参数和性能指标。

五、思考题

如何判断直流稳压电源的带负载能力？

六、实验报告

① 整理实验报告，计算实验内容 1 的各项参数。

② 画出实验内容的输出保护特性曲线，若有必要可自拟相应的表格。

③ 总结本实验所用两种三端稳压器的应用方法。

【实验 5-12】　电压-频率转换

一、实验目的

① 了解电压频率转换电路（VFC）的原理。

② 掌握分别由集成运放和集成芯片组成的电压–频率转换电路。

二、预习内容

① 定性分析用可调电压 u_i 改变 u_o 频率的工作原理。

② 查阅芯片 AD537 的资料。

三、实验原理

电压–频率转换电路的功能是将输入直流电压转换成频率与其数值成正比的输出电压，故也称为电压控制振荡电路，简称压控振荡电路。它的输出通常是矩形波。待测物理量通过传感器转换成电信号后，经预处理变换为合适的电压信号，然后去控制压控振荡电路，再用压控振荡电路的输出驱动计数器，使之在一定时间间隔内记录脉冲串个数，并用数码管显示，那么就可以得到该物理量的数字式测量仪器。因此，可以认为电压–频率转换电路是一种模拟量到数字量的转换电路。做这种转换的主要原因是若对一个脉冲串进行传输和解码，则要比一个模拟信号的处理精确得多，特别是在传输线路较长和有噪声的情况下更是如此。电压–频率转换电路广泛应用于模拟/数字信号的转换、调频、遥控遥测等各种设备中。

1. 由集成运放构成的电压–频率转换电路

电路如图 5-73 所示。该图实际上就是锯齿波发生电路，由积分器和滞回比较器组成。只不过这里是通过改变输入电压 u_i 的大小来改变波形频率，从而将电压参量转换成频率参量。

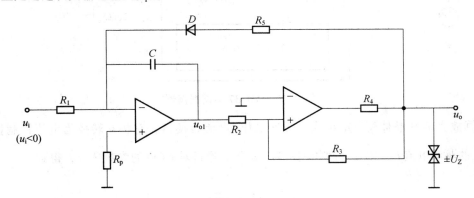

图 5-73　电压频率转换电路

滞回比较器的阈值电压为

$$\pm U_T = \pm \frac{R_2}{R_3} U_Z$$

输出波形如图 5-74 所示。在波形中的 T_2 时间段，u_{o1} 是对 u_i 的线性积分，其起始值为 $-U_T$，终了值为 $+U_T$，因而 T_2 应满足

$$U_T = -\frac{1}{R_1 C} \cdot u_i T_2 - U_T$$

解得

$$T_2 = \frac{2 R_1 R_2 C}{R_3} \cdot \frac{U_Z}{|u_i|}$$

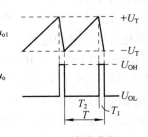

图 5-74　波形分析

当 $R_2 \gg R_3$ 时，振荡周期 $T \approx T_2$，故振荡频率

$$f \approx \frac{1}{T_2} = \frac{R_3}{2R_1R_2CU_Z} \cdot |u_i|$$

从上式可见，振荡频率受控于输入电压。

2. 集成电压–频率转换电路

集成电压–频率转换电路分为电荷平衡式和多谐振荡器式两类。电荷平衡式电路的满刻度输出频率高，线性误差小，但其输入阻抗低，必须正、负双电源供电，且功耗大。多谐振荡器式电路功耗低，输入阻抗高，而且内部电路结构简单，输出为方波，价格便宜，但不如前者精度高。

AD537 是多谐振荡器式转换电路的常见产品，其应用电路如图 5–75 所示。

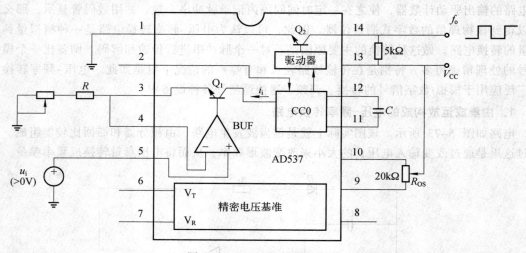

图 5–75　AD537 多谐振荡器

运算放大器和晶体管 Q_1 组成了缓冲电压–电流转换器，它将 u_i 转换为电流控制振荡器（CCO）的驱动电流 i_i，二者之间的关系为 $i_i = \dfrac{u_i}{R}$。通过对 CCO 的参数选择，得到

$$f_o = \frac{u_i}{10RC}$$

至少在 4 个 10 倍满程的范围内，这一关系式都是精确地保持着的，这个范围的满程电流可高达 1 mA，满程频率可高达 100 kHz。例如，当 $C = 1$ nF，$R = 10$ kΩ 和 $V_{CC} = 15$ V 时，当 u_i 从 1 mV 到 10 V 进行变化时，电流 i_i 的变化范围为 $0.1\,\mu A \sim 1\,mA$，而 f_o 的范围是 $10\,Hz \sim 100\,kHz$。为了使在这个范围内的 $u-i$ 转换误差最小，可以通过 R_{OS} 从内部将运算放大器的输入失调误差置零。当用合适质量的电容器，如具有低热漂移和低介质吸收的聚苯乙烯或陶瓷电容器时，线性度误差的标称值在 $f_o \leqslant 10$ kHz 时的典型值为 0.1%，在 0.15% 时的典型值为 0.15%。

图 5–75 中所示结构为 $u_i > 0$ 的情况，只要将运算放大器的同相输入端接地，再把 R 左端与地之间的连线断开，并将 u_i 接于此处，就可以得到 $u_i < 0$ 的结构。如果使控制电流从反相输入端流出，则这个器件也可以作为一个电流频率转换器（CFC）。例如，将引脚 5 接地，并用一个光敏二极管代替 R，则流出的电流就将光强度转换为频率。

AD537 还包括一个片上精密电压基准，用来稳定 CCO 的比例因子，得到的热稳定度一般为 $30\times10^{-6}/℃$。为了进一步增强这个器件功能的多样性，还可以利用基准电路的两个节点，即 V_R 和 V_T。电压 V_R 是一个稳定的 1.00 V 电压基准。在图 5-75 中，从引脚 7 获得 u_i 可产生输出频率为 $f_o=1/10RC$ 的波形。如果 R 是一个电阻传感器，例如光敏电阻或热敏电阻，它就可以将光或温度转换为频率。

四、实验内容

① 实验电路如图 5-73 所示，用示波器监视 u_o 波形。

② 按表 5-11，测量电压-频率转换关系。

表 5-11　电压-频率转换测试表

U_i /V	0	1	2	3	4	5
T/ms						
f/Hz						

③ 研究 AD537 实现电压-频率转换的原理，在图 5-75 中用光敏二极管代替 R，观察不同的光强度转换为不同频率的输出电压波形。

五、思考题

在图 5-73 所示电路中，电阻 R_1 和 R_5 的阻值如何确定？当要求输出信号幅值为 $12V_{P-P}$、输入电压值为 3 V、输出频率为 3 kHz，计算 R_1、R_5 的值。

六、实验报告

① 按表 5-11 中填写的数据做出频率-电压关系曲线。比较理论值和实际值的差别，并分析原因。

② 研究 AD537 的工作原理，并熟悉其典型应用。

【实验 5-13】　综合设计性实验的基本方法

在进行模拟电子电路设计过程中，需要进行如下几个步骤：首先，对设计题目进行认真分析，明确设计任务、性能指标等相关要求，然后再做整体方案设计。需要在设计过程中对具体要求、具体情况、设计方法进行进行反复论证，以力求得到最佳的设计方案。待方案论证完成，可进行具体单元电路设计，合理选择元器件，画出原理图，然后通过实验仿真进行相关性能测试，最后修改总的电路图，撰写实验报告。

1. 总体方案的选择

针对具体设计方案，找寻具有一定功能的若干单元电路，然后将其构成一个整体，从而满足电路设计的各项性能指标。该过程称为总体方案设计过程。设计的方案因人而异，因所掌握的知识不同而有所差异，满足性能的具体方案也有多种，因此在相关资料和工具书的帮忙下，需要针对要求，进行大量的设计—验证—再设计等繁复过程，从而最终确定一个比较满意的设计方案。

总体设计方案可采用框图进行描述。难点部分和主要部分可用细线进行表达，对于一般部分，所表达的框图能够有效表达设计思想和基本原理即可。

2. 单元电路设计

作为整体电路设计的实质部分，单元电路设计要求每一部分都按照总体框图的思想和要求进行设计，从而保证整个电路的设计质量。具体设计过程中可以分成如下三个部分：

① 根据总体方案中所选择的设计要求，进一步明确电路所要求的性能指标，这里需要注意的是单元电路之间的输入/输出关系，尽量避免电平转换电路的使用。

② 设计单元电路结构形式的选择：通过复习所学过且熟悉的电路，亦或通过调查资料，查找相关文献等选择更加合适或更加先进的电路，通过调试该类电路，保证电路的形式达到较佳的水平。

③ 计算主要参数，进行元器件的选择。

3. 元器件的选择

元器件的选择对电子电路设计至关重要，其基本过程是将所选择的元器件进行有效组合，实现设计的要求。在具体设计过程中，电子电路故障可能以元器件损坏的形式出现，其基本原理是对元器件的选择出现的问题，而不是元器件本身的问题。因此，设计的各个环节，如方案的提出、分析比较和参数计算过程中，均需要考虑元器件和它们的性价比等相关因素。

元器件选择需要注意的问题：

① 元器件应根据具体方案进行合理选择，要分析元器件的具体性能指标，同时选择好的元器件的相关参数的额定值需要留有一定的富裕量，让元器件处于额定值以下工作。

② 基本设计要求满足的前提下，尽可能减少元器件的品种和规格，提高元器件的复用率。需要充分调研市场上相关元器件的情况，比如品种、性价比、体积形状等，做到心中有数。由于电子器件种类繁多，不断有新的产品出现，因此及时了解相关信息，掌握相关资料是相当重要的。

元器件具体涉及如下几类：阻容元件的选择、半导体器件的选择、集成电路的选择等，以下将详细介绍这些知识。

（1）阻容元件的选择

常用的分立元件中有电阻、电容，且种类多，性能各异是其特点。容量相同、品种不同的两种电容，或者阻值不同、品种不同的两种电阻在同一电路同一位置上，效果有所差异。除此之外，其体积、价格等也会区别较大。

存储电荷的容器即为电容器，其品种繁多，但基本结构和原理相同。两相距很近的金属片中间被某种物质，如固体、气体或液体隔开，就构成了电容器，两片金属被称为极板，中间物质被称为介质。电容器的容量可固定，也有容量可变的，一般常见的电容都是容量固定的，电解电容和瓷片电容是最多见的。

电容器的选择过程中，其类型的确定需要根据电路中的作用和工作环境来做出选择。当电容用于旁边、耦合、电源滤波时，电容的要求不高，一般选择价格低误差大一些的电容既可。在高频电路中，一般选择无电感的铁电陶瓷电容器或独石电容器。耐压高、稳定性好和温度系数小的云母电容器或者高压瓷介质电容器一般用于高压环境。

在需要兼顾高频和低频时，一只大容量的电容和一只小容量的电容并联使用。其电容容量一般根据电路的要求选用标称值。这里需要说明的是，电容的标称值根据不同类型，其分布也不一样，选用时应该根据手册和相关资料进行选择。

电容的容差允许误差可分为 3 个等级，即 I 级 ±5%、II 级 ±10%、III 级 ±20%。通常情况下，除了选频电路、定时电路、振荡电路对电容要求较高外，其他电路对其要求不高，对允许误差无严格要求。

电阻的种类很多，一般分成三大类：固定电阻、可变电阻和特种电阻。固定电阻在电子产品中应用最多，固定电阻也可以分成很多类，常用、常见的有 RT 型碳膜电阻、RX 型线绕电阻、RJ 型金属膜电阻，以及广泛使用的片状电阻等。在一般电子电路中，对电阻的要求不高，可以选用价格比较便宜体积比较小的碳膜电阻。金属膜电阻主要用于低噪声和耐热性、稳定性要求较高的电路中。而自身电感量比较小的合金箔电阻多用于高频电路中，金属氧化膜电阻一般用在高温环境中。

（2）半导体器件的选择

在电路设计过程中，常见的半导体器件，如二极管、晶体管、场效应管和其他特殊的半导体器件，选用的基本原则是根据电路中的具体要求，确定应该选择哪种器件。同一种半导体，型号不同也影响了其使用的场合，具体设计过程中应该根据器件所能完成的功能而选择。比如，整流二极管用于整流，硅整流堆用于高压整流，高频整流二极管用于高频检波管，而开关二极管用于脉冲电路中。

对于晶体管的选择，首先需要确定晶体管的类型，即 NPN 还是 PNP，然后根据电路的设计要求选择所需要的晶体管的型号。具体的参数包括集电极最大允许电流、集电极–发射级反向击穿电压、集电极最大允许耗散功率等。这些参数反映了晶体管使用时所受到的限制，使用过程中，应该通过查找手册或资料了解这些参数的值，而不能使得电路中晶体管使用过程中超过了这些参数。

其他的半导体器件都应该根据电路设计过程中相关参数的计算，查找资料、阅读手册等，使得使用的器件符合基本要求。

（3）集成电路的选择

由于集成电路使用方便，用法灵活，可以使得所设计的电路体积保持在一定的范围内，并有效地提高电路工作时的可靠性，同时安装调试也相对容易。运算放大电路、电压比较器、功率放大器、模拟乘法器、稳压器等都是常用的模拟集成电路。由于集成电路种类繁多，具体选择过程中要遵循先粗后细的原则。首先根据总体方案选用功能符合的集成电路，然后选择性能参数，同时形状大小也需要进行充分考虑。集成电路常见的封装形式有塑料双列直插式、陶瓷扁平式、金属圆形 3 种。双列直插式是目前电路设计过程中首选的产品，其基本原因是双列直插式便于安装调试、更换方便。另外，市场情况、价格情况也是集成电路选择过程中需要考虑的问题。

4. 参数的设计

在电路基本形式确定后，便可以根据性能指标，运用所学到的模拟电子技术的理论知识，分析计算电路相关元器件的参数。参数计算过程中，如下几个问题需要注意：

① 各元器件的工作电流、电压、功耗、频率等都要保证在允许范围内，并保留一定的裕量。

② 相关参数计算过程中，环境温度、交流电网电压等相关工作条件的影响，应该按照最不利的情况进行考虑。

③ 元器件极限参数也需要保留足够裕量，一般选择 1.5 倍进行考虑。

④ 非电解电容尽可能选择 100 pF～0.1 pF 之内，其数值应该在常用电容标称值范围内，并根据具体情况正确选择电容品种。

⑤ 尽可能选择 1 MΩ 以内的电阻，最大不要超过 10 MΩ，其数值应该在常用电容标称值范围内，并根据具体情况正确选择电阻品种。

⑥ 计算得到的相关参数标在电路图恰当的位置。

【实验 5-14】　设计语音放大器电路

综合设计性实验要求能够根据前面的基础型实验所学到的知识进行综合应用，从而通过综合实验的锻炼提高工程实践能力。语音放大器涉及放大电路、选频电路、集成运放、功放、滤波电路等相关知识，是模拟电子技术的综合应用。

一、实验目的

① 复习所学的基础知识，包括基本理论知识和前面的实验，掌握低频小信号放大电路和功放电路的设计方法。

② 通过实验培养基本实验能力和素质，即自学习能力、动手实践能力、工艺素质等。

二、设计任务和要求

1. 知识提示

语音放大电路是通过传感器将采集到的直流或低频信号，经相关电路处理后进行放大，因此，该语音放大电路通常由四大部分组成，分别是：前置放大电路、有源滤波电路、功率放大电路、扬声器等，如图 5-76 所示。

图 5-76　语音放大电路原理框图

2. 设计原理及性能指标

各组成部分各自的基本原理和性能指标如下：

（1）前置放大电路

语音信号经放大后多采用单端形式进行传输，其信号幅值较小，仅为若干毫伏，共模噪声相对较大，如几伏，因此，放大器的精度受到输入漂移和噪声的影响较为严重，其自身共模抑制比也至关重要。前置电路应该满足输入阻抗高、共模抑制比高、低漂移等特性。

具体性能指标为：

输入信号：$V_{id} \leqslant 10 \text{ mV}$。

输入阻抗：$R_i \leqslant 100 \text{ k}\Omega$。

（2）有源滤波电路

将有源器件和 RC 网络进行有效组合即构成了有源滤波电路，通常有低通、高通、带通、带阻等滤波电路，带通滤波器也可通过低通和高通进行串联而构成。

有源滤波电路的性能指标为：

- 带通频率范围：300 Hz～3 kHz。
- 增益：$A_u = 1$。

（3）功率放大电路

功率放大器是向负荷提供功率，其基本要求是：输出功率大、转换效率高、非线性失真小。其形式相对较多，如：OCL 互补对称功率放大电路、OTL 功率放大电路、BTL 桥式推挽功率放大电路、变压器耦合功率放大电路等。由于各自都有优缺点，在具体实际应用过程中，应根据工程设计要求、具体实验条件等进行综合分析，然后确定所选择的电路。

功率放大电路的性能指标为：

- 最大不失真输出功率：$P_{om} \geqslant 1\,W$。
- 负载阻抗：$R_L = 8\,\Omega$。
- 电源电压：±12 V。

实验要求输出功率能够连续可调。具体性能指标为：

- 直流输出电压：≤ 50 mV（输出开路时）。
- 静态电源电压：≤ 100 mA（输出短路时）。

直流电压和前置放大电路可选用前面实验所采用的电路；通过仿真验证设计电路，并对电路施加人为噪声，并滤除。

三、实验步骤

1. 电路设计步骤

（1）确定设计整体方案

根据设计要求，分析设计的性能指标，根据设计人员的条件选择合适的设计方案，小规模集成电路器件或者分立器件均可。

（2）电路设计

电路设计可分为单元电路设计、整体电路设计两个阶段。

（3）系统原理图

画出整体电路图和各单元电路图。

2. 安装焊接调试

根据系统原理图完成器件选择，然后连接调试，注意安装焊接调试过程中常见的问题：如短路、开路、极性、负载能力、电源、干扰等问题。

3. 完成设计报告

完成设计报告包括实验名称、实验目的、实验任务、设计方案、电路原理图、电路调试报告等。

四、相关元器件

集成运放 LM324、μA741、TDA2003、LM386，若干电阻、电容、MIC 等。

五、思考题

① 前置放大电路的输出阻抗要求高的目的是什么？如何保障？

② 如何改变电路元器件参数从而解决带通滤波器的上截频过高的问题？

③ 运放的零点漂移该如何解决？

④ 如何保证电路较高的输入电阻和共模抑制比？

【实验 5-15】　万用表的设计和调试

一、实验目的

① 复习所学的基础知识，包括基本理论知识和前面的实验，掌握由集成运放组成的万用表的设计方法，并进行组装和调试。

② 通过实验培养基本实验能力和素质，即自学习能力、动手实践能力、工艺素质等。

二、设计任务和要求

① 直流电压表：满量程+6 V。

② 直流电流表：满量程 10 mA。

③ 交流电压表：满量程 6 V，50 Hz～1 kHz。

④ 交流电流表：满量程 10 mA。

⑤ 欧姆表：满量程分别为 1 kΩ、10 kΩ、100 kΩ。

三、实验步骤

测量仪表在接入电路后，不应该影响被检测电路的工作状态，因此需要所做的测量仪表满足如下要求：电流表的内阻为零，电压表的输入电阻无穷大。实际情况下，万用表的表头可动线圈总有一定的电阻。例如，100 μA 表头的电阻约为 1 kΩ，所以测量过程中，将会影响测量结果而引起误差。交流表中的整流二极管的压降和非线性特性都会产生误差。通过前面学到的运放电路的特性可知，将其集成电路应用到其中，可以有效地降低这些误差，如将运放应用于欧姆表中，就可以得到线性刻度，同时可以自动调整。

1. 直流电流表

在电流测量过程中，浮地电流的测量较为普遍，当被测电流无接地点时就会有浮地电流。把运放电路的电源也对地浮动，就像常规电流表那样，串联在任何电流通路中测量电流。

表头电流 I 和被测电流 I_1 之间的关系为：

$$-I_1 R_1 = (I_1 - I)R_2$$

$$I = \left(1 + \frac{R_1}{R_2}\right)I_1$$

通过改变电阻比 $\dfrac{R_1}{R_2}$，就可以调节电流表的电流，以提高灵敏度。如果被测电流较大时，应给电流表表头并联分流电阻。图 5-77 所示为浮地直流电流表的电路原理图。

2. 直流电压表

图 5-78 所示为直流电压表的电路原理图，为同相输入，具有高精度特性。该电路适用于测量电路与运放共地的电路，当被测电压较高时，在运放的输入端设置衰减器。

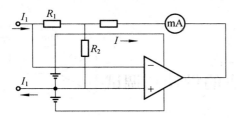
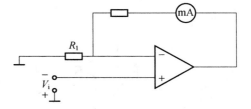

图 5-77　直流电流表的电路原理图　　　　　　　图 5-78　直流电压表的电路原理图

为了减小表头参数对测量精度的影响，将表头置于运算放大器的反馈回路中进行测试，流经表头的电流与表的参数无关，只需要通过改变电阻 R_1，就可以切换量程。

表头电流 I 与被测电压 V_i 之间的关系为：

$$I = \frac{1}{R_1}V_i$$

3. 交流电流表

图 5-79 所示为浮地交流电流表的电路原理图，表头读数由被测交流电流 I 的全波整流平均 $I_{1,AV}$ 确定，即

$$I = \left(1 + \frac{R_1}{R_2}\right)I_{1,AV}$$

如果被测电流 I 为正弦电流，即 $I = \sqrt{2}I_1 \sin\omega t$，则电流的表达式可以变为

$$I = \left(1 + \frac{R_1}{R_2}\right)I_1 \cdot 0.9$$

则表头可按照有效值来进行刻度。

4. 交流电压表

如图 5-80 所示，由二极管整流桥、直流毫安表和运放组成的交流电压表，被测交流电压 V_1 加到运放的同相端，有较高的输入阻抗，负反馈的引入减小了反馈回路中的非线性影响，因此把二极管桥路和表头至于运放的反馈回路中，以减小二极管本身非线性的影响。

表头电流 I 与被测电压 V_i 之间的关系为：

$$I = \frac{1}{R_1}V_i$$

电流 I 全部流过桥路，其值仅与输入电压和电阻有关，而与桥路和表头参数无关，表头中的电流与被测电压 V_i 的全波整流平均值成正比，若 V_i 为正弦波，则表头按有效值来刻度。被测电压的上限频率取决于运放的频带和上升速率。

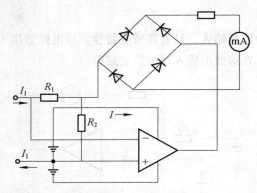 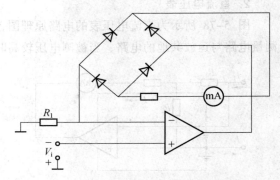

图 5-79 浮地交流电流表的电路原理图　　　　　图 5-80　交流电压表的电路原理图

5. 欧姆表

图 5-81 所示为多量程的欧姆表电路原理图，在该电路中，运放用单电源供电，被测电路 R_x 跨接在运放的反馈回路中，同相输入端加基准电压 V_{REF}，因此

$$V_p = V_N = V_{REF}, \quad I_1 = I_x, \quad \frac{V_{REF}}{R_1} = \frac{V_o - V_{REF}}{R_x}$$

因此：$R_x = \dfrac{R_1}{V_{REF}}(V_o - V_{REF})$

流经表头的电流为：

$$I = \frac{V_o - V_{REF}}{R_2 + R_m}$$

从而可以得到

$$I = \frac{V_{REF} R_m R_x}{R_1(R_2 + R_m)}$$

可见电流与被测电阻成正比，且表头具有线性刻度，通过改变电阻 R_1 的阻值，可改变欧姆表的量程，该欧姆表可以自动调零，当 R_x 阻值为零时，电路变成电压跟随器，$V_o = V_{REF}$，表头电流为零，实现自动调零。

二极管在这里起到保护电表的作用，当 R_x 超过量程时，特别是该阻值趋于无穷大时，运放的输出电压将接近电源电压，使表头过载。有了二极管就可以钳住输出电压，防止表头过载。调整电阻 R_2，可实现满量程调节。

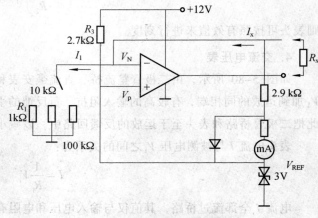

图 5-81　欧姆表电路原理图

四、相关元器件

集成运放 LM324，若干电阻，直流毫安表和运放等。

注意事项：

① 画出完整的电路设计图，做必要的分析和计算，可通过实验仿真的方式进行验证。

② 将所设计的电路与标准表进行测试比较，计算万用表各功能挡的相对误差，分析误差原因。

【实验 5-16】　其他综合设计性实验

实际应用过程中还可以根据所学知识设计出多种模拟电子电路，设计过程中应该广泛查找资料，根据设计要求和自身实际情况选择器件。

一、设计选题 1——短路检测电路

所用基本原理：二极管的单向导电性，通常用于整流、检波、限幅和钳位等。

在电子设备及线路的检修过程中，导线之间的短路时常会发生，如何利用所学知识，设计出能够判断几根导线间的短路问题是一个有实际应用的课题。如果用万用表进行逐一测量，则工作效率过低。二极管的单向导电性和正向压降等特性，可被用来构成线间短路指示器，实现对待测电路的快速、准确、多路同时检测。

设计任务：线间短路检测电路，要求同时检测 5 根导线间是否存在短路现象，如果短路现象存在，则相应的 LED 灯亮。

二、设计选题 2——输出电平指示电路

在音响电路中，多个发光二极管经常被用来作为音量的指示，因此，利用模拟电子电路实现输出电平指示电路就可以将所学知识应用其中。发光二极管分别接在晶体管的集电极，当晶体管导通时，作为其集电极负载的发光二极管就导通发光。晶体管的导通可利用学过的二极管的钳位作用进行控制，于是就可以根据二极管发光的数目来模拟音量电压变化的情况。

发光二极管用途广泛，通常用作各种电源指示灯，用来显示各种检测电路中的状态；用以显示各种字符的 LED 数码管是将 LED 封装为条状发光器件，LED 屏也是以 LED 为基本像素组合而成，同时配以电子扫描电路，显示图像和其他内容。发光二极管的相关知识，如结构、参数、检测方法、使用方法等均可通过查找相关资料获得。同时，LED 具有反应迅速、功耗小，同时显示醒目、颜色鲜明多样等相关特点，可用来指示各种工作状态。具体设计内容为：

① 设计一应用于音响系统的输出电平指示电路，要求电路能够随着输入信号的增加，LED能够逐渐点亮，且声音信号的强度使用点亮灯数目的多少来反映。电路所选择器件要求利用分立元件进行设计，所用的元器件可以自己选择。

② 设计一个有集成电路构成的输出电平指示电路，要求 7 位 LED 显示，所设计的电路输出和输入信号呈现对数式点亮关系，亮度可以调整。相关集成器件和参数通过查找资料，阅读手册获取。

三、设计选题 3——触摸延时电路

触摸延时电路应用较为广泛，特别很多建筑过道的照明开关就用到这种电路。其基本原理是，当人用手触摸开关时，照亮灯点亮并持续一段时间后就自动熄灭了。这种开发使用方便，

同时能够有效节省能源。

实现延时功能的电路和器件形式多种，但基本原理基本相同，即根据 RC 电路中电容两端电压不能突变的特性而完成。利用所学过的 RC 电路知识和将晶体管做适当改进，就可以实现一个触摸延时开关。

人体本身具有一定电荷，当手接触导体后，电荷经过人手转移到导体上，形成了瞬间微弱的电流，通过晶体管将这些微弱电流进行有效放大，就可以控制较大的负载开关动作。

具体设计内容为：设计一个触摸延时电路，LED 发光显示，具体器件和电路可查找相关资料。

四、设计选题 4——声控电路

在声控电路中，声控传感器（话筒）MIC 是关键组成部分，主要作用是将声音信号转变成电信号，通常可采用灵敏度高的驻极体电容话筒，这种话筒是一种利用驻极体材料制作的新型电容式传声器。驻极体是一种永久计划的电介质，利用驻极体高分子材料制作振膜（或后极板），本身带有半永久性的表面电荷，受振动时使得表面电荷极化，从而产生电信号，将该信号经过低噪声的场效应管放大后，输出音频信号，驱动声控开关。这种声-电转换电路结构体积小、价格低、简单、声电性能好、耐振动，因此在录音设备中应用较多。在使用过程中需要注意，该器件内部的前置放大电路是场效应管，使用时应加上直流偏置。

具体设计内容：设计一种声控闪光器，要求声音由拾音器获得，LED 灯能够随着环境声音的强弱起伏而闪烁发光。同时可利用集成器件设计一有线对讲机，用在办公室、楼层管理或者病房呼叫等场合。

【实验 5-17】 场效应管放大电路仿真实验

一、实验目的

① 熟悉场效应管放大电路的组成特点。

② 学习 Multisim 技术在模拟电路仿真与设计中的应用。

二、实验内容

以共源放大电路为例，说明 Multisim 的仿真过程。

1. 编辑原理图

在 Multisim 界面编辑原理图，如图 5-82。

2. 静态分析

利用静态工作点分析方法，可以对电路进行静态工作点测试。测试结果如图 5-83 所示。

3. 动态分析

由信号源产生幅度为 10 mV、频率为 1 kHz 的正弦信号，加到放大电路的输入端，用示波器分别测量输入、输出电压波形，输入、输出的电压波形相位相反，放大倍数的大小与工作点的选择有关系。波形如图 5-84 所示。

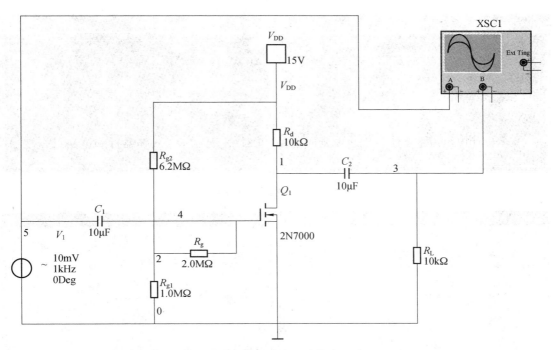

图 5-82　共源放大电路仿真电路

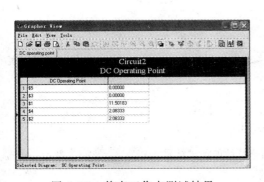

图 5-83　静态工作点测试结果

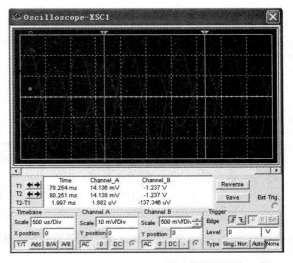

图 5-84　输入、输出电压波形

　　理论上计算的电压放大倍数与仿真实验结果差别不大，说明计算公式的近似程度很好，也说明仿真对于电路的实际调试具有指导意义。

　　改变静态工作点，可以观察如图 5-85 所示的输出失真波形。

4.频率特性分析

　　利用 Multisim 中交流分析的方法可对电路进行频率特性的分析，还可以使用波特图仪直接测量电路的频率特性。交流分析的设置和频率特性的测试结果如图 5-86 所示。

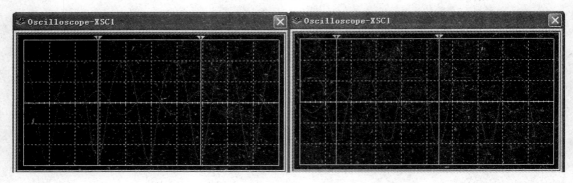

图 5-85　输出失真波形

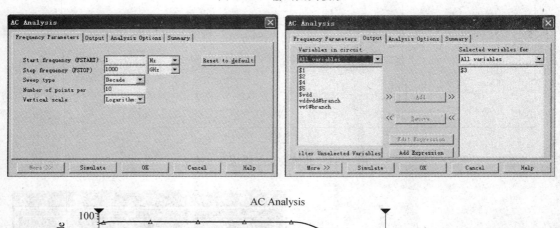

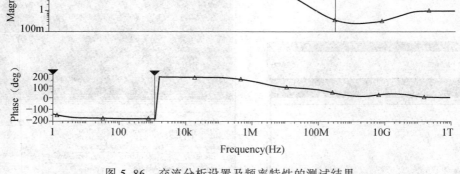

图 5-86　交流分析设置及频率特性的测试结果

5. 参数扫描分析

　　R_{g2} 是影响放大倍数的关键元件，因此可以通过参数扫描的方法研究 R_{g2} 对放大倍数的影响。输入信号保持不变，选择 Simulate 菜单中 Analysis 下的 Prameter Sweep 命令，将扫描元件 R_{g2} 扫描起始值设为 6.1 MΩ，终止值设为 6.3 MΩ，扫描方式为线性，步长增量为 0.1 MΩ，输出为节点 3，扫描用于暂态分析。图 5-87 所示为参数扫描的设置。输入电压的幅度保持不变，所以输出电压的幅度减小，也就是反映了电压放大倍数的降低。图 5-88 为输出电压的幅度随 R_{g2} 变化的曲线。

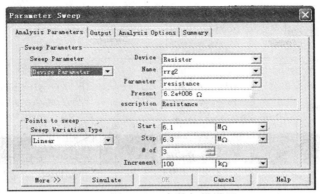

图 5-87　参数扫描设置

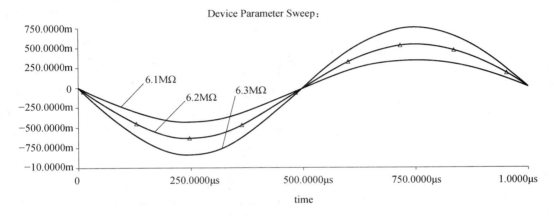

图 5-88　输出电压的幅度随 R_{g2} 变化的曲线

【实验 5-18】　负反馈放大电路仿真实验

一、实验目的

① 掌握用仿真软件研究多级负反馈放大电路。

② 通过仿真研究负反馈对放大电路性能指标的影响。

二、实验内容

以二级负反馈放大电路为例，说明 Multisim 的仿真过程。

1. 编辑原理图

在 Multisim 界面编辑原理图如图 5-89 所示。

2. 测试电路的开环基本特性

调节 J1，使开关与 B 端相连，测试电路的开环基本特性。

① 将信号发生器输出调为 1 kHz、20 mV（峰峰值）正弦波，然后接入放大器的输入端到网络的波特图。

② 保持输入信号不变，用示波器观察输入和输出的波形。

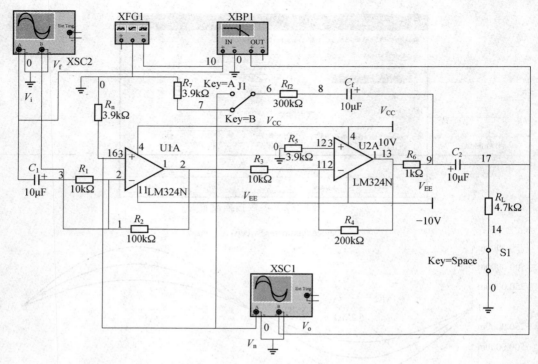

图 5-89　共源放大电路仿真电路

③ 接入负载 R_L，用示波器分别测出 V_i、V_N、V_f、V'_o 记入表中。

④ 将负载 R_L 开路，保持输入电压 V_i 的大小不变，用示波器测出输出电压 V'_o 记入表中。

⑤ 从波特图上读出放大器的上限频率 f_H 与下限频率 f_L 记入表中。

⑥ 由上述测试结果，计算放大电路开环时的 A_v、R_i、R_o 和 F_v 的值，并计算出放大器闭环式 A_{vf}，R_{if} 和 R_{of} 的理论值。

3. 测试电路的闭环基本特性

调节 J1，使开关与 A 端相连，测试电路的闭环基本特性。

① 将信号发生器输入调为 1 kHz、20 mV（峰峰值）正弦波，然后接入放大器的输入端，得到网络的波特图。

② 接入负载 R_L，逐渐增大输入信号 V_i，使输出电压 V_o 达到开环时的测量值，然后用示波器分别测出 V_i、V_N 和 V_f 的值，记入表格。

③ 将负载 R_L 开路，保持输入电压 V_i 的大小不变，用示波器分别测出 V'_o 的值，记入表 5-12 中。

④ 闭环式放大器的频率特性测试同开环时的测试，即重复开环测试⑤步。

⑤ 由上述结果并根据公式计算出闭环时的 A_{vf}、R_{if}、R_{of} 和 F_v 的实际值，记入表 5-12 中。

表 5-12　负反馈放大电路仿真测试数据

物理量 测试	V_i/mV	V_n/mV	V_f/mV	V'_o/V	V_o/V	A'_v/A'_{vf}	A_v/A_{vf}	R_i/R_{if}	R_o/R_{of}	F_v
开环测试										
理论计算										
闭环测试										

⑥ 由波特图测出上下限频率，计算通频带 BW。

反馈电路对通频带的影响测试数据如表 5-13 所示。

表 5-13 反馈电路对通频带的影响测试数据

测试 物理量	F_h/kHz	F_l/kHz	BW/kHz
开环测试			
闭环测试			

第6章 数字电路实验

【实验 6-1】 门电路参数的测量

一、实验目的

① 了解 TTL 与非门参数的物理意义。

② 学习 TTL 与非门参数的测试方法。

二、预习内容

① 复习 TTL 门电路的工作原理，主要参数的定义及意义。

② 熟悉 TTL 门电路的参数特性测量内容和方法。

三、实验原理

TTL 集成电路是常用的双极型数字集成电路，其主要参数包括空载导通功耗 P_{ON}、空载截止功耗 P_{OFF}、输入短路电流 I_{IS}、输入交叉漏电流 I_{IH}、扇出系数 N、输出高电平 V_{OH}、输出低电平 V_{OL}、开门电平 V_{ON}、关门电平 V_{OFF} 等。下面以 TTL 与非门为例介绍这些参数的意义和测试原理。

TTL 与非门是一种常用的门电路，四输入端与非门的输入/输出之间满足的逻辑关系为 $Y = \overline{A \cdot B \cdot C \cdot D}$。

图 6-1 所示为 TTL 四输入端单与非门的简化原理图，电源电压为+5 V。

图 6-2 是与非门的电路图，其中 A、B、C、D 代表输入端，Y 代表输出端。

1. 静态参数

（1）空载导通功耗 P_{ON}

当与非门电路输出管 T_5 导通，输出端不接负载（空载）时的功耗称为空载导通功耗，用 P_{ON} 表示。当输入端全部为高电平（或悬空），输出端为低电平时，流进电路的总电流 I_{ON} 与电源电压 E_C 的乘积即为 P_{ON} 的值，即 $P_{ON}=I_{ON}\cdot E_C$。

由于 E_C=5 V，因此有的手册直接把 I_{ON} 作为参数，以此来衡量导通功耗的大小。

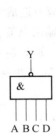

图 6-1 四输入与非门的简化原理图 图 6-2 四输入与非门电路图

（2）空载截止功耗 P_{OFF}

当与非门电路输出管 T_5 截止，输出端不接负载时的功耗称为空载截止功耗，用 P_{OFF} 表示。

只要使任一个输入端为低电平时流进电路的电流值 I_{OFF} ，与电源电压 E_C 的乘积等于 P_{OFF} 的值，即 $P_{OFF}= I_{OFF} \cdot E_C$。有的手册直接把 I_{OFF} 的值作为衡量截止功耗的大小。

静态平均功耗 $$\overline{P} = \frac{P_{ON} + P_{OFF}}{2} = \frac{(I_{ON} + I_{OFF}) \cdot E_C}{2}$$

这一指标主要用于估计电路的发热、热损坏及对电源的要求。

值得注意的是，TTL 与非门的输出在高低电平转换过程中，会有一瞬间 T_4、T_5 管同时导通，此时的功耗大于 P_{ON}，因此随着电路工作频率的提高，两个状态之间相互转换越频繁，瞬态功耗也就越大，电路的平均功耗随着工作频率的增加而增加。另外，实际使用时，总要外接负载，由于负载电流流入集成电路，功耗也会增加，因此，在设计整体电路时要注意这两个问题，不仅应从器件导通功耗来考虑，还应留有适当的余量。

（3）输入短路电流 I_{IS}

当任一个输入端接地，而其他输入端开路时，流经接地输入端的电流称为输入短路电流，用 I_{IS} 表示，如图 6-3（a）所示。其大小由电阻 R_1 决定。

$$I_{IS} = \frac{E_C - V_{e1}}{R_1}$$

一般 TTL 与非门的 I_{IS} 在 1～1.5 mA 之间。在实际使用中,当前级与非门的输出为低电平时,后级与非门的输入短路电流总和,将灌入前级门成为前级门的负载电流,即 $I_L=N \cdot I_{IS}$。其中 N 为后级同类与非门的个数,一般 $N \geqslant 8$,如图 6-3（b）所示。

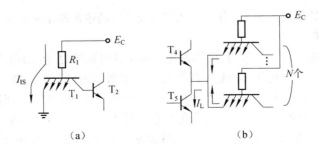

图 6-3 输入短路电流 I_{IS} 的原理图

由图 6-3 可知，I_{IS} 的大小将直接影响 TTL 与非门的负载能力，如果 I_{IS} 过大将使前级门的 T_5 退出饱和，输出低电平升高，破坏了电路的正常逻辑功能。

（4）输入交叉漏电流 I_{IH}

输入交叉漏电流是由于多发射极管 T_1 的寄生晶体管（NPN）效应所造成的，如图 6-4（a）所示。当前级与非门输出为高电平时，后级门的 I_{IH} 将抽出前级门的输出电流，其总和即成为前级门的负载电流，即 $I_L = N \cdot I_{IH}$。N 为后级同类门的个数，一般 $N \geqslant 8$，如图 6-4（b）所示。

由图 6-4 可知，为了保证前级门输出高电平不受影响，则要求 I_{IH} 越小越好，如果 I_{IH} 过大会使前级门的输出高电平下降，破坏系统的逻辑功能。

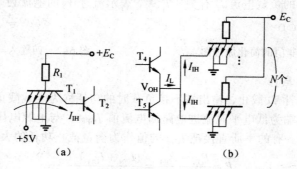

图 6-4　输入交叉漏电流

（5）扇出系数 N

当门电路所接的负载为同型号的门电路时，它所能驱动门电路最多的个数，称为扇出系数，用 N 表示。

扇出系数是一个表示门电路输出端负载能力大小的参数。

如图 6-3（b）所示，扇出系数有限制的原因是因为后级门的输入端接前级门的输出端，当前级门为低电平（≤0.35 V）时，后级门就有一个输入短路电流 I_{IS} 流向前级门管 T_5，后级负载门的个数增加，流进 T_5 的电流也相应增加，致使前级门的输出电压升高而造成逻辑错误，一般产品规定的指标为 $N \geqslant 8$。

2. 电压传输特性

电压传输（转移）特性是指门电路的输出电压 V_o 和输入电压 V_i 的相互关系。其特性曲线如图 6-5 所示。由此曲线可定义输出高电平 V_{OH}、输出低电平 V_{OL}、开门电平 V_{ON}、关门电平 V_{OFF} 等 4 个参数。

（1）输出高电平 V_{OH}

TTL 与非门电路处于截止状态（任一输入端接地）时的输出端电平称为输出高电平，用 V_{OH} 表示。TTL 电路一般规定 $V_{OH} \geqslant 3$ V。

当门电路输出高电平时，T_2 和 T_5 两管截止，由于这时候流过 R_2 的电流很小，所以输出高电平的数值主要取决于电源电压 E_C 减去 T_3 和 T_4 两个发射结的电压降，即

$$V_{OH} = V_{b3} - V_{be3} - V_{be4} \approx E_C - V_{be3} - V_{be4} \approx 5V - 0.7V - 0.7V = 3.6V$$

输出高电平 V_{OH} 一般指输出空载情况下的数值，按上式，大约为 3.6 V。在实际系统中门电路都是串联的，后级门为前级门的负载，所以在测量高电平时在门电路的输出端接一个模拟负载 R_L'，如图 6-6 所示。

设负载电流为 I_L，则有

$$R'_L = \frac{V_{OH}}{I_L}$$

（2）输出低电平 V_{OL}

TTL 与非门电路的输入端全部接高电平时，门电路处于饱和导通状态下的输出端电平称为输出低电平，用 V_{OL} 表示。在测定条件下，TTL 门电路高电平输入电压与其类型有关，一般规定大于 2.0 V，临界（阈值）电压为 2.0 V。

从电路分析可知，输出低电平就是输出管 T_5 的饱和压降 V_{ces}，所以 $V_{OL} \leqslant 0.3$ V。而且 V_{OL} 与灌入该级门输出管 T_5 的负载电流 I'_L 有关。I'_L 大，表示流过 T_5 的电流大。饱和压降 V_{ces} 增大，会使 V_{OL} 增大。

实际测量 V_{OL} 时，一般用模拟负载 R'_L 接在输出端到 +5 V 电源之间。可按照公式：

$$R'_L = \frac{E_C - V_{OL}}{I'_L}$$

选取模拟负载，如图 6-7 所示。

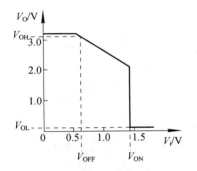

图 6-5　TTL 与非门的电压
传输特性曲线

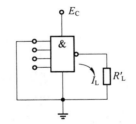

图 6-6　TTL 与非门输出高电平
时的输出电流

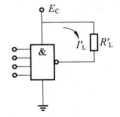

图 6-7　输出低电平时的
输出电流

TTL 与非门的负载能力常用扇出系数 N 来表示。知道 N 和 I_{IH} 就可以算出该级门输出高电平时的抽出负载电流 I'_L。当知道 N 和 I_{IS} 就可以算出该级门输出低电平时的灌入负载电流 I'_L，从而可以估算出两种情况下模拟负载的数值。

（3）开门电平 V_{ON}

使输出电压刚刚达到低电平时的输入电压值称为开门电平，用 V_{ON} 表示。也就是说，输入电平只要大于开门电平时，与非门电路就处于开启状态。

（4）关门电平 V_{OFF}

使输出电压刚刚达到高电平时的输入电压称为关门电平，用 V_{OFF} 表示。也就是说，输入电平只有小于关门电平时，输出才是稳定的高电平。

V_{ON} 和 V_{OFF} 这两个电平的数值愈接近，则表明这个门电路的高低电平转换时曲线愈陡，线性放大区狭小，电路的静态开关特性好。如果开门电平 V_{ON} 和输出高电平 V_{OH} 的值相差愈大，则表示高电平方面的抗干扰能力强。如果关门电平 V_{OFF} 和输出低电平 V_{OL} 的值相差愈大，则表明低电平方面的抗干扰能力愈强。

四、实验内容

1．测量空载导通功耗 V_{ON}

（1）测量电路

测量电路如图 6-8 所示，所用电源电压 E_C =+5 V。将指针万用表（mA 挡）串联在电源+5 V 和 74LS20 的 E_C 端之间。74LS20 所有输入端都应处在高电位（或悬空不接），输出端不接负载。74LS20 为双与非门，电流表的读数为两个门电路的 I_{ON} 值。

（2）测量空载截止功耗 P_{OFF}

测量电路如图 6-9 所示。将 74LS20 的输入端 1A 和 2A（引脚图参见附录 E）接地，其他输入端悬空不接，输出端不接负载。电流表的读数为两个门电路的 I_{OFF} 值。

则空载截止功耗

$$P_{OFF} = E_C \cdot I_{OFF}$$

静态平均功耗

$$\overline{P} = \frac{P_{ON} + P_{OFF}}{2}$$

（3）测量输入短路电流 I_{IS}

测量电路如图 6-10 所示。

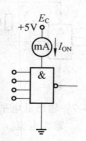 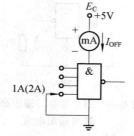 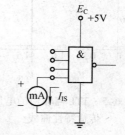

图 6-8　空载导通功耗　　　　图 6-9　空载截止功耗　　　　图 6-10　输入短路电流
　　测量电路图　　　　　　　　　测量电路图　　　　　　　　测量电路图

将直流表串接在 74LS20 的任一输入端和地之间，电流表的读数即为 I_{IS} 的值。

（4）测量输入交叉漏电流 I_{IH}

测量电路如图 6-11 所示。将 74LS20 的任意 3 个输入端（如图 6-11 中 B_1 处）接地，直流电流表串接在+5V 和剩余一个输入端（如图 6-11 中 A_1 端）之间。电流表的读数即为 I_{IH} 的值。

（5）测量扇出系数 N

测量电路如图 6-12 所示。74LS20 的所有输入端都悬空不接，调节负载电阻 R_L，使输出电压 V_o=0.35 V。此时电流表的读数即为最大负载电流 I_L，则扇出系数

$$N = \frac{I_L}{I_{IS}}$$

（6）测量输出高电平 V_{OH}

测量电路如图 6-13 所示。将 74LS20 的任一个输入端接地，其他输入端悬空。将 R_L'（8.2 kΩ）和数字万用表接在输出端和地之间，电压表的读数即为 V_{OH} 的值。

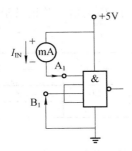

图 6-11 输入交叉漏电流测量电路图

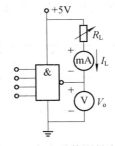

图 6-12 扇出系数测量电路图

（7）测量输出低电平 V_{OL}

测量电路如图 6-14 所示。

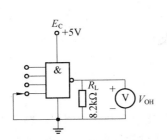

图 6-13 输出高电平测量电路图

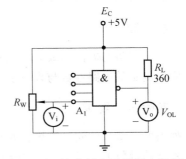

图 6-14 输出低电平测量电路图

接通电源后，调节 R_W 使 V_i 为 2.0 V，此时电压表的读数即为 V_{OL}。

（8）测量开门电平 V_{ON}

测量电路如图 6-15 所示（与输出低电平 V_{OL} 的测量电路相同），调节输入电压 V_i，使 74LS20 的输出电压小于或等于 0.35 V，此时对应的输入电压 V_i 即为开门电平 V_{ON}。

（9）测量关门电平 V_{OFF}

测量电路如图 6-16 所示。调节输入电压 V_i 使 74LS20 的输出电压 V_o 大于或等于 2.7 V（为 3 V 的 90%），此时对应的输入电压 V_i 即为关门电平 V_{OFF}。

2. 测量电压传输特性曲线

逐点测量法：测试电路如图 6-17 所示。

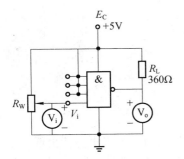

图 6-15 开门电平测量电路图

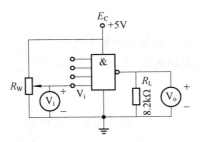

图 6-16 关门电平测量电路图

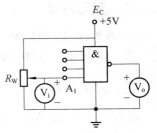

图 6-17 电压传输特性
测量电路图

调节 R_W 使 V_i 从 0→5 V 变化，由数字电压表分别测出 V_i 和 V_o 的值，并记录于表 6-1 中。

表 6-1　输出电压测量表

V_i /V	0.5	1.0	1.1	1.2	1.3	1.4	1.5
V_o /V							
V_i /V	1.6	1.7	1.8	1.9	2.0	4.0	5.0
V_o /V							

注意事项：

①　电源电压不得超过 5 V，也不得反接，触发器的输出端不得接+5 V 或"地"，否则将损坏器件。

②　改变接线时，必须先关掉电源。

③　双踪示波器探头线红端接信号端，黑端接"地"。

五、思考题

①　是否可以将与非门、或非门以及异或门作为非门使用？

②　实际测量的电路参数与理论值有什么区别？

六、实验报告要求

①　列出各个参数的测量结果，并与产品规定的指标作比较，判断被测门电路是否合格。

②　根据测量数据作出 TTL 与非门（74LS20）的电压传输特性曲线，并由传输曲线确定开门电平 V_{ON}、关门电平 V_{OFF} 及干扰容限。

输入高电平干扰容限 $V_{NH}=V_{ON}-V_{OH}$；

输入低电平干扰容限 $V_{NL}=V_{OFF}-V_{OL}$。

【实验 6-2】　逻辑门电路

一、实验目的

①　掌握常用逻辑门电路的逻辑功能。

②　掌握逻辑门电路逻辑功能的测量方法。

③　熟悉逻辑门电路的逻辑变换。

二、预习内容

①　熟悉常用逻辑门电路的逻辑功能及测量方法。

②　复习逻辑门电路之间的逻辑转换。

三、实验原理

基本的逻辑门电路是按一定的逻辑关系控制数字信号通过或不通过，或者电路输出低电平或高电平，即对应于"0"和"1"两个逻辑状态，常见的逻辑门有与门、或门、非门、与非门、与或非门和异或门等。

逻辑门电路的逻辑功能常用真值表或逻辑表达式来描述，真值表是根据输入变量可能取值的组合，分别求出相应的输出变量的值，并以表格的形式来描述所给门电路的逻辑功能，而逻辑表达式是利用逻辑代数式来描述门电路输入和输出变量之间的逻辑关系。

1. 与门、或门、非门、与非门等 4 种门电路的真值表

二输入的与门、或门、与非门真值表如表 6-2 所示。

表 6-2　二输入的与门、或门、与非门真值表

输　入		输　出		
A	B	与门	或门	与非门
L	L	L	L	H
L	H	L	H	H
H	L	L	H	H
H	H	H	H	L

非门真值表如表 6-3 所示。

表 6-3　非门真值表

输入（A）	输出（Y）
L	H
H	L

2. 与门、或门、非门、与非门的逻辑表达式

与门的逻辑表达式为：　　　　　　$Y = A \cdot B$

或门的逻辑表达式为：　　　　　　$Y = A + B$

与非门的逻辑表达式为：　　　　　$Y = \overline{A \cdot B}$

非门的逻辑表达式为：　　　　　　$Y = \overline{A}$

利用逻辑代数的基本关系和定理，很容易实现逻辑门电路之间的功能变换。例如，由与非门电路可以变换成与门、或门、非门、异或门等基本门电路。

非门：因为

$$Y = \overline{A} = \overline{AA}$$

所以，将与非门的所有输入端并接，则构成非门。

与门：因为

$$Y = AB = \overline{\overline{AB}}$$

所以，利用两个与非门可以变换成与门，其中第一级作为与非门，第二级接成非门。

或门：因为

$$Y = A + B = \overline{\overline{A + B}} = \overline{\overline{A}\,\overline{B}}$$

所以，用 3 个与非门可以变换成一个或门，其中两个与非门接成非门，另一个与非门作为输出与非门。

异或门：因为

$$F = A\overline{B} + \overline{A}B = \overline{\overline{A\overline{B} + \overline{A}B}} = \overline{\overline{A\overline{B}} \cdot \overline{\overline{A}B}}$$

$$= \overline{\overline{(\overline{A} + B)\,A}\ \ \overline{(\overline{A} + \overline{B})\,B}} = \overline{\overline{\overline{AB}\,A}\ \ \overline{\overline{AB}\,B}}$$

所以，用 4 个与非门可以变换成一个异或门电路。

半加器：$Y = \overline{A}B + A\overline{B} = A \oplus B$

$$CO = AB$$

所以，用一个异或门，加上一个与门可实现一位半加器的逻辑功能。

四、实验内容

1. 验证与非门的真值表

在 74LS00（或 74LS37）中任选一个与非门，按图 6-18 在数字逻辑实验箱上接线，检查无误后接通电源。

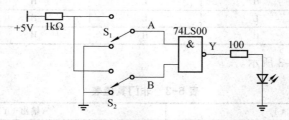

图 6-18　与非门验证电路

当输入端为表 6-4 中的情况时，由输出端发光二极管或 0-1 显示电路分别测出输出端的相应状态，并将测量结果记录于表 6-4 中。

表 6-4　与非门测试结果

输　入　端		输　出　端	
A	B	显示状态	逻辑状态
L	L		
L	H		
H	L		
H	H		

2. 观察与非门逻辑电路的控制作用

将 74LS00（或 74LS37）中的任一个与非门的一个输入端接连续脉冲，其余的输入端接 +5 V（见图 6-19）或接 0 V（见图 6-20）。

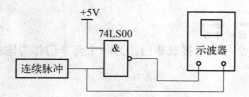 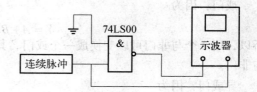

图 6-19　与非门输入连续脉冲电路（一）　　　图 6-20　与非门输入连续脉冲电路（二）

用双踪示波器分别观测输出端相应的波形，将观测结果记于表 6-5 中。

表 6-5　与非门输入连续脉冲测试结果

输入	连续脉冲	
输出	接 +5V 时	
	接 0V 时	

3. 实现与非门电路的逻辑变换

（1）用与非门构成与门

将 74LS00（或 74LS37）中的两个与非门，按图 6-21 接为与门电路。

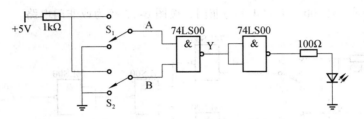

图 6-21　与非门构成与门电路

当输入端为表 2-5 中的情况时，由输出端发光二极管或 0 - 1 显示电路测出输出端相应的状态，将测量结果记于表 6-6 中。

表 6-6　与门测试结果

输　入　端		输　出　端	
A	B	显示状态	逻辑状态
L	L		
L	H		
H	L		
H	H		

（2）用与非门构成或门

将 74LS00（或 74LS37）中的 3 个与非门，按图 6-22 接成或门电路。

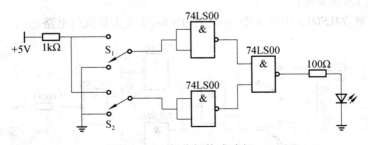

图 6-22　与非门构成或门

当输入端为表 6-6 中的情况时，由输出端发光二极管或 0-1 显示电路，测出输出端相应的状态。将测量结果记于表 6-7 中。

表 6-7　或门测试结果

输　入　端		输　出　端	
A	B	显示状态	逻辑状态
L	L		
L	H		
H	L		
H	H		

（3）用与非门构成或非门

将 74LS37（或 74LS00）中的 4 个与非门，按图 6-23 接为或非门电路。

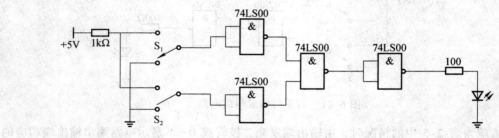

图 6-23　与非门构成或非门

当输入端为表 6-8 中的情况时，由输出端发光二极管或 0-1 显示电路测出输出端相应的状态，将测量结果记于表 6-8 中。

表 6-8　或非门测试结果

输　入　端		输　出　端	
A	B	显示状态	逻辑状态
L	L		
L	H		
H	L		
H	H		

（4）用与非门构成异或门

将 74LS37（或 74LS00）中的 4 个与非门按图 6-24 接为异或门电路。

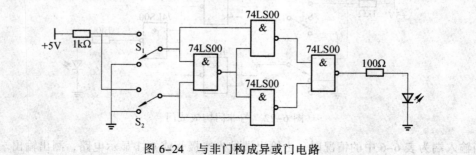

图 6-24　与非门构成异或门电路

当输入端为表 6-9 中的情况时，由输出端发光二极管或 0-1 显示电路，测出输出端相应的状态，将测量结果记录于表 6-9 中。

表 6-9 异或门测试结果

输　入　端		输　出　端
A	B	
L	L	
L	H	
H	L	
H	H	

（5）用与非门实现半加器

利用与非门实现半加器，将测量结果记录于表 6-10 中。

表 6-10 半加器测试结果

输　入　端		输　出　端	
A	B	S	CO
L	L		
L	H		
H	L		
H	H		

注意事项：

① 用示波器观测与非门的控制作用时，输入的连续脉冲的重复频率要适当调高。

② 更换芯片时注意芯片的方向，不要损坏芯片引脚。改变电路要先断开电源。

③ 仔细阅读芯片的使用手册。

五、思考题

① 用一个两输入端的或非门电路对输入连续脉冲进行控制时，试画出控制端分别接+5 V 和 0 V 的情况下，输出端的相应波形并和与非门对脉冲的控制作用进行比较。

② 与非门的一个输入端接连续脉冲，那么其余端是什么状态时，允许脉冲通过？什么状态时，不允许脉冲通过？允许脉冲通过时，输出端波形与输入端波形有何差别？

③ 与非门器件有多余输入端应如何处理？

六、实验报告要求

整理实验数据、图表，并对测量结果进行分析讨论。

【实验 6-3】 用 SSI 设计组合电路

一、实验目的

① 掌握用小规模集成电路（SSI）设计组合电路及其检测方法。

② 熟悉电路故障检查及纠错的方法。

二、预习内容

① 根据实验内容设计出相应电路的逻辑图。

② 根据实验仪器和器材画出相应的电路图。

三、实验原理

使用小规模集成电路进行组合电路设计的一般过程如下：
① 根据任务要求建立输入、输出变量及代表意义。
② 根据任务要求列出真值表。
③ 通过化简得出最简逻辑函数表达式。
④ 选择标准器件实现此逻辑函数。

逻辑化简是组合逻辑设计的关键步骤之一。为了使电路结构简单和使用器件较少，往往要求逻辑表达式尽可能简化。由于实际使用要考虑电路的工作速度和稳定可靠等因素，在较复杂的电路中，还要求逻辑清晰易懂，所以最简设计不一定是最佳的，但一般说来在保证速度稳定可靠与逻辑清楚的前提下，应尽量使用最少的器件。

四、实验内容

1. 设计十字交叉路口的红绿灯控制电路

使用二输入端四与非门 74LS00 及四输入端双与非门 74LS20 设计一个十字交叉路口的红绿灯控制电路，检测所设计电路的功能，要求使用尽量少的与非门实现电路。

图 6-25 是交叉路口示意图，图中 A、B 方向是主通道，C、D 方向是次通道，在 A、B、C、D 四道口附近各装有车辆传感器，当有车辆出现时，相应的传感器将输出信号。

A、B 方向绿灯亮的条件：
① A、B、C、D 均无传感信号。
② A、B 均有传感信号。
③ A 或 B 有传感信号，而 C 和 D 不是全有传感信号。

C、D 方向绿灯亮的条件：
① C、D 均有传感信号，而 A 和 B 不是全有传感信号。
② C 或 D 有传感信号，而 A 和 B 均无传感信号。

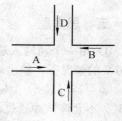

图 6-25　交叉路口示意图

2. 设计两位全加电路

用给定的小规模数字集成电路，设计一个两位全加电路，实现 C=A+B 的运算（A 和 B 分别为 0～3 的数），并用数码管显示运算结果。

注意事项：
① 电源电压不得超过 5 V，也不得反接，触发器的输出端不得接+5 V 或"地"，否则将损坏器件。
② 集成电路的引脚要确保有效地插入面包板上，不要让引脚窝在集成电路下面构成漏接。
③ 对于 TTL（74LS 系列等）电路来说，输入端开路可认为是输入高电平，但抗干扰能力差，为保证电路工作稳定，输入端尽量要接入一固定的逻辑电平，尤其是使能端。而对于 CMOS 电路（如 74HC 系列及 4000 系列），输入端不能悬空。
④ 接插电路时要认真检查，不要有短路和漏接，尤其要注意电源线和地线不要漏接。
⑤ 要学会用万用表查错，首先要检查电源和地（集成电路引脚处），如当一个与非门的输

入信号正确，而输出不对时，在电源和地线都正确的前提下，若输出为低电平，就要检查集成电路输入引脚是否有信号，因为这经常是由于输入端开路（接线接触不良）引起的，此时输入引脚直流电压值为约 1.2 V；若输出为高电平，往往是由于输入端误接地引起的。如果输入及输出电压同时为 2 V 左右的直流电压，有可能是因为输入端和输出端短路引起的。

五、思考题

① 整理用中小规模集成电路组成组合逻辑电路的分析与设计方法。

② 思考如何设计多位全加器和全减器，并通过全加运算电路和全减运算电路的设计熟悉原码、反码、补码的概念，以及用补码实现减法运算的方法。

六、实验报告

① 在预习报告的基础上完善设计过程及实验结果。

② 对实验中出现的问题进行总结。

【实验 6-4】　译码器、编码器和数据选择器

一、实验目的

① 学会数字实验箱的使用方法。

② 了解译码器、编码器和数据选择器的性能和使用方法。

二、预习内容

① 复习译码器、编码器和数据选择器的工作原理。

② 了解中规模编码器和数据选择器的性能和使用方法。

③ 列出图 6-39 和图 6-40 所示的译码器和数据选择器的真值表。

三、实验原理

1. 译码器

译码器是一个多输入、多输出的组合逻辑电路。它的作用是把给定的代码进行"翻译"，变成相应的状态，使输出通道中相应的一路有信号输出。译码器在数字系统中有广泛的用途，不仅用于代码的转换、终端的数字显示，还用于数据分配，存储器寻址和组合控制信号等。不同的功能可选用不同种类的译码器。

译码器可分为通用译码器和显示译码器两大类。前者又分为变量译码器和数码显示译码器。

（1）变量译码器（又称二进制译码器）

变量译码器用于表示输入变量的状态，如 2 线-4 线、3 线-8 线和 4 线-16 线译码器。若有 n 个输入变量，则有 2^n 个不同的组合状态，就有 2^n 个输出端供其使用。而每一个输出所代表的函数对应于 n 个输入变量的最小项。

以 3 线 – 8 线译码器 74LS138 为例进行分析，图 6-26（a）、（b）分别为其逻辑图及引脚排列图。

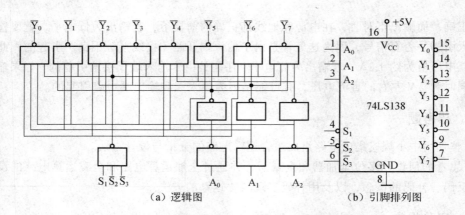

图 6-26　3-8 线译码器 74LS138 逻辑图及引脚排列

其中，A_2、A_1、A_0 为地址输入端，$\overline{Y}_0 \sim \overline{Y}_7$ 为译码输出端，S_1、$\overline{S}_2$、$\overline{S}_3$ 为使能端。

表 6-11 为 74LS138 功能表。当 $S_1 = 1$，$\overline{S}_2 + \overline{S}_3 = 0$ 时，器件使能，地址码所指定的输出端有信号（为 0）输出，其他所有输出端均无信号（全为 1）输出。当 $S_1 = 0$，$\overline{S}_2 + \overline{S}_3 = X$ 时，或 $S_1 = X$，$\overline{S}_2 + \overline{S}_3 = 1$ 时，译码器被禁止，所有输出同时为 1。

表 6-11　74LS138 功能表

输　　入					输　　　　出							
S_1	$\overline{S}_2 + \overline{S}_3$	A_2	A_1	A_0	$\overline{Y}_0$	$\overline{Y}_1$	$\overline{Y}_2$	$\overline{Y}_3$	$\overline{Y}_4$	$\overline{Y}_5$	$\overline{Y}_6$	$\overline{Y}_7$
1	0	0	0	0	0	1	1	1	1	1	1	1
1	0	0	0	1	1	0	1	1	1	1	1	1
1	0	0	1	0	1	1	0	1	1	1	1	1
1	0	0	1	1	1	1	1	0	1	1	1	1
1	0	1	0	0	1	1	1	1	0	1	1	1
1	0	1	0	1	1	1	1	1	1	0	1	1
1	0	1	1	0	1	1	1	1	1	1	0	1
1	0	1	1	1	1	1	1	1	1	1	1	0
0	×	×	×	×	1	1	1	1	1	1	1	1
×	1	×	×	×	1	1	1	1	1	1	1	1

二进制译码器实际上也是负脉冲输出的脉冲分配器。若利用使能端中的一个输入端输入数据信息，器件就成为一个数据分配器（又称多路分配器），如图 6-27 所示。若在 S_1 输入端输入数据信息，$\overline{S}_2 = \overline{S}_3 = 0$，地址码所对应的输出是 S_1 数据信息的反码；若从 $\overline{S}_2$ 端输入数据信息，令 $S_1 = 1$，$\overline{S}_3 = 0$，地址码所对应的输出就是 $\overline{S}_2$ 端数据信息的原码。若数据信息是时钟脉冲，则数据分配器便成为时钟脉冲分配器。

根据输入地址的不同组合译出唯一地址，故可用作地址译码器。接成多路分配器，可将一个信号源的数据信息传输到不同的地点。

二进制译码器还能方便地实现逻辑函数，如图 6-28 所示。实现的逻辑函数是：

$$Z = \overline{\overline{A}\overline{B}C} \cdot \overline{\overline{A}B\overline{C}} \cdot \overline{A\overline{B}\overline{C}} \cdot \overline{ABC}$$

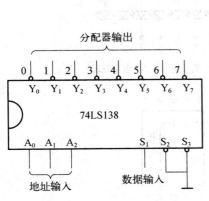

图 6-27　作数据分配器

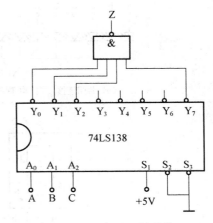

图 6-28　实现逻辑函数

利用使能端能方便地将两个 3/8 译码器组合成一个 4/16 译码器，如图 6-29 所示。

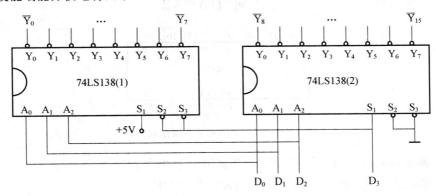

图 6-29　用两片 74LS138 组合成 4/16 译码器

（2）数码显示译码器

① 七段发光二极管（LED）数码管。LED 数码管是目前最常用的数字显示器，图 6-30（a）、（b）为共阴管和共阳管的电路，图 6-30（c）为两种不同出线形式的引出脚功能图。

一个 LED 数码管可用来显示一位 0～9 十进制数和一个小数点。小型数码管（0.5 英寸和 0.36 英寸）每段发光二极管的正向压降，随显示光（通常为红、绿、黄、橙色）的颜色不同略有差别，通常为 2～2.5 V，每个发光二极管的点亮电流在 5～10 mA。LED 数码管要显示 BCD 码所表示的十进制数字就需要有一个专门的译码器，该译码器不但要完成译码功能，还要有相当的驱动能力。

② BCD 码七段译码驱动器。此类译码器型号有 74LS47（共阳）、74LS48（共阴）、CC4511（共阴）等，本实验系采用 CC4511 BCD 码锁存／七段译码／驱动器。驱动共阴极 LED 数码管。图 6-31 为 CC4511 引脚排列。

其中：

A、B、C、D——BCD 码输入端；

a、b、c、d、e、f、g——码输出端，输出"1"有效，用来驱动共阴极 LED 数码管；

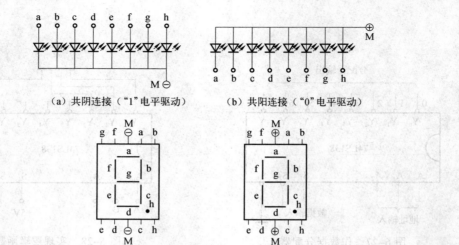

（a）共阴连接（"1"电平驱动）　　　　（b）共阳连接（"0"电平驱动）

（c）符号及引脚功能

图 6-30　LED 数码管

图 6-31　CC4511 引脚排列

$\overline{\text{LT}}$——测试输入端，$\overline{\text{LT}}$ = "0" 时，译码输出全为 "1"；

$\overline{\text{BI}}$——消隐输入端，$\overline{\text{BI}}$ = "0" 时，译码输出全为 "0"；

LE——锁定端，LE = "1" 时译码器处于锁定（保持）状态，译码输出保持在 LE = 0 时的数值，LE = 0 为正常译码。

表 6-12 为 CC4511 功能表。CC4511 内接有上拉电阻，故只需在输出端与数码管笔段之间串入限流电阻即可工作。译码器还有拒伪码功能，当输入码超过 1001 时，输出全为 "0"，数码管熄灭。

表 6-12　CC4511 功能表

输　入							输　出							显示字形
LE	$\overline{\text{BI}}$	$\overline{\text{LT}}$	D	C	B	A	a	b	c	d	e	f	g	
×	×	0	×	×	×	×	1	1	1	1	1	1	1	8
×	0	1	×	×	×	×	0	0	0	0	0	0	0	消隐
0	1	1	0	0	0	0	1	1	1	1	1	1	0	0
0	1	1	0	0	0	1	0	1	1	0	0	0	0	1
0	1	1	0	0	1	0	1	1	0	1	1	0	1	2
0	1	1	0	0	1	1	1	1	1	1	0	0	1	3
0	1	1	0	1	0	0	0	1	1	0	0	1	1	4

续表

LE	$\overline{BI}$	$\overline{LT}$	D	C	B	A	a	b	c	d	e	f	g	显示字形
0	1	1	0	1	0	1	1	0	1	1	0	1	1	5
0	1	1	0	1	1	0	0	0	0	1	1	1	1	6
0	1	1	0	1	1	1	1	1	1	0	0	0	0	7
LE	$\overline{BI}$	$\overline{LT}$	D	C	B	A	a	b	c	d	e	f	g	显示字形
0	1	1	1	0	0	0	1	1	1	1	1	1	1	8
0	1	1	1	0	0	1	1	1	1	0	0	1	1	9
0	1	1	1	0	1	0	0	0	0	0	0	0	0	消隐
0	1	1	1	0	1	1	0	0	0	0	0	0	0	消隐
0	1	1	1	1	0	0	0	0	0	0	0	0	0	消隐
0	1	1	1	1	0	1	0	0	0	0	0	0	0	消隐
0	1	1	1	1	1	0	0	0	0	0	0	0	0	消隐
0	1	1	1	1	1	1	0	0	0	0	0	0	0	消隐
1	1	1	×	×	×	×	锁存							锁存

在本数字电路实验装置上已完成了译码器 CC4511 和数码管 BS202 之间的连接。实验时，只要接通+5V 电源和将十进制数的 BCD 码接至译码器的相应输入端 A、B、C、D 即可显示 0~9 的数字。4 位数码管可接受 4 组 BCD 码输入。CC4511 与 LED 数码管的连接如图 6-32 所示。

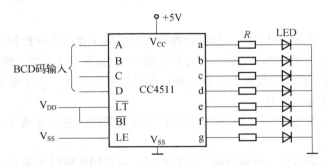

图 6-32　CC4511 驱动一位 LED 数码管

2. 编码器

编码是指把二进制码按一定的规律编排，使每一组代码具有一个特定的含义（例如代表某个数或控制信号）。具有编码功能的组合逻辑电路称为编码器。编码器有若干个输入端，在某一时刻只有一个输入被转为二进制码，被编码的信号个数 N 与要使用的二进制代码位数 n 的关系为 $N = 2^n$。例如，8 线-3 线编码器有 8 个输入、3 位二进制码输出，10 线-4 线编码器有 10 个输入、4 位二进制码输出。下面介绍 4 线-2 线编码器的工作原理。图 6-33 为其逻辑图，其中 I_3、I_2、I_1、I_0 为输入端，Y_0、Y_1 为输出端。表 6-13 为 4 线-2 线编码器的功能表。4 线-2 线编码器的输出逻辑函数表达式为

$$Y_1 = \overline{I_0}\,\overline{I_1}I_2\overline{I_3} + \overline{I_0}\,\overline{I_1}\,\overline{I_2}I_3$$
$$Y_0 = \overline{I_0}I_1\overline{I_2}\,\overline{I_3} + \overline{I_0}\,\overline{I_1}\,\overline{I_2}I_3$$

表 6-13　4 线-2 线编码器功能表

输　　　入				输　　出	
I_0	I_1	I_2	I_3	Y_1	Y_0
1	0	0	0	0	0
0	1	0	0	0	1
0	0	1	0	1	0
0	0	0	1	1	1

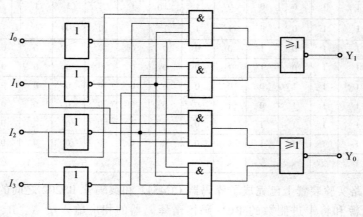

图 6-33　4 线-2 线编码器的逻辑图

3. 数据选择器

数据选择器又叫"多路开关"。数据选择器在地址码（或叫选择控制）电位的控制下，从几个数据输入中选择一个并将其送到一个公共的输出端。数据选择器的功能类似一个多掷开关，如图 6-34 所示，图中有 4 路数据 $D_0 \sim D_3$，通过选择控制信号 A_1、A_0（地址码）从 4 路数据中选中某一路数据送至输出端 Q。

数据选择器为目前逻辑设计中应用十分广泛的逻辑部件，它有 2 选 1、4 选 1、8 选 1、16 选 1 等类别。

数据选择器的电路结构一般由与或门阵列组成，也有用传输门开关和门电路混合而成的。

（1）8 选 1 数据选择器 74LS151

74LS151 为互补输出的 8 选 1 数据选择器，引脚排列如图 6-35，功能如表 6-14 所示。

选择控制端（地址端）为 $A_2 \sim A_0$，按二进制译码，从 8 个输入数据 $D_0 \sim D_7$ 中，选择一个需要的数据送到输出端 Q，$\overline{S}$ 为使能端，低电平有效。

表 6-14　74LS151 功能表

输　　　入				输　　出	
$\overline{S}$	A_2	A_1	A_0	Q	$\overline{Q}$
1	×	×	×	0	1
0	0	0	0	D_0	$\overline{D}_0$
0	0	0	1	D_1	$\overline{D}_1$

续表

输　　入				输　　出	
$\overline{S}$	A_2	A_1	A_0	Q	$\overline{Q}$
0	0	1	0	D_2	$\overline{D_2}$
0	0	1	1	D_3	$\overline{D_3}$
0	1	0	0	D_4	$\overline{D_4}$
0	1	0	1	D_5	$\overline{D_5}$
0	1	1	0	D_6	$\overline{D_6}$
0	1	1	1	D_7	$\overline{D_7}$

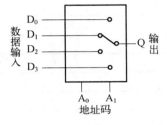

图 6-34　四选一数据选择器示意图

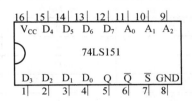

图 6-35　74LS115 引脚排列

① 使能端 $\overline{S}=1$ 时，不论 $A_2\sim A_0$ 状态如何，均无输出（$Q=0$，$\overline{Q}=1$），多路开关被禁止。

② 使能端 $\overline{S}=0$ 时，多路开关正常工作，根据地址码 A_2、A_1、A_0 的状态选择 $D_0\sim D_7$ 中某一个通道的数据输送到输出端 Q。

例如：$A_2A_1A_0=000$，则选择 D_0 数据到输出端，即 $Q=D_0$。

例如：$A_2A_1A_0=001$，则选择 D_1 数据到输出端，即 $Q=D_1$，其余类推。

（2）双 4 选 1 数据选择器 74LS153

所谓双 4 选 1 数据选择器就是在一块集成芯片上有两个 4 选 1 数据选择器。引脚排列如图 6-36，功能如表 6-15 所示。

表 6-15　74LS153 功能表

输　　入			输　　出
$\overline{S}$	A_1	A_0	Q
1	×	×	0
0	0	0	D_0
0	0	1	D_1
0	1	0	D_2
0	1	1	D_3

$1\overline{S}$、$2\overline{S}$ 为两个独立的使能端；A_1、A_0 为公用的地址输入端；$1D_0\sim 1D_3$ 和 $2D_0\sim 2D_3$ 分别为两个 4 选 1 数据选择器的数据输入端；1Q、2Q 为两个输出端。

①当使能端 $1\overline{S}$（$2\overline{S}$）$=1$ 时，多路开关被禁止，无输出，$Q=0$。

②当使能端 $1\overline{S}$（$2\overline{S}$）$=0$ 时，多路开关正常工作，根据地址码 A_1、A_0 的状态，将相应的

数据 $D_0 \sim D_3$ 送到输出端 Q。

例如：$A_1A_0 = 00$，则选择 D_0 数据到输出端，即 $Q = D_0$。

$A_1A_0 = 01$，则选择 D_1 数据到输出端，即 $Q = D_1$，其余类推。

数据选择器的用途很多，例如多通道传输，数码比较，并行码变串行码，以及实现逻辑函数等。

（3）数据选择器的应用——实现逻辑函数

【例 1】用 8 选 1 数据选择器 74LS151 实现函数 $F = A\overline{B} + \overline{A}C + B\overline{C}$。

采用 8 选 1 数据选择器 74LS151 可实现任意三输入变量的组合逻辑函数。

函数 F 的功能表如表 6-16 所示，将函数 F 功能表与 8 选 1 数据选择器的功能表相比较，可知：

表 6-16   函数 F 的功能表

输 入			输 出
C	B	A	F
0	0	0	0
0	0	1	1
0	1	0	1
0	1	1	1
1	0	0	1
1	0	1	1
1	1	0	1
1	1	1	0

① 将输入变量 C、B、A 作为 8 选 1 数据选择器的地址码 A_2、A_1、A_0。

② 使 8 选 1 数据选择器的各数据输入 $D_0 \sim D_7$ 分别与函数 F 的输出值一一相对应。即

$$A_2A_1A_0 = CBA$$
$$D_0 = D_7 = 0$$
$$D_1 = D_2 = D_3 = D_4 = D_5 = D_6 = 1$$

则 8 选 1 数据选择器的输出 Q 便实现了函数 $F = A\overline{B} + \overline{A}C + B\overline{C}$。

接线图如图 6-37 所示。

显然，采用具有 n 个地址端的数据选择实现 n 变量的逻辑函数时，应将函数的输入变量加到数据选择器的地址端（A），选择器的数据输入端（D）按次序以函数 F 输出值来赋值。

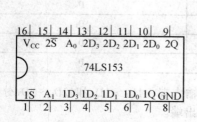

图 6-36   74LS153 引脚功能

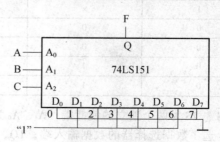

图 6-37   用 8 选 1 数据选择器实现 $F = A\overline{B} + \overline{A}C + B\overline{C}$

【例 2】用 4 选 1 数据选择器 74LS153 实现函数 $F = \overline{A}BC + A\overline{B}C + AB\overline{C} + ABC$ 。

函数 F 的功能如表 6-17 所示。

表 6-17 函数 F 的功能表（一）

输　　入			输　　出
A	B	C	F
0	0	0	0
0	0	1	0
0	0	1	0
0	1	0	0
0	1	1	1
1	0	0	0
1	0	1	1
1	1	0	1
1	1	1	1

函数 F 有 3 个输入变量 A、B、C，而数据选择器有两个地址端 A_1、A_0 少于函数输入变量个数，在设计时可任选 A 接 A_1，B 接 A_0。将函数功能表改画成表 6-18 的形式，可见当将输入变量 A、B、C 中 A、B 接选择器的地址端 A_1、A_0，由表 6-17 不难看出：

$$D_0 = 0, \quad D_1 = D_2 = C, \quad D_3 = 1$$

则 4 选 1 数据选择器的输出，便实现了函数 $F = \overline{A}BC + A\overline{B}C + AB\overline{C} + ABC$ 。接线图如图 6-38 所示。

当函数输入变量大于数据选择器地址端（A）时，可能随着选用函数输入变量作地址的方案不同，而使其设计结果不同，需对几种方案比较，以获得最佳方案。

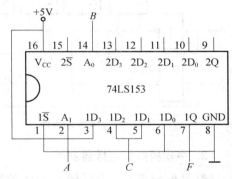

图 6-38 用 4 选 1 数据选择器实现
$F = \overline{A}BC + A\overline{B}C + AB\overline{C} + ABC$

表 6-18 函数 F 的功能表（二）

输　　入			输　　出		中选数据端
A	B	C	F		
0	0	0	0		$D_0 = 0$
		1	0		
0	1	0	0		$D_1 = C$
		1	1		
1	0	0	0		$D_2 = C$
		1	1		
1	1	0	1		$D_3 = 1$
		1	1		

四、实验内容

1. 接线并记录状态

按图 6-39 接线，A_1、A_0 接电平输出器，$Y_0 \sim Y_3$ 接发光二极管显示器，列表记录在 A_1、A_0 的 4 种不同组合时 $Y_0 \sim Y_3$ 的状态。

2. 测试数据选择器的逻辑功能

按图 6-40 接线，EN、A_1、A_0、$I_0 \sim I_3$ 均接电平输出器，Y 接发光二极管显示器。列表测试数据选择器的逻辑功能。

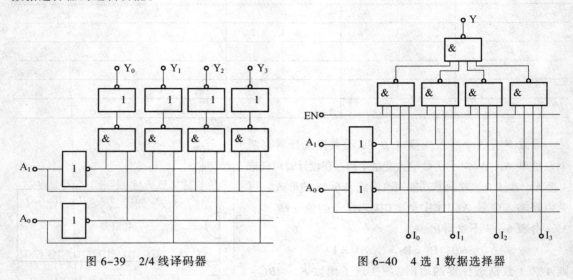

图 6-39　2/4 线译码器　　　　　　　　图 6-40　4 选 1 数据选择器

3. 中规模数据选择器测试

按图 6-41 接线，并根据表 6-18 的要求进行测试，将结果填入表 6-19 中。（$\overline{Y}_3 \sim \overline{Y}_0$，$D_3 \sim D_0$ 均接显示器）。

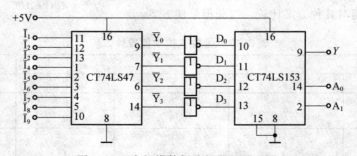

图 6-41　中规模数据选择器的原理图

注意事项：
① 注意数字万用表的档位与量程选择
② 更换芯片时注意芯片的方向，不要损坏芯片引脚。若改变电路要先断开电源。

表 6-19　中规模数据选择器的输入输出

CT74LS147										CT74LS153		
输　入									输　出	输　入	输　出	
$\bar{I}_1$	$\bar{I}_2$	$\bar{I}_3$	$\bar{I}_4$	$\bar{I}_5$	$\bar{I}_6$	$\bar{I}_7$	$\bar{I}_8$	$\bar{I}_9$	$\bar{Y}_3\ \bar{Y}_2\ \bar{Y}_1\ \bar{Y}_0$	$A_1\ A_0\quad D_3\ D_2\ D_1\ D_0$	Y	
1	1	1	1	1	1	1	1	1		0　0		
×	×	×	×	×	×	×	×	0		1　1		
×	×	×	×	×	×	×	0	1		0　0		
×	×	×	×	×	×	0	1	1		0　0		
×	×	×	×	×	0	1	1	1		0　1		
×	×	×	×	0	1	1	1	1		0　1		
×	×	×	0	1	1	1	1	1		1　0		
×	×	0	1	1	1	1	1	1		1　0		
×	0	1	1	1	1	1	1	1		1　1		
0	1	1	1	1	1	1	1	1		1　1		

五、思考题

除本实验所用芯片外，还有哪些芯片可实现编码器、译码器、数据选择器的功能？

六、实验报告

对实验数据进行处理，分析实验结果，总结本次实验的心得体会，提出改进实验的建议。

【实验 6-5】　中规模集成电路的应用

一、实验目的

① 掌握用中规模集成（MSI）器件设计逻辑电路的一般方法。
② 掌握异或门、译码器和数据选择器的逻辑功能及其使用。

二、预习内容

① 了解 74LS86、74LS138、74LS153 的工作原理和逻辑功能。
② 画好实验电路，自拟实验步骤、并列相应表格以备记录。

三、实验原理

图 6-42 给出了用中规模集成器件设计组合电路的一般步骤。首先将实际问题用真值表或卡诺图描述出来，这一步称为建模；然后根据所选的 MSI 器件进行相应的逻辑变换，进而得出逻辑电路；最后搭建电路进行测试。

中规模组合电路设计和小规模组合电路设计的不同之处在于它一般不必进行太多的化简，所以设计过程简单，且电路所用器件较少。

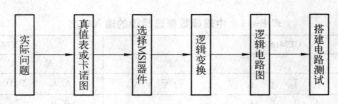

图 6-42　MSI 电路设计步骤

四、实验内容

① 用 3-8 译码器或双 4 选 1 数据选择器设计"一位全加器",列表记录验证功能。

② 用 74LS86 设计两个 4 位二进制数值比较器,要求两数相等时输出为"1",两数不等时输出为"0",列表记录验证功能。

③ 利用数据选择器和最少量的与非门,设计符合输血-受血规则的 4 输入 1 输出电路,检测所设计电路的逻辑功能。

人类有 4 种基本血型——A、B、AB 和 O 型,输血者与受血者的血型必须符合下述规则:

O 型血可以输给任意血型的人,但 O 型血的人只能接受 O 型血。

AB 型血只能输给 AB 血型的人,但 AB 血型的人能接受所有血型的血。

A 型血能给 A 血型和 AB 血型的人,而 A 血型的人能接受 A 型血和 O 型血。

B 型血能输给 B 血型和 AB 血型的人,而 B 血型的人能接受 B 型血和 O 型血(其示意图见图 6-43)。

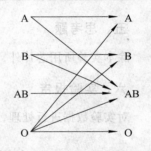

图 6-43　输血与受血关系图

注意事项:

① 输血者有 4 种情况,可用两位代码区分,同样受血者血型也可以用两位代码表示,这样整个电路的输入有 4 个变量,输出两个变量,分别表示能或不能。

② 也可以用 4 个开关模拟 A、B、AB、O 血型,(输血者和受血者共需要 8 个开关)对受血者和输血者的血型通过编码电路分别进行编码,之后根据要求设计血型检测电路。

③ 实验之前要反复检查所设计电路的正确性,确保实验顺利完成。

五、思考题

① 还有哪些方法可实现 1 位全加器和 4 位二进制数值比较器?

② 如何用 3-8 译码器或双 4 选 1 数据选择器设计"一位全减器"?

③ SSI 为组件的设计方法与 MSI 为组件的设计方法有哪些区别?其各自的优缺点是什么?

④ 不限定用于非门,还有哪些方法可以实现血型关系检测?

六、实验报告

① 写出设计过程,画出所有实验电路的逻辑图。

② 自行设计表格并整理实验结果。

③ 写出实验心得。

【实验 6-6】 触发器及其应用

一、实验目的

① 掌握基本 RS、JK、D 和 T 触发器的逻辑功能。
② 掌握集成触发器的逻辑功能及使用方法。
③ 熟悉触发器之间相互转换的方法。

二、预习内容

①熟悉所用器件的外引线排列情况。
②按表 6-20～表 6-24 的要求列出逻辑状态真值表。

三、实验原理

触发器具有两个稳定状态,用以表示逻辑状态"1"和"0",在一定的外界信号作用下,可以从一个稳定状态翻转到另一个稳定状态,它是一个具有记忆功能的二进制信息存储器件,是构成各种时序电路的最基本逻辑单元。

1. 基本 RS 触发器

图 6-44 为由两个与非门交叉耦合构成的基本 RS 触发器,它是无时钟控制低电平直接触发的触发器。基本 RS 触发器具有置"0"、置"1"和"保持"3 种功能。通常称 $\overline{S}$ 为置"1"端,因为 $\overline{S}=0$($\overline{R}=1$)时触发器被置"1"; $\overline{R}$ 为置"0"端,因为 $\overline{R}=0$ ($\overline{S}=1$)时触发器被置"0",当 $\overline{S}=\overline{R}=1$ 时状态保持; $\overline{S}=\overline{R}=0$ 时,触发器状态不定,应避免此种情况发生,表 6-20 为基本 RS 触发器的功能表。

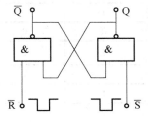

图 6-44 基本 RS 触发器

基本 RS 触发器。也可以用两个"或非门"组成,此时为高电平触发有效。

表 6-20 基本 RS 触发器的功能表

输　　入		输　　出	
$\overline{S}$	$\overline{R}$	Q^{n+1}	$\overline{Q}^{n+1}$
0	1	1	0
1	0	0	0
1	1	Q^n	$\overline{Q}^n$
0	0	Φ	Φ

2. JK 触发器

在输入信号为双端的情况下,JK 触发器是功能完善、使用灵活和通用性较强的一种触发器。本实验采用 74LS112 双 JK 触发器,是下降边沿触发的边沿触发器。引脚功能及逻辑符号如图 6-45 所示。

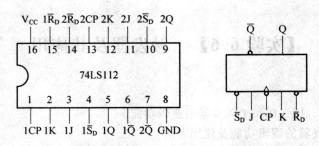

图 6-45　74LS112 双 JK 触发器引脚排列及逻辑符号

JK 触发器的状态方程为 $Q^{n+1} = J\overline{Q}^n + \overline{K}Q^n$

J 和 K 是数据输入端，是触发器状态更新的依据，若 J、K 有两个或两个以上输入端时，组成"与"的关系。Q 与 $\overline{Q}$ 为两个互补输出端。通常把 Q = 0、$\overline{Q}$ = 1 的状态定为触发器"0"状态；而把 Q = 1，$\overline{Q}$ = 0 定为"1"状态。

下降沿触发 JK 触发器的功能如表 6-21 所示。

表 6-21　下降沿触发器的功能表

输　　入					输　　出	
$\overline{S}_D$	$\overline{R}_D$	CP	J	K	Q^{n+1}	$\overline{Q}^{n+1}$
0	1	×	×	×	1	0
1	0	×	×	×	0	1
0	0	×	×	×	φ	φ
1	1	↓	0	0	Q^n	$\overline{Q}^n$
1	1	↓	1	0	1	0
1	1	↓	0	1	0	1
1	1	↓	1	1	$\overline{Q}^n$	Q^n
1	1	↑	×	×	Q^n	$\overline{Q}^n$

×—任意态　　↓—高到低电平跳变　　↑—低到高电平跳变

Q^n（$\overline{Q}^n$）—现态　　　　Q^{n+1}（$\overline{Q}^{n+1}$）—次态　　　φ—不定态

JK 触发器常被用作缓冲存储器，移位寄存器和计数器。

3. D 触发器

在输入信号为单端的情况下，D 触发器用起来最方便，其状态方程为 $Q^{n+1} = D^n$，其输出状态的更新发生在 CP 脉冲的上升沿，故又称为上升沿触发的边沿触发器，触发器的状态只取决于时钟到来前 D 端的状态。D 触发器的应用很广，可用作数字信号的寄存，移位寄存，分频和波形发生等。有很多种型号可供各种用途的需要而选用，如双 D 74LS74、四 D 74LS175、六 D 74LS174 等。

图 6-46 为双 D 74LS74 的引脚排列及逻辑符号，功能如表 6-22、表 6-23 所示。

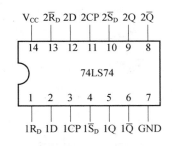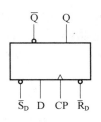

图 6-46　双 D 74LS74 引脚排列及逻辑符号

表 6-22　双 D 74LS74 功能表

输　入				输　出	
$\overline{S}_D$	$\overline{R}_D$	CP	D	Q^{n+1}	$\overline{Q}^{n+1}$
0	1	×	×	1	0
1	0	×	×	0	1
0	0	×	×	Φ	Φ
1	1	↑	1	1	0
1	1	↑	0	0	1
1	1	↑	×	Q^n	$\overline{Q}^n$

表 6-23　逻辑符号功能表

输　入				输　出
$\overline{S}_D$	$\overline{R}_D$	CP	D	Q^{n+1}
0	1	×	×	1
1	0	×	×	0
1	1	↓	0	Q^n
1	1	↓	1	$\overline{Q}^n$

四、实验内容

1．基本 RS 触发器逻辑功能的测试

按图 6-44 接线，按表 6-24 的要求测试触发器的状态。正确理解 RS 触发器中状态不定和不变的含义。

表 6-24　RS 触发器功能表

$\overline{R}$	$\overline{S}$	Q	$\overline{Q}$	触发器的状态
0	1			
1	0			
1	1			
0	0			

2．D 触发器逻辑功能的测试

（1）$\overline{R}_D$、$\overline{S}_D$ 功能测试

按图 6-47（a）接线，将 CP、D 端悬空，$\overline{S}_D$、$\overline{R}_D$ 端接电平输出器，按表 6-25 要求读取 Q、$\overline{Q}$ 端的状态。

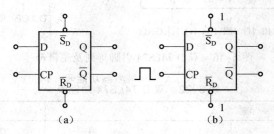

图 6-47　$\overline{S}_D$、$\overline{R}_D$ 接线图

表 6-25　D 触发器功能表（一）

$\overline{R}_D$	$\overline{S}_D$	Q	$\overline{Q}$	触发器的状态
0	1			
1	0			

（2）D 端功能测试

按图 6-46（b）接线，按表 6-26 进行测试。

表 6-26　D 触发器功能表（二）

D	CP	Q^{n+1}	
		$Q^n = 0$	$Q^n = 1$
0	↑		
	↓		
1	↑		
	↓		

（3）记录 Q 和 CP 端波形

CP 接一定频率的时钟脉冲，将 $\overline{Q}$ 与 D 相连，使触发器处于计数状态。观察并记录 Q 和 CP 端的波形，注意比较两个波形间的相位对应关系。

3．JK 触发器逻辑功能的测试

（1）$\overline{R}_D$、$\overline{S}_D$ 功能测试

按图 6-48（a）接线，将 CP、J、K 端悬空，$\overline{S}_D$、$\overline{R}_D$ 端接电平输出器，按表 6-27 的要求读取 Q、$\overline{Q}$ 端的状态。

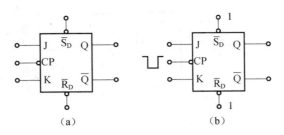

图 6-48 $\overline{R}_D$、$\overline{S}_D$ 接线图

表 6-27 JK 触发器功能表

$\overline{R}_D$	$\overline{S}_D$	Q	$\overline{Q}$	触发器的状态
0	1			
1	0			

（2）JK 逻辑功能测试

按图 6-47（b）接线，按表 6-28 进行测试，结果填入表中。

表 6-28 JK 逻辑功能测试表

J	K	CP	Q^{n+1}	
			$Q^n = 0$	$Q^0 = 1$
0	0	↑		
		↓		
0	1	↑		
		↓		
1	0	↑		
		↓		
1	1	↑		
		↓		

（3）观察波形

J=K=1，CP 端接一定频率的时钟脉冲，用示波器同时观察 CP、Q 端波形，并记录。

注意事项：

① 电源电压不得超过 5 V，也不得反接，触发器的输出端不得接+5 V 或"地"，否则将损坏器件。

② 改变接线时，必须先关掉电源。

③ 双踪示波器探头线红端接信号端，黑端接"地"。

五、思考题

① 怎样使 D 触发器和 JK 触发器直接置 1 和置 0？

② JK 触发器、D 触发器与 T 触发器之间如何相互转换？

③ 用 JK 触发器及与非门构成的双相时钟脉冲电路如图 6-49 所示，此电路是用来将时钟脉冲 CP 转换成两相时钟脉冲 CP_A 及 CP_B，其频率相同、相位不同。试分析电路的工作原理并描绘出 CP_A、CP_B 的波形。

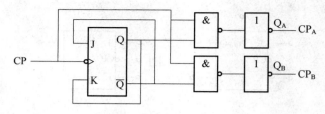

图 6-49　双向时钟脉冲电路

六、实验报告要求

① 完成实验中相关数据的记录与处理。

② 根据 CP 脉冲和 JK 触发器在记数状态下 Q 端波形间的关系，体会分频的概念。

【实验 6-7】　计数、译码和显示电路

一、实验目的

① 了解用 JK 触发器组成的同步五进制计数器的工作原理。

② 观察译码显示电路的工作情况。

③ 进一步熟悉基本元器件的选取和电路的连接方法。

二、预习内容

① 分析图 6-50 所示同步五进制计数器的工作原理，画出其工作波形图（包括 CP、Q_0、Q_1、Q_2、的波形）

② 自拟进行实验的步骤。

③ 复习数码管的工作原理。

三、实验原理

图 6-50 是用 JK 触发器组成的同步五进制计数器的逻辑图。

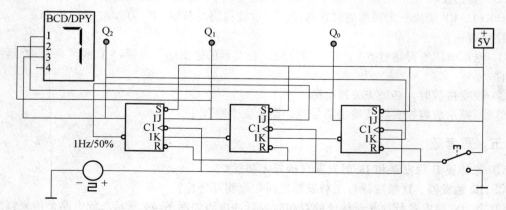

图 6-50　用 JK 触发器组成的同步五进制计数器

四、实验内容

1. 观察五进制计数器的工作情况

按图 6-49 连接电路，仿真并观察五进制计数器的工作情况。

① 将计数器清零，使 $Q_0=Q_1=Q_2=0$。

② 将计数器的 CP 端接单脉冲，用发光探头显示各触发器 Q 端的状态，检验计数器的工作情况是否正确？

③ 在 CP 端加一定频率的时钟脉冲，以 CP 为参考量，用虚拟示波器观察 Q_0、Q_1、Q_2 的波形，检验波形是否正常。

2. 观察译码显示电路的工作情况

将计数器的 CP 端接单脉冲输出端，计数器的 Q_0、Q_1、Q_2 分别接到数码显示的 1、2、3 处，4 悬空。观察是否与发光探头显示的二进制数一致。

注意事项：

JK 触发器的输出端不能接+5 V 或地，否则导致无法仿真，在实际电路中导致器件损坏。

五、思考题

① 如何用 D 触发器组成同步 N 进制计数器？

② 如何用数字信号发生器或函数信号发生器产生 CP 脉冲信号？

六、实验报告要求

① 说明设计过程。

② 总结实验心得。

【实验 6-8】 计数器的设计和应用

一、实验目的

① 掌握计数器的设计方法。

② 通过实验，进一步掌握计数器的工作原理。

③ 掌握计数器在脉冲分配器及序列信号发生器中的应用。

二、预习内容

① 复习 JK 触发器的功能特性。

② 异步二进制加法器的原理及设计方法。

三、实验原理

1. 异步 4 位二进制加法计数器

4 位二进制计数器的状态表如表 6-29 所示，时序图如图 6-51 所示，根据状态图和时序图，并利用 T′触发器的特性，将低位触发器的 Q 端接至高位触发器的时钟端就可得到相对应的异步二进制计数器。如图 6-52 所示，转换相应的开关可实现相对应的加法计数器或减法计数器。

表 6-29 4 位二进制加法计数器状态表

计数顺序	电路状态				等效十进制
	Q_D	Q_C	Q_B	Q_A	
0	0	0	0	0	0
1	0	0	0	1	1
2	0	0	1	0	2
3	0	0	1	1	3
4	0	1	0	0	4
5	0	1	0	1	5
6	0	1	1	0	6
7	0	1	1	1	7
8	1	0	0	0	8
9	1	0	0	1	9
10	1	0	1	0	10
11	1	0	1	1	11
12	1	1	0	0	12
13	1	1	0	1	13
14	1	1	1	0	14
15	1	1	1	1	15
16	0	0	0	0	0

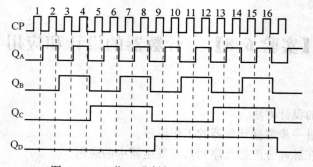

图 6-51 4 位二进制加法计数器时序图

（1）二进制可逆计数器

若将开关 S_4 打开，开关 $S_{5-1} \sim S_{5-4}$ 打向 Q 端时，即构成二进制加法计数器。若将开关 $S_{5-1} \sim S_{5-4}$ 打向 $\overline{Q}$ 端时，即构成二进制减法计数器。

（2）十进制加法计数器

若将开关 S_4 合上，并将开关 $S_{5-1} \sim S_{5-4}$ 打向 Q 端，电路即构成十进制加法计数器。因为计数到 0101 时，Q_B、Q_D 输出为 1，经过与非门反馈强迫电路回复到 0，因此具有十进制计数功能。

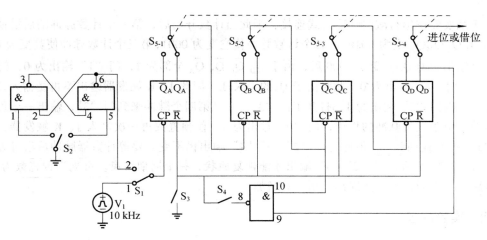

图 6-52　4 位加法计数器

当开关 S_1 扳向 1 端时，由信号发生器输入 $f=10\,\text{kHz}$ 的连续方波脉冲；当开关 S_1 扳向 2 端时，可输入单次脉冲。

2. 异步可预置减法计数器

图 6-53 为异步可预置减法计数器的实验电路图。在计数以前，先扳动数据预置开关 $S_4\sim S_7$，使其为所要预置的数，例如预置的数是 0011（十进制数 3）。按动预置开关 S_3，由于与非门 5～12 打开，因此 JK 触发器被预置成 $Q_D Q_C Q_B Q_A =0011$（$\overline{Q}_D\ \overline{Q}_C\ \overline{Q}_B\ \overline{Q}_A$ 为 1100），与非门 1 输出为 1。此时由于门 3 计数输入端为 0，RS 触发器处于与非门 3 输出 1、与非门 2 输出 0 的状态。

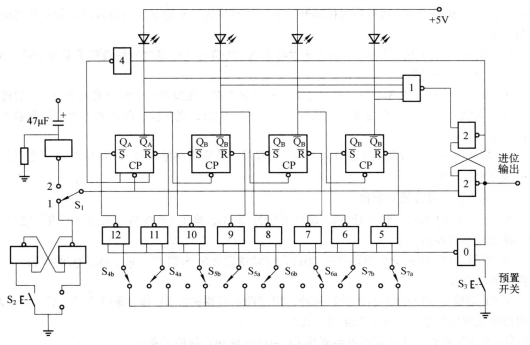

图 6-53　异步可预置减法计数器

由于触发器按串行减法计算方式连接，因此当计数开始后，第一个计数脉冲的后沿使计数器输出 $Q_DQ_CQ_BQ_A$ 变为 0010，第二个计数脉冲使它变为 0001，第三个计数脉冲使其变为 0000。

一旦输出 $Q_DQ_CQ_BQ_A$ 变为 0000 后，由于 $\overline{Q}_D\,\overline{Q}_C\,\overline{Q}_B\,\overline{Q}_A$ 全部为 1，门"1"输出为 0，门"2"输出为 1，门"4"输出为 0。此时由于 Q_A 的 J=K=L，因此 J、K 触发器输出不再受输入计数脉冲的影响。因门"2"输出为 1，打开了门"3"，一旦第四个脉冲来到门"3"，输出一个负向的进位脉冲。由于该负脉冲的作用，门"0"输出为 1，使预置数再一次进入 J、K 触发器，从而使门"1"从 0 返回到 1，但此时门"2""3""4"输出仍不变。要等计数器脉冲后沿过去，使门"3"由 0 变 1 后，门"2""4"输出才能恢复原状，整个周期结束。可见当预置数为 0011 时，电路为四进制，即计数周期比预置数增加 1。

四、实验内容

1. 异步可逆计数器

（1）异步加法计数

① 将图 6-52 中的开关 S_4 断开，将开关 $S_{5-1}\sim S_{5-4}$ 打向 Q 端，使计数器连接成十六进制加法计数形式。然后按动开关 S_3，使计数器置 0，并在将开关 S_1 打向 2 端（即接单次脉冲发生器）后，用手连续按动开关 S_2（每一按一放为一次）。通过观察 4 个触发器 Q 端发光二极管的亮暗（亮代表 H，暗代表 L），判明计数状态是否正确，指出电路为几进制计数器。

② 将开关 S_1 打向 1（即接入 $f=10\,kHz$ 方波），其余开关同上。用双踪示波器观察输入级 CP 端和各 Q 端之间的波形关系，分析计数状态是否正确。

③ 开关 $S_{5-1}\sim S_{5-4}$ 不动，将开关 S_4 合上，S_1 打向 2 端，接成异步十进制加法计数形式，先按压 S_3，使计数器变 0。然后连续按动开关 S_2，观察发光二极管状态与输入的单脉冲数之间的数量关系。

把开关 S_1 打向 1 端，用双踪示波器观察输入级 CP 端与各 Q 端之间的波形关系并分析说明。

（2）异步减法计数

① 断开 S_4，将开关 $S_{5-1}\sim S_{5-4}$ 打向 $\overline{Q}$ 端，S_1 打向 2 端，先按动 S_3，使计数器复 0，然后逐次按动 S_2，每按动一次，读出发光二极管所代表的 L、H 数，观察输入脉冲的个数与计数状态之间的关系。

② 将开关 S_1 打向 1 端，其余开关不动，用双踪示波器观察输入级 CP 端与各 Q 端之间的波形关系并分析说明。

2. 异步可预置减法计数器

① 按图 6-53 所示可预置计数器(设预置数为 0011)，画出 CP 端和与非门"0""1""2""3""4"输出波形之间的关系。

② 将图 6-53 所示计数器预置在 0011，按动预置开关 S_3 察 Q_D、Q_C、Q_B、Q_A 的状态，检验电路能否正常预置。

从 CP 端输入 $10\,kHz$ 左右的计数脉冲，用双踪示波器观察 CP 和与非门"1""2""3""4"输出波形之间的关系，与 1 的结果进行比较。

③ 改变预置数，用双踪示波器观察 CP 与进位脉冲之间的关系。

注意事项：

复习如何正确使用双踪示波器观察输出信号波形。

五、思考题

① 如何用 74LS76 设计一个七进制计数器？

② 总结时序逻辑电路设计的一般步骤。

六、实验报告要求

① 记录实验结果并进行分析。

② 分析异步二进制计数器与同步二进制计数器的差异。

【实验 6-9】 集成计数器

一、实验目的

① 学习用 CT74LS290 改接成 8421 码十进制计数器和其他任意进制计数器。

② 观察同步计数器和异步计数器的工作过程。

③ 观察计数器用复位端强制复位的工作过程。

二、预习内容

① 复习 CT74LS290 的工作原理，读懂其电路和真值表。

② 试用 CT74LS290 设计一个六进制计数器，并自拟数据表格。

三、实验原理

计数器是一个用以实现计数功能的时序部件，它不仅可用来计脉冲数，还常用作数字系统的定时、分频和执行数字运算以及其他特定的逻辑功能。

计数器种类很多。按构成计数器中的各触发器是否使用一个时钟脉冲源来分，有同步计数器和异步计数器。根据计数制的不同，分为二进制计数器，十进制计数器和任意进制计数器。根据计数的增减趋势，又分为加法、减法和可逆计数器。还有可预置数和可编程序功能计数器等。目前，无论是 TTL 还是 CMOS 集成电路，都有品种较齐全的中规模集成计数器。使用者只要借助于器件手册提供的功能表和工作波形图以及引出端的排列，就能正确地运用这些器件。

1．中规模集成计数器

下面以 74LS290（见附录 E）为例来介绍，74LS290 是异步十进制计数器，$R_{0(1)}$、$R_{0(2)}$ 为复位端，$S_{9(1)}$、$S_{9(2)}$ 为置位端，CP_A、CP_B 为脉冲输入端，Q_A、Q_B、Q_C、Q_D 为输出端。

当 $S_{9(1)}$、$S_{9(2)}$ 同时为 1 时，输出被置为 9；当 $R_{0(1)}$、$R_{0(2)}$ 同时为 1 且 $S_{9(1)}$、$S_{9(2)}$ 同时为 0 时，输出被置为 0；只有同时满足 $R_{0(1)} = R_{0(2)} = 0$ 和 $S_{9(1)} = S_{9(2)} = 0$ 时，计数器才在计数脉冲的作用下实现二-五-十进制计数。

2．实现任意进制计数

（1）用复位法获得任意进制计数器

假定已有 N 进制计数器，而需要得到一个 M 进制计数器时，只要 $M<N$，用复位法使计数器计数到 M 时置"0"，即获得 M 进制计数器。这种方法适用于有清零输入端的集成计数器。对于异步清零芯片，只要 $R_D=0$，不管计数器的输出为何种状态，它都会立即回到全"0"状态。清零信号消失后，计数器从全"0"开始重新计数。

（2）利用预置功能获 M 进制计数器

适用于具有预置数功能的集成计数器。对于具有同步预置数功能的集成计数器而言，在其计数过程中，可以将它输出的任何一个状态通过译码，产生一个预置控制信号反馈至预置数控制端，在下一个 CP 脉冲作用下，计数器就会把预置数输入端的数据置入输出端。预置数控制信号消失后，计数器就从被置入的状态开始重新计数。

四、实验内容

① 采用 MC14518 构成具备 100 分频功能的分频器。实验电路如图 6–54 所示。

② 熟悉二–六–十二进制加法计数器 74LS92 的逻辑功能，实现十二进制计数器。

③ 按图 6–54 接线，图中所示电路是用 CT74LS290 构成的 8421 码十进制计数器，由 N 端逐个输入单个脉冲，计数器的 Q_0、Q_1、Q_2、Q_3 分别接发光二极管和 BCD 译码驱动显示的输入端 A、B、C、D 处，然后将实验结果填入表 6–30 中。

表 6–30　实　验　结　果

脉冲个数 N	触发器的状态 Q_3、Q_2、Q_1、Q_0	相应的十进制数
0	0　0　0　0	
1		
2		
3		
4		
5		
6		
7		
8		
9		
10		

④ 按图 6–55 接线，由 N 端输入一定频率的时钟脉冲，用示波器观察并记录 Q_0、Q_1、Q_2、Q_3 的波形，以 CP 为参考记录 Q_0、Q_1、Q_2、Q_3 的波形。

⑤ 按所设计的六进制计数器接线，自拟步骤进行测量，将结果填入自拟的表格中，并记录输入、输出。

注意事项：

复习如何正确使用双踪示波器观察输出信号波形。

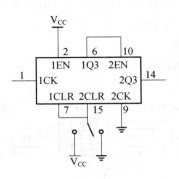

图 6-54 100 分频器

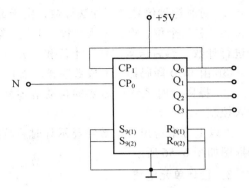

图 6-55 8421 码十进制计数器接线图

五、思考题

① 如何用 CT74LS290 设计一个 5 进制计数器？

② 用 74LS163（4 位二进制同步计数器）设计一个十一分频和十分频交替计数电路，画出逻辑图，分析电路功能。

六、实验报告要求

① 说明设计过程，画出用 74LS290 设计的六进制计数器的接线图。

② 记录实验数据，画出输出波形；总结实验心得。

【实验 6-10】 设计三位数字显示时间计数系统

一、实验目的

① 学习、掌握数字系统的设计方法和步骤。

② 熟悉 BCD 译码器、七段 LED 数码管的应用。

③ 掌握数字系统的安装和调试方法。

二、预习内容

① 预习电路各个模块工作原理。

② 思考实验过程中采用的最佳实验步骤。

三、实验原理

1. 技术指标要求

该时间计数系统要求精度到秒，最大计时为 9 分 59 秒，可供比赛时作计时用。

2. 设计方案

根据计时系统的要求，应由下面几个单元电路来构成：

① 1 s 的时标信号：由振荡器产生固定频率的方波信号，再由分频器获得。

② 对时标秒信号进行加法计数，由于最大计时为 9 分 59 秒，因此应有三位计数电路。第一位为"秒"个位，第二位为"秒"十位，第三位为"分"个位。"秒"个位对输入的秒时标信号进行计数，然后送至"秒"十位和"分"个位累加计数。

③ 由 BCD 译码器、七段数字显示器将计时结果显示出来。

④ 提供计时系统所需要的自动清零和启停输入控制。

由以上方案得出三位数字显示计时系统的逻辑框图如图 6-56 所示。

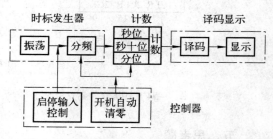

图 6-56　三位数字显示计时系统逻辑框图

3．设计单元电路

（1）振荡器

该电路中的振荡器可采用与非门组成的晶体振荡器，也可采用由与非门组成的 *RC* 振荡器。为简化实验，本实验中所需要的 $f=100\,Hz$ 的脉冲信号，由信号发生器直接提供。

（2）分频器

由于分频器输入为 $100\,Hz$，输出为 $1\,Hz$，因此要求分频器具有 1/100 的分频功能，可采用中、大规模集成电路器件。

（3）计数器

秒个位、秒十位和分位计数器的作用在于对输入的秒信号进行累加计数，当秒个位计数到 9 时，一旦第 10 个秒脉冲到来便给秒十位以计数脉冲，使秒十位计 1，经译码后秒十位显示器显示 10 s；当秒十位计数到 5，秒个位计数到 9，经译码器显示 59 s 时，随着第 60 个秒脉冲的到来，秒个位送一个计数脉冲到秒十位的同时，秒十位也送出一计数脉冲到分位，使分位计数器计 1，结果经译码器后分位显示器显示 1 分的时间。由上述分析可知，秒个位逢十进一，秒十位逢六进一，因最大显示时间为 9 分 59 秒，分位也要求逢十进一。为此只要设计两个十进制计数电路和一个六进制计数电路即可。

十进制计数电路可选用 MC14518，这是 CMOS 器件。六进制计数电路无 CMOS 集成器件，可选用 TTL 中规模集成电路 74LS92。为使接口尽量简单，采用公共的 +5V 电源。

（4）译码器和显示器

为将计数器并行输出的 BCD 码转换成为七段数字显示，必须经过译码。译码电路可采用组合逻辑的设计方法，由与非门组成，也可采用商品化的中规模集成译码器。在选择集成译码器型号时应考虑所用的 LED 数码管公共端的极性。

当选用 MC14511BCD 七段锁定/译码/驱动器时应配合使用共阴极型 LED 数码管。由于一片译码器驱动器与一片显示器配套，而一片计数器又与一片译码驱动器配套，因此为实现三位数字显示，应选用三块 MC14511 锁存、译码、驱动器和 3 个共阴极 LED 数码管。

（5）开机自动清零电路

开机后利用清零电路输出的清零脉冲加到分频器与计数器的复位端，以使分频器和计数器所有输出都为 0，从而使译码后的三位数字显示为零值，然后在此基础上开始计时，由于计数器 74LS92、MC14518 清零（复位）输入均为高电平有效，因此设计的开机自动清零电路如图 6-57 所示。

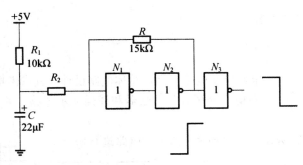

图 6-57　开机自动清零电路

电路由 R_1、C 充电回路、施密特触发器（由门 N_1、门 N_2 组成）和倒相器门 N_3 构成，接通电源的瞬间由于电容两端电压不能突变，施密特触发器输出保持为低电平，经倒相器门 N_3 则输出高电平；随着电源经 R_1 对 C 充电的进行，一旦 C 上电压上升到门 N_1 的开门电平 V_{ON}，将使门 N_1 输出为 0，此时由于门 N_2 输出跳至"1"，门 N_3 输出回到"0"电平，使计数器和分频器为脉冲到来时的分频和计数做好准备。

（6）启停输入控制电路

在振荡器和分频器之间加入该控制电路，根据需要由控制器控制信号进入分频器，计数器便开始计数。例如，该计时系统用于运动赛跑比赛时，当裁判发出"预备"时按下按钮 S，如图 6-58 所示。

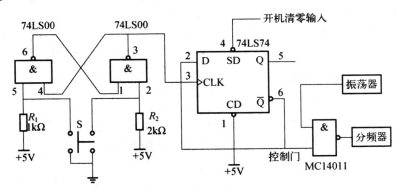

图 6-58　启停输入控制电路

一旦"枪响"，立即放开按钮而使控制门打开（输入一正跳变开门信号），此时振荡信号才能不断地进入分频器，并经分频后提供所需的秒脉冲使计数器不断地计数。当运动员快到终点时，裁判员再次按下按钮 S 做好停机准备，并在运动员身体碰线的瞬间放开按钮使控制门关闭（开门信号降为低电平），从而计数器停止计数而显示器上显示出总的时间。控制按钮 S 所产生的 CLK 信号与开门信号之间的时序关系如图 6-59 所示。

图 6-58 所示的启停输入控制电路的工作原理为：开机清零后，由于 Q=H、$\overline{Q}$=L，控制门处于关闭状态。按下 S 放开后由于上升沿的作用，Q=D=L，$\overline{Q}$=H，控制门被打开，秒信号器进入计数器，此时若再次按下 S 然后放开，则因

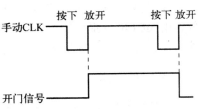

图 6-59　启停输入控制时序

Q=D=H，而使 $\overline{Q}$ =L，停止计数。

四、实验内容

① 根据计时系统技术要求和单元电路，完成总体电路设计。其参考电路如图 6-60 所示。

② 在数字逻辑箱上，分别构成分频器、计数器和译码显示电路，并分别对各个单元电路进行测量。

③ 根据测量的波形和数据，对所设计的单元电路进行修正。

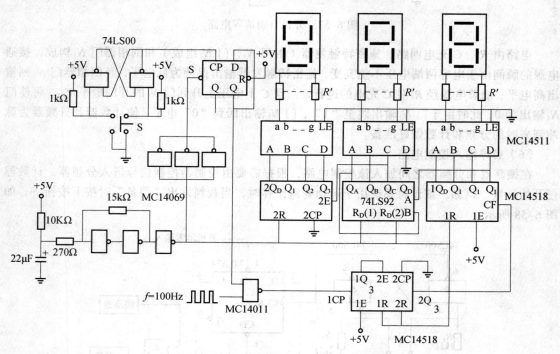

图 6-60　三位数字显示计时系统电路图

注意事项：

① 启停控制电路中的 D 触发器 $\overline{Q}$ 输出为 TTL 电平，为驱动由 CMOS 器件 MC14011 组成的控制门动作，在公用+5V 电源情况下，TTL 器件的输出应接上拉电阻。

② 计数译码显示电路中，计数器 74LS92 输出为了驱动 MC4518 和 MC14511，也应接上拉电阻。

③ 启停输入控制电路中的 D 触发器置位端输入信号是由 MC14069 提供的，为使 CMOS 输出能推动 TTL 器件工作，应接入如图 6-61 所示的电路。

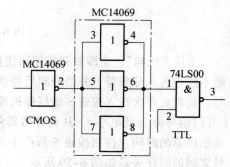

图 6-61　CMOS 电路与 TTL 电路的匹配

五、思考题

设计一个限时 2 min 的抢答系统，请考虑其电路设计和芯片选型。

六、实验报告要求

画出各单元电路的输入、输出波形图，并对实验中出现的问题写出总结。

【实验 6-11】 数字钟的设计（VHDL 实验）

一、实验目的

① 熟悉基本计数器的原理。
② 掌握用计数器设计数字钟的方法。
③ 学会用 QUARTUSII 完成电路设计并实现具有一定功能的数字钟。

二、预习内容

① 复习基本计数器的工作原理。
② 掌握任意进制计数器的设计方法。
③ 学习时序逻辑电路的设计方法。

三、实验原理

1. 原理图

基本原理如图 6-62 所示；电路原理框图如图 6-63 所示。

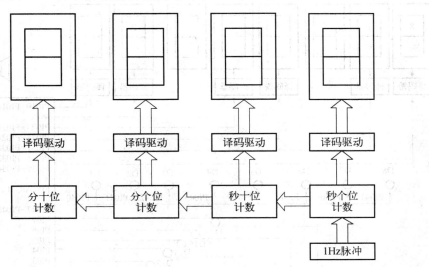

图 6-62 数字钟基本原理

2. 实验电路结构图

设计含有校正和整点报时的时钟，该时钟含有时、分、秒 3 个模块，并含有报时模块 alter。
时分秒 3 个模块即通过编程实现 3 个六十进制的计数器，在其秒、分模块的进位口或上一个重置信号（Set）实现分，时的校正功能。在相应的时间给报时模块 alter 一个适当频率可以使喇叭鸣响。数字时钟实验电路结构图如图 6-64 所示。

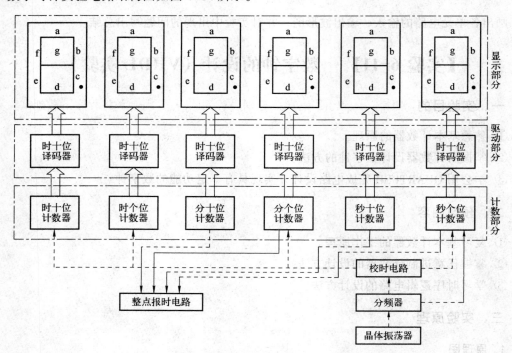

图 6-63　数字钟电路原理框图

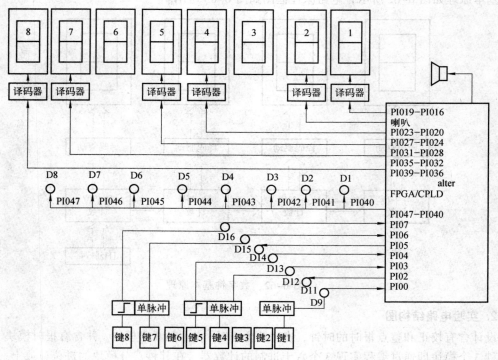

图 6-64　数字钟实验电路结构图

四、实验内容

1. 实现实现基本时钟六十进制功能

① 将所给时钟源程序设计成 VHDL 文件 hour.vhd，保存，并为此文件设立工程 hour，进行编译，并将其设置为可调用元件。对分钟和秒钟的源程序做相同处理。

② 新建 Block Diagram/Schematic File，在出现的框中用相应元件连好电路图，保存为 clock，进行编译。

③ 设置引脚。按照模式图和引脚对照图分别设置 clk、st 等引脚。将程序下载到试验箱观察实验结果。

2. 按键实现"校时""校分"功能及用扬声器做整点报时

① 按键调整时，分需修改分钟和秒钟程序。分别将分钟和秒钟的进位标志 co 改为 coo（进位）和 setmin(sethour)相或，只要 coo 和 setmin(sethour)中有一个为 1，即可实现进位功能，使时钟或分钟上的数字加一。修改程序后重新保存并进行编译。

② 新建 alter 实现报时功能。用 alter 实现当分钟显示为 59 时，给报时器 alter 一个时钟频率使其发出声音。写好程序后保存，建工程，编译并设置为可用的元件。

③ 更新原时钟图中的 hour、minute、second 模块，加入新的 alter 模块连接好电路图后保存，全程编译。

3. 再次编译后下载程序

观察实验结果，按键看分钟和时钟是否改变，在分钟达到 59 时是否能听到扬声器发出响声（注意设置频率为人所能听到的声音范围内）。

注意事项：

① 此电路包含的元器件个数比较多，连线时要多加注意。

② 设计电路时要依据电路结构简单，且经济实惠的原则。

五、思考题

试着用 QUARTUSII 和硬件描述语言来实现主干道和支干道的十字路口的交通信号灯控制，其中红灯、黄灯、绿灯的持续时间可以自行定义。

六、实验报告要求

整理实验源码和仿真结果，并对 VHDL 实验中出现的问题进行总结。

【实验 6-12】　交通控制器的设计

一、实验目的

① 熟悉基本 RS 触发器的功能。

② 掌握用 D 触发器设计交通控制器的方法。

③ 学会用 QUARTUSII 完成电路设计并进行测试的方法。

二、预习内容

① 复习基本 RS 触发器、D 触发器、JK 触发器的工作原理。
② 掌握几种触发器之间转换的方法。
③ 学习时序逻辑电路的设计方法。

三、实验原理

时序逻辑电路的设计是指要求设计者从实际的逻辑问题出发，设计出满足逻辑功能要求的电路，并力求最简化。设计步骤如下：

① 根据设计要求，建立原始状态图或状态表。这一步是最关键的，因为原始状态图或状态表建立的正确与否，将直接决定所设计的电路能否实现所要求的逻辑功能。
② 状态化简，以便消去多余的状态，得到最小状态转换图或转换表。
③ 状态分配（或状态编码），画出编码后的状态转换图或转换表。由于时序逻辑电路的状态是用触发器状态的不同组合来表示的，所以这一步所做的工作是确定触发器的个数 n，并给每个状态分配一组二进制代码。n 取满足公式 $n \geqslant \log_2 N$（N 为状态数）的最小整数。
④ 选定触发器类型，求出电路的输出方程、驱动方程。
⑤ 根据得到的方程画出逻辑电路图。
⑥ 检查设计的电路能否自启动。如果不能自启动，应设法解决，或修改设计方案，或加置初态电路。

四、实验内容

采用 D 触发器设计一个铁路道口的交通控制器。图 6-65 是该铁路道口的平面图。P_1 和 P_2 是两个传感器，它们的距离较远，至少是一列火车的长度，即火车不会同时压在两个传感器上。A 和 B 是两个闸门，当火车由东向西或由西向东通过 P_1P_2 段，且当火车的任意部分位于 P_1P_2 之间时，闸门 A 和 B 应同时关闭，否则闸门同时打开。

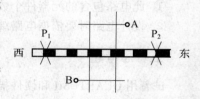

图 6-65　铁路道口的平面图

注意事项：
① 此电路包含的模块个数比较多，设计过程中要多加注意。
② 设计电路时要依据电路结构简单，且经济实惠的原则。

五、思考题

试着设计并实现一个彩灯控制电路。彩灯有两种工作模式，可通过拨码开关或按键进行切换。
① 单点移动模式：一个点在 8 个发光二极管上来回地亮。
② 幕布式：从中间两个点，同时向两边依次点亮直至全亮，然后再向中间点灭，以此往复。

六、实验报告要求

整理实验 VHDL 源代码和仿真结果，并对 VHDL 实验中出现的问题进行总结。

【实验 6-13】 移位寄存器的应用

一、实验目的

① 掌握集成 4 位双向移位寄存器逻辑功能及使用方法。
② 熟悉用移位寄存器实现数据的串并转换。

二、预习内容

① 复习寄存器串行、并行转换器有关内容。
② 设计出实验所用的电路图。

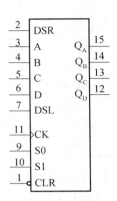

图 6-66 74LS194 引脚图

三、实验原理

移位寄存器是具有移位功能的寄存器,寄存器中的信息能在时钟脉冲的作用下实现左移或右移。移位寄存器不但可以存储信息,也可以实现数据的串并变换,数据的运算及处理。

74LS194 是一种常用的 4 位双向通用移位寄存器,具有串入串出、左移、右移、串并、并串、并入并出等功能。其引脚图如图 6-66 所示,逻辑功能如表 6-31 所示。

表 6-31 74LS194 逻辑功能

| 功能 | 输入端 | | | | | | 输出端 | | | |
| | 清除 | 方式 | 时钟 | 串行 | 并行 | | | | | |
	CLR	$S_1 S_0$	CK	左右	A B C D		Q_A	Q_B	Q_C	Q_D
清零	L	× ×	×	× ×	× × × ×		L	L	L	L
保持	H	× ×	L	× ×	× × × ×		Q_{A0}	Q_{B0}	Q_{C0}	Q_{D0}
制数	H	HH	↑	× ×	a b c d		a	b	c	d
右移	H	LH	↑	× H	× × × ×		H	Q_{An}	Q_{Bn}	Q_{Cn}
右移	H	LH	↑	× L	× × × ×		L	Q_{An}	Q_{Bn}	Q_{Cn}
左移	H	HL	↑	H ×	× × × ×		Q_{Bn}	Q_{Cn}	Q_{Dn}	H
左移	H	HL	↑	L ×	× × × ×		Q_{Bn}	Q_{Cn}	Q_{Dn}	L
保持	H	LL	×	× ×	× × × ×		Q_{A0}	Q_{B0}	Q_{C0}	Q_{D0}

① 当 CLR=H,$S_1 S_0$=LH 时,在 CP 为 ↑,实现数据右移。
② 当 CLR=H,$S_1 S_0$=HL 时,在 CP 为 ↑,实现数据左移。
③ 当 CLR=H,$S_1 S_0$=HH 时,在 CP 为 ↑,实现数据并行输入。

利用多片 74LS194 可实现移位型计数器,数据串并变换等电路。

四、实验内容

1. 用 74LS194 实现环形计数器

设计环形计数器,要求输出依次为 0001→0011→0111→1111→1110→1100→1000→0001→

0011 环形计数器。

2. 串入并出电路

设计 8 位串入并出电路,当串入数据为 11101101,观测结果记录于下表 6-32 所示。

表 6-32　串入并出结果

时　钟	串行数据	Q_7	Q_6	Q_5	Q_4	Q_3	Q_2	Q_1	Q_0
清零	\								
CK1(移位)	1								
CK2(移位)	1								
CK3(移位)	1								
CK4(移位)	0								
CK5(移位)	1								
CK6(移位)	1								
CK7(移位)	0								
CK8(移位)	1								

3. 并入串出电路

当输入 8 位并行数据 10110010,按时钟依次输出 10110010 串行数据,观测实验结果记录于小表 6-33 中。

表 6-33　并入串出结果

时　钟	并行数据	Q_7	Q_6	Q_5	Q_4	Q_3	Q_2	Q_1	Q_0
清零	\								
CK1(置位)	10110010								
CK2(移位)	10110010								
CK3(移位)	10110010								
CK4(移位)	10110010								
CK5(移位)	10110010								
CK6(移位)	10110010								
CK7(移位)	10110010								
CK8(移位)	10110010								

五、思考题

① 简单说明移位寄存器的概念及作用。
② 尝试用 QUARTUSII 实现该移位寄存器功能。

六、实验报告要求

① 完成 8 位串并变换所需的时钟周期是输入时钟周期多少?
② 画出实验电路图,对实验记录进行分析。

【实验 6-14】　555 定时器电路及其应用

一、实验目的

① 熟悉 555 定时器引脚功能和使用方法。

② 掌握 555 定时器的典型应用。

③ 学会用 555 设计一个多谐振荡器和单稳态触发器的方法。

二、预习内容

① 复习有关 555 定时器的工作原理及其应用。

② 用两个 555 定时器和给定的电阻、电容元件设计图 6-67 所示的电路，以实现图 6-68 所要求的波形关系，并准备好供实验用的具体电路，实验中所需的数据表格。

图 6-67　设计电路　　　　　　　　　图 6-68　波形关系

三、实验原理

集成时基电路又称为集成定时器或 555 电路，是一种数字、模拟混合型的中规模集成电路，应用十分广泛。它是一种产生时间延迟和多种脉冲信号的电路，由于内部电压标准使用了 3 个 5 kΩ 电阻，故取名 555 电路。其电路类型有双极型和 CMOS 型两大类，二者的结构与工作原理类似。几乎所有的双极型产品型号最后的三位数码都是 555 或 556；所有的 CMOS 产品型号最后 4 位数码都是 7555 或 7556，二者的逻辑功能和引脚排列完全相同，易于互换。555 和 7555 是单定时器，556 和 7556 是双定时器。双极型的电源电压 $V_{cc} = +5\,V \sim +15\,V$，输出的最大电流可达 200 mA，CMOS 型的电源电压为 +3～+18 V。

555 定时器主要是与电阻、电容构成充放电电路，并由两个比较器来检测电容器上的电压，以确定输出电平的高低和放电开关管的通断。这就很方便地构成从微秒到数十分钟的延时电路，可方便地构成单稳态触发器，多谐振荡器，施密特触发器等脉冲产生或波形变换电路。

四、实验内容

1. 通过实验测量 555 的功能

通过实验测量 555 的功能，并将结果记录于表 6-34 中。

表 6-34　555 功　能

复位端/V	阈值端/V		触发端/V		放电端/V	输出端	晶体管状态
	电压要求	测量值	电压要求	测量值			
0							
V_{CC}	> 2/3 V_{CC}		> 1/3 V_{CC}				
V_{CC}	< 2/3 V_{CC}		> 1/3 V_{CC}				
V_{CC}	< 2/3 V_{CC}		< 1/3 V_{CC}				

2. 用 555 组成多谐振荡器

用 555 组成多谐振荡器，并求出电阻 R_A、R_B 的阻值范围。

电路如图 6-69 所示。

充电时间：$t_充 = 0.695(R_A + R_B) \cdot C$

放电时间：$t_放 = 0.695 R_B \cdot C$

振荡周期：$T = t_充 + t_放 = 0.695(R_A + 2R_B) \cdot C$

振荡频率：$f \approx \dfrac{1.443}{(R_A + 2R_B) \cdot C}$

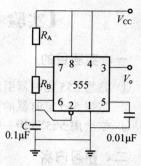

图 6-69　555 组成的多谐振荡器

占空比：$D = \dfrac{t_充}{T} = \dfrac{R_A + R_B}{R_A + 2R_B}$

① 用示波器观察波形和测量频率

② 使其振荡频率在 1Hz～500 kHz 之间，确定电阻值的范围：

$R_A =$ ＿＿＿＿＿＿＿＿＿＿＿＿

$R_B =$ ＿＿＿＿＿＿＿＿＿＿

③ 利用 555 设计一个 10 s 定时器，在数字逻辑箱中接好电路，并用示波器观察波形和测量。

3. 观察波形

按图 6-67 所设计的电路进行接线，用示波器观察并记录 u_{o1} 和 u_{o2} 的波形，检查两者的关系是否满足图 6-68 的要求。

① 测量 u_{o1} 的频率，并与理论值作比较。

② 测量 u_{o2} 的周期和暂态时间，并与理论值作比较。

注意事项：

实验前要先进行理论计算，选择合适的电阻、电容值，构成多谐振荡器和单稳态触发器。

五、思考题

① 如何用示波器测定施密特触发器的电压传输特性曲线？

② 图 6-70 所示为一个由 555 定时器构成的施密特触发器，试分析它的工作原理，画出电压传输特性，计算回差电压 $\triangle U$。

③ 图 6-71 所示为一个模拟声响的电路，简述其电路组成和工作原理，并计算每一级的频率。

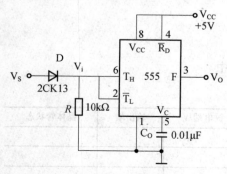

图 6-70　施密特触发器

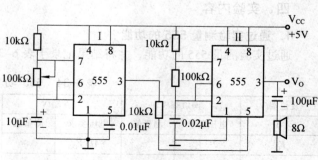

图 6-71　模拟声响电路

六、实验报告要求

① 说明设计过程，画出多谐振荡器和单稳态触发器的电路图。
② 记录实验数据，并与理论值进行比较。
③ 画出输出波形，总结实验心得。

【实验 6-15】　（A/D）模-数转换器及其应用

一、实验目的

① 熟悉模-数转换的工作原理。
② 通过 A/D 转换器组成的简易数字电压表，了解 A/D 转换器的应用。

二、预习内容

① 熟悉 ADC0804 的功能及引脚图。
② 复习 555 多谐振荡器。
③ 计算实验内容中输出的理论值。

三、实验原理

1. ADC0804 芯片介绍

ADC0804 是常用的模-数转换集成电路芯片，属于 CMOS 型 8 位逐次逼近的 ADC 器件，完成一次的转换时间需 100 μs，转换精度为 ±1/2LSB(最低位)，输入电压为 0～5 V，增加外部电路后，输入的模拟电压可为 ±5 V。该芯片内有输出数据锁存器，使用+5 V 电源电压，时钟脉冲 CLK 由芯片自身产生，也可由计算机的 CPU 提供。

ADC0804 引脚如图 6-72 所示，其各引脚功能如下：

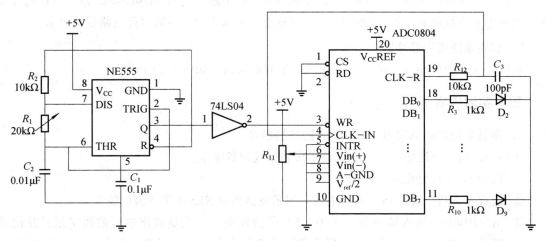

图 6-72　模数转换电路

（1）$V_{in(+)}$ 和 $V_{in(-)}$

$V_{in(+)}$、$V_{in(-)}$ 为模拟电压输入端，单边输入时，模拟量电压输入接 $V_{in(+)}$ 端，$V_{in(-)}$ 端接地。双边输入时，$V_{in(+)}$ 和 $V_{in(-)}$ 分别接模拟电压信号的正端和负端。当输入的模拟量电压信号存在"零点漂移电压"时，可在 $V_{in(-)}$ 端接一等值的零点补偿电压，变换时将自动从 $V_{in(+)}$ 中减去这一电压。

（2）基准电压 V_{ref}

V_{ref} 为模数转换的基准电压，如不外接，则 V_{ref} 可与 V_{CC} 共用电源。

（3）CS、WR 和 RD

CS 为片选信号输入，在微机应用中，若 CS=L，则说明本片被选中，在仅用硬件构成的 ADC 系统时，片选 CS 可恒接低电平；WR 为转换开始的启动信号输入。RD 为转换结束后从 ADC 中读出数据的控制信号，两者都是低电平有效。

（4）CLK-R 和 CLK-IN

ADC0804 可外接 RC 产生模数转换器所需要的时钟信号，时钟频率为 $f_{CLK}=1/(1.1RC)$，一般要求频率范围 100 kHz～1.28 MHz。

（5）INTR

中断申请信号输出端，低电平有效。当 ADC 完成 A/D 转换后自动发出 INT 信号，若 ADC 应用在微机中，此端应和微处理器的中断输入端相连。当 INT 有效时，应等待 CPU 同意中断申请并使 RD=0 时方能将数输出。若 ADC0804 单独应用，可将 INT 悬空，而 RD 直接接地。

（6）A-GND 和 GND

A-GND 和 DGND 分别为模拟地和数字地。

2．数字电压显示电路

由 ADC0804 将模拟电压值转换成数字量，输出后作为存储器 EPROM(2716)的地址线 A_0～A_7，EPROM 其他地址线接地。由于地址线是 8 根，可选存储器的 255 个单元。在这些单元中存入所测量的模拟电压的 BCD 码，然后分别驱动两块十进制译码器(74LS48)，这两块译码器又各驱动一个七段数码显示器，EPROM 中所存的电压值输出后就可通过此电路显示出来。

3．实验系统所用脉冲源

系统所需要的脉冲由一块 NE555 组成的定时器提供，如图 6-71 所示。

四、实验内容

1．测量所给定的 A/D 块 ADC0804 的转换特性

实验中，输入直流电压 0～5 V，测量所转换成的数字量。

① 按图 6-71 接好电路。

② 检查无误后，接通+5 V 电源电压，用示波器测量 NE555 第 3 脚的波形。

③ 给 ADC0804 输入端 6 脚加上 0～5 V 的直流电压，测量输出电压的数字量，并记录于表 6-35 中。输出电压的数字量可用发光二极管来测量，"亮"时表示为高电平，用"H"表示。"暗"时表示为低电平，用"L"表示。

表 6-35　模数转换电路测量值

输入模拟电压值/V	输出电压							
	D_7	D_6	D_5	D_4	D_3	D_2	D_1	D_0
0								
1								
2								
3								
4								
5								

2. 利用 ADC0804 构成数字电压显示电路

按图 6-73 所示的电路接成数字电压显示电路，其中数码管各段的限流电阻略去未画。量程为 0～5.0 V。

① 电路接好经检查无误后，再接通+5 V 电源电压。

② 给 ADC0804 芯片输入端加 0～5 V 直流电压，将数字显示器显示出来的电压值，记录于表 6-36 中。注意，ADC0804 的输入电压不能超过+5 V。

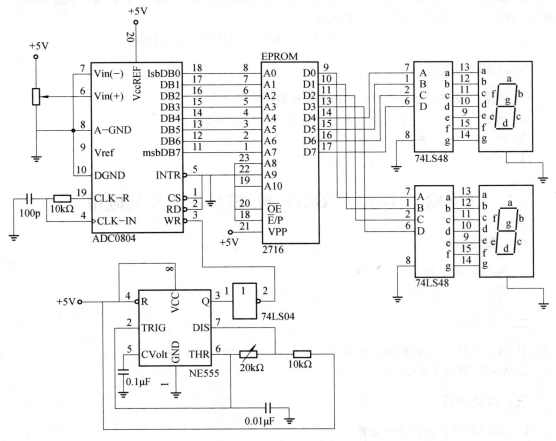

图 6-73　电压显示电路

表 6-36　显示电压值

输入模拟电压值/V	数字显示值/V
0.00	
0.50	
1.00	
1.50	
2.00	
2.50	
3.00	
3.50	
4.00	
4.50	
5.00	

五、思考题

① 如果 A/D 转换器（包括采样–保持电路）的是输入模拟电压信号的最高频率是 10 kHz，通过实验分析来说明采样频率的下限是多少？

② 图 6–71 中所用的 NE555 定时器的工作原理，画出电压传输特性。

六、实验报告要求

① 画出 NE555 的输出波形，标出频率和幅度值。

② 测量的 ADC0804 输出电压的数字量与理论值进行比较。

③ 对 A/D 转换出现的误差进行分析。

④ EPROM2716 在电路中起何作用？

【实验 6-16】　（D/A）数–模转换器及其应用

一、实验目的

① 熟悉数–模转换的工作原理。

② 通过由 D/A 芯片组成的报警控制，了解 D/A 芯片的使用方法。

二、预习内容

① 熟悉 DAC0832 的功能及引脚图。

② 复习运算放大器相关电路知识。

三、实验原理

1. DAC0832 芯片原理和功能

DAC0832 为 CMOS 型 8 位数模转换器。内部具有双数据锁存器，且输入电平与 TTL 电路兼容，所以能与 8080、8085、Z-80 及其他常用的微处理器直接对接，也可以根据要求加上集成电路组成独立工作的数模转换器。DAC0832 的内部逻辑如图 6-74 所示。

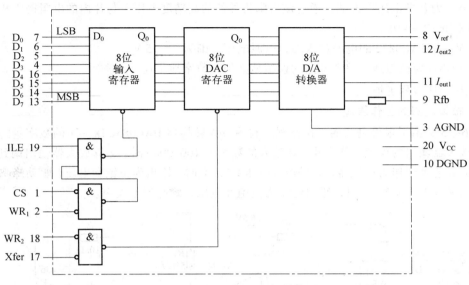

图 6-74 DAC0832 内部结构图

它有两级输入寄存器，既可以用于双缓冲方式，也可用于单缓冲方式，还可接成完全直通的方式。

（1）用于单缓冲方式

必须将 WR_2 和 Xfer 端接低电平，此时内部的 8 位 DAC 寄存器处于透明状态，即任意时刻它的输入和输出是一致的，起缓冲作用的仅是内部的 8 位输入寄存器。

（2）完全直通方式

需将 CS、WR_1、WR_2 和 Xfer 都接低电平，ILE 端接高电平，此时两级寄存器都处于透明状态，外部输入数据不受任何控制可直通内部 8 位 D/A 转换器的数据输入端。在使用时可根据具体情况选择合适的工作方式。

DA0832 的缺点是内部的 D/A 转换器仍为电流输出，因此需外接运算放大器才能得到模拟电压输出。

（3）各个引脚的功能和使用

① CS 为片选信号，输入端低电平有效。

② ILE 为输入寄存器允许信号，输入端高电平有效。

③ WR1 为输入寄存器写信号输入端，低电平有效。该信号用于控制将外部数据写入输入寄存器中。

④ Xfer 为允许传送控制信号的输入端，低电平有效。

⑤ WR_2 为 DAC 寄存器写信号，输入端低电平有效。该信号用于控制将输入寄存器的输出数据写入 DAC 寄存器中。

⑥ $D_0 \sim D_7$ 为 8 位数据输入端。

⑦ I_{out1}、I_{out2} 为 DAC 电流输出 1、2。在构成电压输出 DAC 时，此线应外接运算放大器的反、

正相输入端。

⑧ Rfb 为反馈电阻引出端，在构成电压输出 DAC 时，此端应接运算放大器的输出端。

⑨ V_{ref} 为基准电压输入端，通过该引脚将外部的高精度电压源与片内的电阻网络相连。其电压范围为-10～+10 V。

⑩ V_{cc} 为 DAC0832 的电源输入端，电源电压范围为 5～15 V。

⑪ AGND 为模拟地，整个电路的模拟地必须与数字地相连。

⑫ DGND 为数字地。

2. 报警电路的工作原理

图 6-75 给出了报警电路的工作原理。利用 D/A 转换器 DAC0832 D_0～D_7 的数字量的大小调节运算放大器输出的模拟电压大小，如输入的数字为 10000000 时，运算放大器输出调到 2.5 V。第二个运算放大器作为比较器，如果输入电压 ≥ 2.5 V 时，输出为正饱和电压，驱动蜂鸣器发声报警；当输入电压 < 2.5 V 时，输出电压为负饱和电压，蜂鸣器不发声。

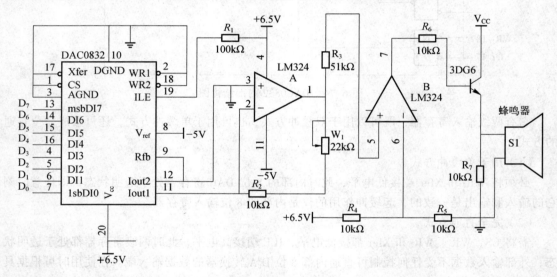

图 6-75 报警控制电路

四、实验内容

1. 测量 D/A 芯片（DAC0832）输出模拟量与输入数字量的关系

① 按照图 6-76 所示电路在逻辑实验箱中接好电路。

② 将 DAC0832 的数据线 D_0～D_7（4～7、13～16 脚）置高电平（D_0～D_7 端开路时为高电平），调电位器 W_1 使运放输出的模拟电压等于 5 V（用数字万用表测量）。

③ 改变 D_0～D_7 的值，测量相对应的模拟电压大小，记录于表 6-37 中（改变 D_0～D_7 的数值时，即低电平接地、高电平开路）。

2. 报警控制电路的组装和调试

按图 6-75 电路在数字逻辑箱中接好报警控制电路。当 D_7、D_6 为高电平，D_5～D_0 为低电平时，A_1 输出模拟电压大约为 4 V，通过比较器 A_2 输出正向饱和电压，经过晶体管推动使蜂鸣器发声，如果 D_7 接低电平，蜂鸣器不响。测量 A_1、A_2 输入输出端和晶体管发射极各点的电压值。

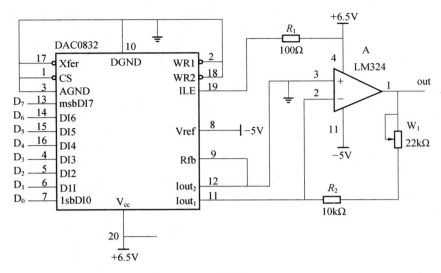

图 6-76　数模转换电路

表 6-37　数模转换测量值

功　能	D_7	D_6	D_5	D_4	D_3	D_2	D_1	D_0	输 出 模 拟 电 压/V
引脚号	13	14	15	16	4	5	6	7	
数字量	1	1	1	1	1	1	1	1	
	1	1	0	0	1	1	0	0	
	1	0	0	1	1	0	0	1	
	0	1	1	0	0	1	1	0	
	0	0	1	1	0	0	1	1	
	0	0	0	0	0	0	0	0	

五、思考题

① 对于图 6-74 所构成的 D/A 转换电路中，如果参考电压是 -10 V，使计算当输入数字量从全 0 变到全 1 时输出端的电压变化情况。

② 对于问题 1，如果想把输出电压的变化范围缩小一半，可以采用哪些方法，这些方法各有何优缺点？

六、实验报告要求

① 将测量的 DAC0832 输出电压值与理论值进行比较。

② 对 D/A 转换出现的误差进行分析。

③ 根据测量结果，分析报警控制电路的工作原理。

第❸部分

计算机辅助分析

第7章　计算机辅助分析软件及硬件描述语言

7.1　MultisimV7 介绍

Multisim 是加拿大 Interactive Image Technologies 推出的基于 Windows 系统下的电路设计仿真软件，它基于 SPICE 技术，提供庞大的元器件数据库、多种虚拟仪器仪表，能完成模拟系统和数字系统的设计仿真及基于 HDL 技术的综合设计仿真。Multisim 仿真电路功能强大，操作简便，能把电路原理图的输入、仿真和各种分析紧密结合起来。通过 Multisim 及其提供的万用表、信号发生器、示波器、频谱分析仪等多种虚拟仪器，可以模拟电子线路实验室的各种实验。

7.1.1　界面

Multisim V7 的用户界面如图 7–1 所示。包括以下几个部分：

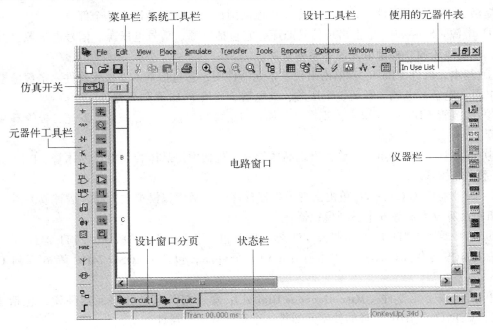

图 7–1　Multisim V7 的用户界面

1．菜单栏

与所有 Windows 应用程序类似，可以在菜单栏中找到所有功能的命令。

2．系统工具栏

提供最常用的功能按钮，包括文件存取、打印等功能。

3．设计工具栏

设计工具栏中有电路设计仿真分析中常用的按钮，有 8 个功能按钮。

① 项目栏（Toggle Project Bar）：用于开关项目管理窗口。

② 电子表格视图（Toggle Spreadsheet View）：用于开关当前电路中的元器件参数数据表。

③ 数据库管理按钮（Database Management）：用于打开元件数据库对话框，实现对元器件的管理及编辑。

④ 元器件创建按钮（Create Component）：用于创建新的元器件。

⑤ 仿真启停按钮（Run/stop Simulation）：用于开始、结束电路的仿真。

⑥ 显示图形按钮（Show grapher）：用于显示分析仿真结果图形。

⑦ 分析按钮（Analyses）：用于对结果进一步的分析。

⑧ 后处理按钮（Postprocessor）：用于打开后处理窗口，进一步对仿真结果进行处理分析。

4．使用的元器件表

罗列出当前电路中已经使用过的元器件。

5．仿真开关

仿真启停快捷键。

6．元器件工具栏

提供了丰富的元器件库，极大地方便了电路图设计。它包括以下几个部分：

① 电源（Source）：单击出现信号源库，它包括电源、信号电压源、信号电流源、控制函数块、控制电压源、控制电流源等系列电源。

② 基本元器件（Basic）：单击出现基本元器件图，它包括基本虚拟元器件、定额虚拟元器件、电阻、电容、电感、开关、变压器、继电器、插槽等 18 系列元器件。

③ 二极管（Diode）：单击出现二极管库，包括虚拟二极管、二极管、发光二极管等 9 系列二极管。

④ 晶体管（Transistor）：单击出现晶体管库，包括虚拟晶体管、NPN 晶体管、PNP 晶体管等 16 系列晶体管。

⑤ 模拟器件（Analog）：单击出现模拟器件库，包括虚拟模拟放大器、运算放大器、比较器、诺顿运算放大器等 6 个系列模拟器件。

⑥ TTL 器件（TTL）：单击打开 TTL 器件库，包括 74LS、74STD 2 系列 TTL 器件。

⑦ CMOS 器件（CMOS）：单击打开 CMOS 器件库，包括 CMOS、74HC 等 6 系列 CMOS 器件。

⑧ 其他数字元器件（Miscellaneous Digital）：单击打开其他数字元器件库，包括 TIL、VHDL、VERILOG_HDL 实现的数字元器件 3 个系列数字元器件。

⑨ 数模混合器件（Mixed）：单击打开数模混合器件库，包括虚拟混合器器件、定时器、模数/数模转换器、模拟开关等 4 个系列数模混合器件。

⑩ 显示器件（Indicator）：单击打开显示器件库、包括电压表、电流表、探针、蜂鸣器、灯、数码显示管等 8 个系列显示器件。

⑪ 杂器件（Miscellaneous）：单击打开杂项器件库，包括石英晶体、传感器等 14 系列器件。

⑫ 射频器件（RF）：单击打开射频器件库，包括射频电容和射频电感等 7 系列射频器件。

⑬ 电机器件库（Electromechanical）：单击打开电机器件库、包括检测开关、瞬时开关、辅助开关等 8 个系列电机器件库。

7．电路窗口

进行电路设计的视窗。

8．状态栏

显示当前有关操作及坐标相关的信息。

9．设计窗口分页

多个项目可以切换为当前视窗。

10．仪器栏

提供电路设计中常用的虚拟仪器，包括以下几种仪器：

① 万用表（Multimeter）；

② 函数信号发生器（Function Generator）；

③ 瓦特表（Wattmeter）；

④ 示波器（Oscilloscope）；

⑤ 四通道示波器（Four Channel Oscilloscope）；

⑥ 波特图仪（Bode Plotter）；

⑦ 频率计（Frequency Counter）；

⑧ 字信号发生器（Word Generator）；

⑨ 逻辑分析仪（Logic Analyzer）；

⑩ 逻辑转换仪（Logic Converter）；

⑪ IV 特性分析仪（IV–Analysis）；

⑫ 失真分析仪（Distortion Analyzer）；

⑬ 频谱分析仪（Spectrum Analyzer）；

⑭ 网络分析仪（Network Analyzer）；

⑮ Agilent 函数信号发生器（Agilent Function Generator）；

⑯ Agilent 万用表（Agilent Multimeter）；

⑰ Agilent 示波器（Agilent Oscilloscope）；

⑱ 实时测量探针（Dynamic Measurement Probe）。

7.1.2　创建电路

1．建立电路文件

每次运行 Multisim 时会创建新的电路文件，还可以单击创建新文件按钮或菜单项创建新的电路文件，当文件创建好后就可以放置元器件，画电路图等后续工作。

2．元器件的操作

（1）放置元器件

单击所要放置元器件所属的元器件库，然后在对应元器件库中找到所要的元器件，双击出现元器件，在电路窗口相应位置单击即完成元器件的放置，如要放入 32 kHz 石英晶体，先选择杂器件库，然后在 Family 中找到 CRYSTAL 这一项，单击出现各种参数的石英晶体，找到所对应参数的 R145–32.768 kHz，双击，在电路窗口中浮现出这一参数石英晶体，在相应位置单击即放置完毕。

（2）设置元器件属性

每个元器件都有默认的属性，如标号、参数值、显示方式和故障等，这些属性可以重新设置。对于实际元器件，可以设置元器件标号、显示方式和故障，而有些元器件参数值是固定的，不能改变，如固定电阻、固定电容等。如果要改变元器件属性，双击电路图上的元器件即可在弹出的对话中进行改动。

（3）编辑元器件

为了使电路布局更加合理，常常要对电路图中放置好的元器件进行操作，如移动、删除、复制、旋转等操作，单击相应元器件可进行移动、删除等操作，右击相应元器件可进行复制、旋转等操作。

3．连接电路

先单击需要连线的元器件对应引脚，出现一条有起点的连接线，然后移动连接线的终点至目的元器件对应引脚，单击即可完成连线。

7.1.3　仪器的使用

1．万用表

最常用的仪器，能测量交直流电压、电流和电阻等。从仪器栏中选择万用表，放置到电路窗口中，然后与被测点的两端相联即可，当运行仿真时就能自动测量数值，其图标和面板说明如图 7-2 所示。

（1）仪器图标

图标中+、–端用于连接被测端点，测量电压时，应与被测端点两端并联，测量电流时应与被测端点串联。

（2）操作面板

双击万用表图标，出现万用表面板：

① 测量选项（Measurement Options）：

$\boxed{\text{A}}$：测量电流。

$\boxed{\text{V}}$：测量电压。

$\boxed{\Omega}$：测量电阻。

$\boxed{\text{dB}}$：测量分贝值。

② 波形模式：

$\boxed{\text{━━}}$：测量电压或电流的直流分量。

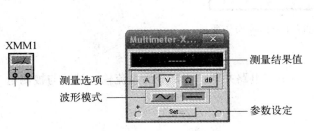

：测量电压或电路的交流分量。

③ Set...参数设置：

设置万用表的性能指标，包括电流表内阻、电压表内阻、欧姆表电流、dB 比较电压及电压、电流和电路的量程。其界面如图 7-3 所示。

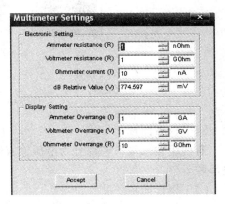

图 7-2　万用表图标及操作面板　　　　　　　图 7-3　万用表参数设置

2. 函数信号发生器(Function Generator)

用于产生正弦波、三角波和矩形波、其图标及面板按钮如图 7-4 所示。

（1）仪器图标

函数信号发生器图标上有+端、公共端、－端 3 个端口，用于连接电路的输入端。公共端作为信号参考点一般与电路地端相连，+端和公共端连接输出正极性信号，－端与公共端连接输出为负极性信号，+端和－端相连输出为双倍振幅的信号。

（2）操作面板

① 波形选项：

：输出波形为正弦波。

：输出波形为三角波。

：输出波形为方伯。

② 信号参数选项：可设置信号频率（Frequency）、占空比（Duty Cycle，只对输出为三角波和矩形波有效）、信号幅度（Amplitude）、信号的直流偏置电压（Offset）和信号上升沿时间（Rise Time，只对输出为矩形波有效，其设计界面如图 7-5 所示）。

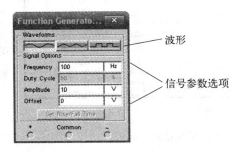

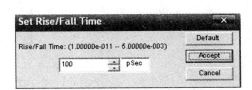

图 7-4　函数信号发生器图标及操作面板　　　图 7-5　函数信号发生器边沿时间设置

3. 瓦特表（Wattmeter）

测量电路功率的仪器，其图标和操作面板如图 7-6 所示。

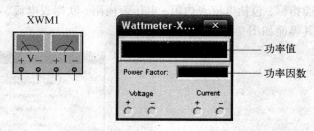

图 7-6　瓦特表图标及操作面板

（1）仪器图标

有两组输入端：左部分为电压输入端，与被测电路并联；右部分为电流输入端，与被测电路串联。

（2）操作面板

面板显示被测电路的输出功率值及功率因数。

4. 示波器（Oscilloscope）

用于观测信号波形、幅度、周期及频率等参数，示波器图标及操作面板连接如图 7-7 所示。

（1）仪器图标

示波器图标上有 A、B 连个通道，可以同时测量两路信号的波形等参数，图表上还有 G 端用于接地端，T 端用于连接外触发端。

（2）操作面板

双击仪器图标出现操作面板，面板上部分为被测信号波形图形显示区，下部分为设置区和测量数据结果显示区。

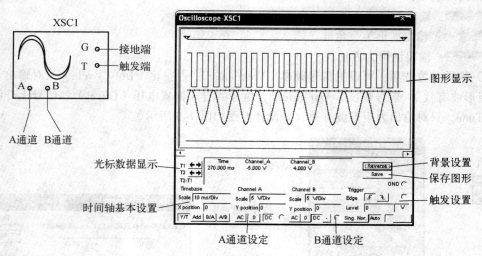

图 7-7　示波器图标及操作面板

① 图形显示：显示 A 通道和 B 通道信号的波形及两光标 T1、T2 的位置。

② 时间轴基本设置（Time Base）：

设置水平 X 时间轴的时间基准。包括：

- Scale：设置 X 轴每格所代表的时间。
- X Position：设置波形在 X 轴的起始位置。
- Y/T：波形的横坐标为时间，纵坐标为 A、B 通道的扫描信号。
- Add：波形的横坐标为时间，纵坐标为 A、B 通道信号之和。
- B/A：波形的横坐标为 A 通道信号，纵坐标为 B 通道信号。
- A/B：波形的横坐标为 B 通道信号，纵坐标为 A 通道信号。

③ 通道 A（Channel A）：

设置通道 A 的 Y 纵轴参数，包括：

- Scale:设置 Y 轴每格所代表的电压幅值。
- Y Position：设置波形在 Y 轴上的参考位置。

④ AC 0 DC：设置输入信号耦合类型，AC 表示显示波形的交流部分，0 表示输入接地，DC 表示显示波形的交直流部分。

⑤ 通道 B（Channel B）：

设置通道 B 的 Y 纵轴参数，与通道 A 相同。

⑥ 触发（Trigger）：

设置触发方式，包括：

- Edge：设置触发方式为上升沿方式还是下降沿方式。
- Level：设置触发电平数值。
- Sing. Nor. Auto A B Ext：设置触发信号类型，Sing 表示单一触发，Nor 表示一般触发，Auto 表示自动触发，A 表示 A 通道触发，B 表示 B 通道触发，Ext 表示外部触发。

⑦ 光标数据显示：在显示图形区域有 T1、T2 两条可以移动的光标，移动它们可以获得对应位置的一些数据信息，包括每个光标对应时间值，波形幅值及两光标之间的差值。

5．波特图仪（Bode Plotter）

用于测量电路的幅度频率特性和相位频率特性，类似于频率特性测试仪。波特图仪的图标及操作面板如图 7-8 所示。

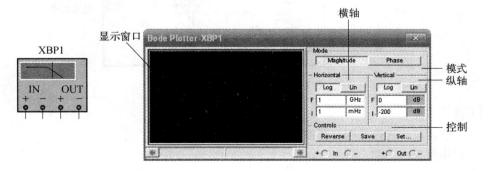

图 7-8　波特图仪图标及操作面板

（1）仪器图标

图标中有两对端口，左侧端口为输入端，用于连接电路的输入信号，右侧端口为输出端，用于连接电路的输出信号。

（2）操作面板

双击仪器图标出现操作面板，左部分为图形显示区，右部分为设置区。

① 模式（Mode）：

- Magnitude：显示幅频特性曲线。
- Phase：显示相频特性曲线。

② 横轴（Horizontal）：设置 X 轴频率范围。

- Log：以对数方式刻度。
- Lin：以线形方式刻度。
- F：频率的最大值。
- I：频率的初始值。

③ 纵轴（Vertical）：设置 Y 轴幅度或相位的范围。

- Log：以对数方式刻度。
- Lin：以线形方式刻度。
- F：频率或相位的最大值。
- I：频率或相位的初始值。

④ 控制（Controls）：

- Reserve：设置显示屏的背景颜色。
- Save：保存结果。
- Set：设置扫描分辨率。

6. 频率计（Frequency Counter）

用于测量信号的频率，周期等参数，图标及操作面板如图 7-9 所示。

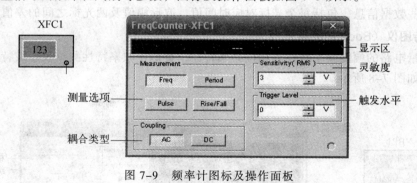

图 7-9　频率计图标及操作面板

（1）仪器图标

仅有一个端口，连接此端口至被测节点即可进行测量。

（2）操作面板

双击仪器图标出现操作面板，最上部分为测量结果显示区，下面部分为设置区。

① 测量选项（Measurement）：
- Freq：测量被测信号频率。
- Period：测量被测信号周期。
- Pulse：测量被测信号脉冲。
- Rise/Fall：测量被测信号上升沿/下降沿时间。

② 耦合类型（Coupling）：AC 时仅测量被测信号的交流分量，DC 时测量被测信号的交直流分量。

③ 灵敏度（Sensitivity（RMS）：设置灵敏度。

④ 触发水平（Trigger Level）：设置触发电平值。

7．字信号发生器（Word Generator）

用于产生 32 位二进制序列的仪器，图标及操作面板如图 7-10 所示。

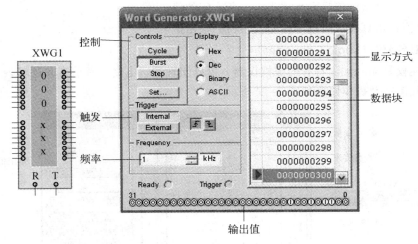

图 7-10　字信号发生器图标及操作面板

（1）仪器图标

有 32 个输出端口，每个端口都输出逻辑信号，可作为数字电路的输入信号，R 端为备用信号，T 为外接触发输入端。

（2）操作面板

双击仪器图标出现操作面板，左边为设置区，右边为输出显示区。

① 控制区（Control）：
- Cycle：循环输出字信号。
- Burst：输出一帧的信号。
- Step：单步输出一信号。
- Set：字设置，产生特定规律的字，单击弹出如图 7-11 所示对话框，在此对话框中，能进行字的存取操作，产生加减法计数，字的左移右移输出，设置字缓冲区大小、缓冲区的清除等一系列操作。

② 触发（Trigger）：设置为外触发还是内触发方式，以及上升沿触发或下降沿触发。

③ 频率（Frequency）：设置输出的频率。

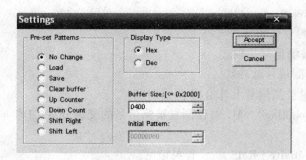

图 7-11　字信号发生器设置界面

④ 显示方式：32 位数的显示类型，Hex 为十六进制、Dec 为十二进制、Binary 为二进制、ASCII 方式。

⑤ 数据块：显示字信号发生器产生的所有字的值。

⑥ 输出值：仿真当前时刻字信号发生器的输出值。

8. 逻辑转换仪（Logic Converter）

逻辑转换仪是 Multisim 特有的虚拟仪器，可以实现逻辑电路，真值表和逻辑表达式之间的相互转换，其图标及操作面板如图 7-12 所示。

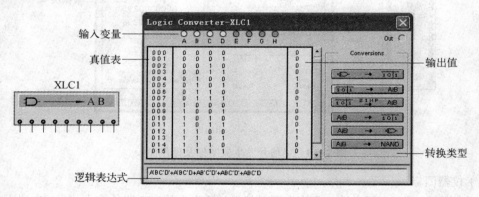

图 7-12　逻辑转换仪图标及操作面板

（1）仪器图标

有 9 个端口，用于将逻辑电路转换为逻辑表达式或真值表，8 个连接逻辑电路的输入端，1 个用于连接输出端。

（2）操作面板

双击仪器图标出现操作面板，包括输入变量 A、B、C、D、E、F、G、H，真值表，逻辑表达式和转换类型区。转换类型有以下几种：

$\boxed{\text{⊃}\ \rightarrow\ 101}$：逻辑电路转化为真值表。

$\boxed{101\ \rightarrow\ AIB}$：真值表转化为逻辑表达式。

$\boxed{101\ ^{SIMP}\ AIB}$：真值表转化为简化的逻辑表达式。

$\boxed{AIB\ \rightarrow\ 101}$：逻辑表达式转换为真值表。

$\boxed{AIB\ \rightarrow\ ⊃}$：逻辑表达式转换为逻辑电路。

$\boxed{AIB\ \rightarrow\ NAND}$：逻辑表达式转换为与非门逻辑电路。

7.1.4 仿真电路

1．建立电路文件

运行 Multisim 可以打开新的空白电路图，选择 File→New 命令也可以建立新的空白电路图。

2．定制电路界面

选择 Options→Preference 命令会出现用户界面设置对话框，如图 7-13 所示，包括 8 项内容，其中常用的有电路（Circuit）、工作区（Workspace）、连线（Wiring）、元器件（Component Bin）4 项。

（1）电路

电路选项卡中包括 Show 区和 Color 区，如图 7-13 所示，Show 区标记元件标签、元件参考、节点名称、元件值、元件属性等内容是否在电路中显示，打勾表示显示。Color 区选择电路背景色、电路图颜色等内容。

（2）工作区

工作区选项卡中包括 Show 区、Sheet size 区和 Zoom level 区，如图 7-14 所示。Show 区标记电路网格、电路边界和电路图名称；Sheet size 区进行电路大小的设置；Zoom level 显示电路的放缩度。

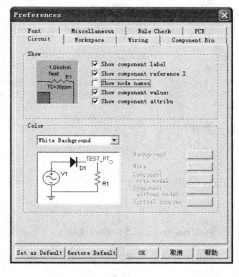

图 7-13 电路图界面设置

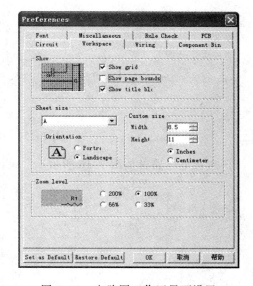

图 7-14 电路图工作区界面设置

（3）连线

连线选项卡用于设置连线的大小及连线规则。

（4）元器件

元器件选项卡用于设置元器件的放置方式及元器件符号显示标准，包括 ANSI（美国标准）、DIN（欧洲标准）。

3．放置电路元器件

从元件库中找到所需的元器件放到电路的相应位置，然后双击该元器件修改元器件的属性。

4．连接电路

选好元器件后就可进行电路连线，用鼠标点击所要连线的元器件引脚，出现连接线，然后移动连接到终点完成一条线的连接。

5．添加虚拟仪器

电路连接好后就可以添加相应的虚拟仪器，连接仪器至被测节点，设置好虚拟仪器的一些属性。

6．运行仿真

运行 Simulate 按钮就可以进行电路仿真及进行电路分析。

7．电路连接示例

① 放置元器件，如图 7-15 所示。

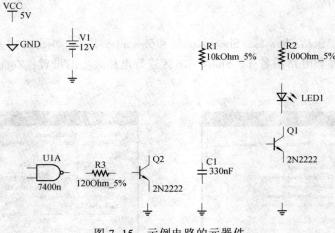

图 7-15　示例电路的元器件

② 连接好电路，如图 7-16 所示。

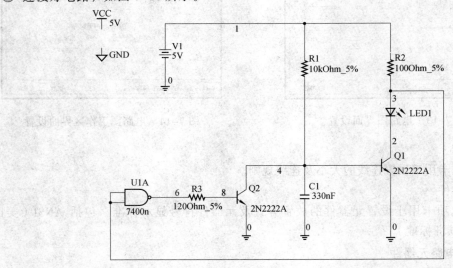

图 7-16　示例电路图

③ 添加虚拟仪器，如图 7-17 所示。

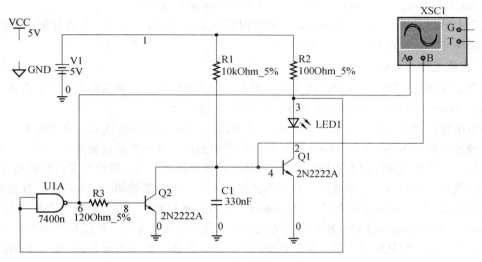

图 7-17 示例电路虚拟仪器

④ 运行仿真，结果如图 7-18 所示。

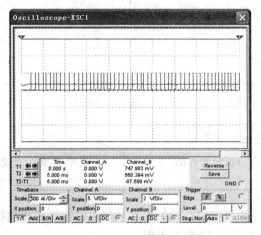

图 7-18 示例电路虚拟仪器仿真结果

7.1.5 分析方法

Multisim 提供了非常齐全的分析方法，启动 Simulate 菜单下 Analyses 子菜单中就可以进行相应的分析功能，共包括如下 18 种分析方法：直流工作点分析（DC Operating Point Analysis）、交流分析（AC Analysis）、瞬态分析（Transient Analysis）、傅里叶分析（Fourier Analysis）、噪声分析（Noise Analysis）、噪声图形分析（Distortion Figure Analysis）、失真分析（Distortion Analysis）、直流扫描分析（DC Sweep Analysis）、灵敏度分析（Sensitivity Analysis）、参数扫描分析（（Parameter Sweep Analysis）、温度扫描分析（Temperature Sweep Analysis）、极点-零点分析（Pole Zero Analysis）、传输函数分析（Transfer Function Analysis）、最坏状态分析（Worst Case

Analysis）、蒙特卡罗分析（Monte Carlo Analysis）、布线宽度分析（Trace Width Analysis）、批次分析（Batched Analyses）、用户自定义分析（User Defined Analyses）。

在以上分析方法中，在基础电路仿真中常用到的是直流工作点分析、交流分析、瞬态分析，下面将简单介绍这几种分析方法的使用。

1. 直流工作点分析

直流工作点分析能计算电路静态工作点时的各个节点的电流、电压数值。选择直流工作点分析（DC Operating Point Analysis）命令出现如图 7-19 所示界面。

界面中包括输出变量（Output variables）、各种选项（Miscellaneous Options）、概要（Summary）三栏。输出变量（Output Variables）栏罗列出电路中的各个节点变量及被选择分析的变量，对需要进行分析的变量增加到右边即可分析该变量。其他两栏主要是一些设置及分析的信息概述，一般默认就可。下面以一简单电路为例说明其使用方法，电路图如图 7-20 所示。连接好电路后选中图 7-13 中 Circuit 选项卡里的 Show node names 复选框就可以显示所有节点的序号。选择 DC Operating Point Analysis 命令出现电路直流直流工作点分析对话框，把需观察的节点 3、4、6 加到右侧的已选择变量栏里，单击菜单栏中的 Simulate 按钮，出现如图 7-21 所示仿真结果。

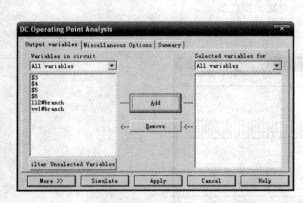

图 7-19 直流工作点分析设置界面

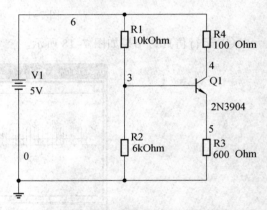

图 7-20 直流工作点分析示例电路

2. 交流分析

交流分析能电路小信号频率响应，分析的结果以幅频特性和相频特性显示。选择交流分析（AC Analysis）命令会出现如图 7-22 所示界面。

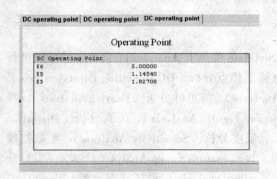

图 7-21 直流工作点分析结果

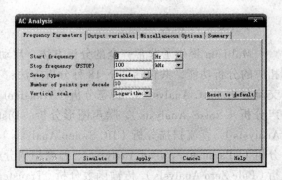

图 7-22 交流分析设置界面

　　界面中包括频率参数（Frequency Parameters）、输出变量（Output Variables）、各种选项（Miscellaneous Options）、概要（Summary）四栏。频率参数栏设置频率范围及结果显示方式等。输出变量栏、各种选项栏、概要栏的内容同直流工作点分析中一样。

　　下面以一简单电路为例说明其使用方法。电路图如图 7-23 所示。连接好电路后选中图 7-13中 Circuit 选项卡里的 Show node names 复选框就可以显示所有节点的序号。选择 AC Analysis 命令出现电路交流分析对话框，选择好频率范围及需观测的结点后，单击菜单栏中的 Simulate 按钮，出现如图 7-24 所示的仿真结果。

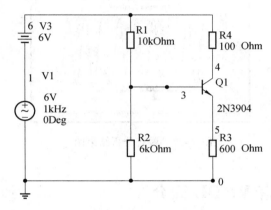

图 7-23　交流分析示例电路

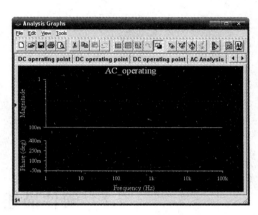

图 7-24　交流分析结果图

3．瞬态分析

　　瞬态分析是一种非线性时域分析方法，能分析电路的时域响应，选择瞬态分析（Transient Analysis）命令出现如图 7-25 所示的界面。

　　界面中包括分析参数（Analysis Parameters）、输出变量（Output Variables）、各种选项（Miscellaneous Options）、概要（Summary）四栏。分析参数栏中包括设置初始条件、开始结束时间、最大时间间隔等内容的设置。输出变量栏、各种选项栏、概要栏的内容同直流工作点分析中一样。

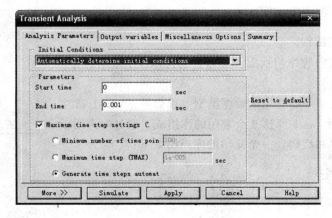

图 7-25　瞬态分析设置界面

下面以一个简单电路为例说明其使用方法，电路图如图 7-26 所示。连接好电路后选图 7-13 中 Circuit 选项卡里的 Show node names 复选框就可以显示所有节点的序号。选择 Transient Analysis 命令出现电路交流分析对话框，进行初始设置及添加需观测的节点后，单击菜单栏中的 Simulate 按钮，出现如图 7-27 所示仿真结果。

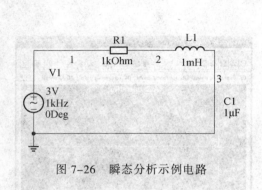

图 7-26　瞬态分析示例电路

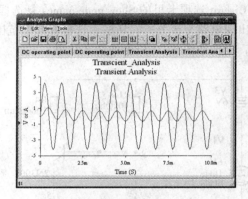

图 7-27　瞬态分析结果图

7.2　硬件描述语言 VHDL 简介

7.2.1　VHDL 的特点

硬件描述语言（VHDL）支持多种设计方法和技术，能独立于工艺技术，具有多层次描述能力，可采用标准化技术，易于共享和复用。

7.2.2　VHDL 的设计流程

VHDL 的设计流程如图 7-28 所示。

7.2.3　VHDL 的基础知识

1. VHDL 程序的结构

一个基本的 VHDL 程序包括库、实体、结构体 3 个基本部分。

（1）库（Library）

VHDL 库里定义了一些常用的数据类型、函数等，VHDL 库主要由 ieee 库、std 库和 work 库这 3 个常用的库组成，通过库声明就可以使用库里的程序和代码。一个简单的库声明如下：

```
LIBRARY IEEE;
USE IEEE.STD_LOGIC_1164.ALL;
USE IEEE.STD_LOGIC_UNSIGNED.ALL;
```

（2）实体（Entity）

实体定义了电路的输入/输出引脚，其结构如下：

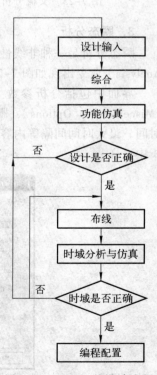

图 7-28　VHDL 的设计流程

```
ENTITY 实体名 IS
PORT （ 端口名：端口信号方向信号数据类型；
     （ 端口名：端口信号方向信号数据类型；
       …）；
END 实体名
```

端口方向包括 in（输入端口）、out（输出端口）及 inout（输入输出双向端口）。

信号数据类型包括 bit、std_logic、std_logic_vector 等数据类型。

例如定义一个 D 触发器实体：

```
ENTITY dff IS
PORT(clk,d: IN STD_LOGIC;
  q: OUT STD_LOGIC);
EDN dff;
```

（3）结构体（Architecture）

结构体定义了电路内部结构及电路行为和功能，包括声明部分和代码部分，其结构如下：

```
ARCHITECTURE 结构体名 OF 实体名 IS
[声明]
BEGIN
  [代码]
END 结构体名；
```

例如，定义一个 D 触发器结构体：

```
ARCHITECTURE rtl OF dff IS
BEGIN
PROCESS(clk)
   BEGIN
       IF((clk'event) and (clk='1') )THEN
            q<=d;
       END IF;
END PROCESS;
END RTL;
```

2. 数据类型

VHDL 定义了 10 种标准数据类型及 10 种用户自己定义数据类型。

（1）标准数据类型

VHDL 语言定义的 10 种标准数据类型如下：

- 整型（INTEGER）：32 位整数，如 10、-5。例如：

```
Singal A: INTEGER RANGE 0 TO 255;
```

- 实型（REAL）：实数，例如 3.26。例如：

```
Singal B: REAL;
```

- 位（BIT）：位宽为 1，位值为'0'或'1'。例如：

```
Singal A: BIT;
```

- 位矢量（BIT_VECTOR）：位宽为正整数，位值为'0'或'1'。例如：

  Singal A: BIT_VECTOR（7 downto 0）;

- 布尔量（BOOLEAN）：逻辑 TRUE 或 FALSE。
- 字符（CHARACTER）：单个 ASCII 字符，如'A'、'a'、'B'、'b'。
- 时间类型（TIME）：时间值如 10 sec、1 min。
- 错误等级（SEVERITY LEVEL）：错误等级分为 NOTE（注意）、WARING（警告）、ERROR（错误）和 FAILURE（失败）4 种。
- 自然数（NATURAL）：0、1、10。
- 字符串（STRING）："abcd"。

（2）用户定义的数据类型

VHDL 定义了用户自定义的数据类型，包括如下：

- 枚举类型（ENUMERATED）：

  TYPE 数据类型名{, 数据类型名} 数据类型定义;

- 整型（INTEGER）:与标准定义的整型是相同的，例如：

  TYPE digit IS INTEGER RANGE 0 TO 9;

- 实型（REAL）：与标准定义的实型是相同的。
- 数组（ARRAY）：数组由相同类型的多个元素组成的数据类型。定义为：

  TYPE 数组名 IS ARRAY [下标约束] OF 数组元素的类型名;

例如：

  TYPE word8 IS ARRAY (INTEGER RANGE 1 TO 8) OF BIT;

- 存取类型（ACCESS）：存取类型用于为客体之间建立联系，或者给新对象分配或释放存储空间，定义为：

  TYPE 数据类型名 IS ACCESS 限制;

例如，在 TEXTIO 程序包中定义了一个存取类型的量：

  TYPE line IS ACCESS string;

- 文件类型（FILE）：文件类型是在系统环境中定义为代表文件的一类客体，其定义为：

  TYPE 文件类型名 IS FILE 限制;
  例如：TYPE text IS FILE OF string;

- 记录类型（RECODE）：记录是由不同类型的数据集合在一起形成的数据类型。其定义为：

  TYPE 数据类型名 IS RECODE;
  元素名：数据类型;
  元素名：数据类型;
      …;
  END RECODE;

例如：

```
TYPE  PCI_bus  IS  RECODE
        Addr : STD_LOGIC_VECTOR (31 DOWNTO 0 );
        Data : STD_LOGIC_VECTOR ( 31 DOWNTO 0 );
      R0 : INTEGER;
       Inst : instruction;
END  RECODE;
```

- 时间类型（TIME）。其定义为：

```
TYPE  数据类型名 IS  范围
   UNITS  基本单位;
           单位;
END  UNITS;
```

例如：

```
TYPE time IS RANGE -1E18 TO 1E18
UNITS fs;
      ps=1000 fs;
      ns=1000 ps;
      us=1000 ns;
      ms=1000 us;
      sec=1000 ms;
      min=60 sec;
      hr=60 min;
END UNITS;
```

3. 数据操作

（1）赋值操作

赋值操作包括 3 种：

- <=：用于给信号赋值。
- :=：用于给变量赋值或者也可赋予初始值。
- =>：用于给矢量中一些位进行赋值。

例如：

```
a<='1';                    --a 为信号
b:= '0000';                --b 为变量
c<=(0=>'1',others=>'0');   --c 为 8 位矢量信号
```

（2）逻辑操作

逻辑操作包括（AND、OR、NOT、NAND、NOR、XOR、XNOR）。

例如：y<=not(a and b);   --y 为 a 与 b 的非。

（3）算数操作

算数操作包括+（加）、-（减）、*（乘）、/（除）、**（指数运算）、MOD（求模）、MEM（取余）、ABS（求绝对值）8 种操作。

（4）比较操作

比较操作包括 =（等于）、/=（不等于）、<（小于）、>（大于）、<=（小于等于）、>=（大于等于）6 种操作。

（5）移位操作

移位操作包括 sll（逻辑左移）、srl（逻辑右移）、sla（算术左移）、sra（算术右移）、rol（循环左移）、ror（循环右移）6 种操作。

（6）拼接操作

拼接操作运算符为&，用于位的拼接。

例如：y<=a&"0000"，如果 a 为 1111，那么结果 y 为 1111000。

4. 属性

属性提供了数值、信号的指定信息。预定义属性包括数据属性和信号属性。

（1）数据属性

数据属性用于获得数据的相关信息，例如数组长度。数据属性如下：

- Data_Vector'left：数组索引的左边界值。
- Data_Vector'right：数组索引的右边界值。
- Data_Vector'high：数组索引的上限值。
- Data_Vector'low：数组索引的上限值。
- Data_Vector'length：数组索引的长度值。
- Data_Vector'range：数组索引的位宽范围。
- Data_Vector'reverse_range：数组索引的反向位宽范围。

（2）信号属性

信号属性用来得到信号的行为信息和功能信息。信号的属性如下：

- signal'EVENT：如果在当前相当小的一段时间间隔内，siganl 发生了一个事件，则函数返回一个"真（TRUE）"的布尔量，否则就返回"假（FALSE）"。
- signal'ACTIVE：若在当前仿真周期中，信号 siganl 上有一个事务，则 signal'ACTIVE 返回"真"值，否则返回"假"值。
- signal'LAST_EVENT：信号最后一次发生的事件到现在时刻所经历的时间，并将这段时间值返回。
- signal'LAST_VALUE：信号最后一次变化前的值，并将此值返回。
- signal'LAST_ACTIVE：返回一个时间值，即从信号最后一次发生的事务到现在的时间长度。

5. VHDL 代码

VHDL 代码按照执行顺序可分为并行执行代码和顺序执行代码，在 PROCESS、FUNCTION 和 PROCEDURE 之外使用的代码都为并行代码。

（1）并行代码

VHDL 的结构体代码由并行语句构成，常见的并行语句有运算操作语句、WHEN 语句、GENERATE 语句、BLOCK 语句。

① 运算操作语句。运算操作可实现并发代码并实现最基本的组合逻辑电路。

② WHEN 语句。WHEN 语句包括条件信号 WHEN 语句和选择信号 WHEN 语句，它们都是

并行代码。

- 条件信号 WHEN 语句格式如下：

目的信号量<= 表达式 1WHEN 条件 1 ELSE
　　　　　表达式 2WHEN 条件 2 ELSE
　　　　　…
　　　　　表达式 n WHEN 条件 n ELSE
　　　　　表达式 n + 1；

- 选择信号 WHEN 语句格式如下：

WITH 选择条件表达式 SELECT
目的信号量<= 信号表达式 1 WHEN 选择条件 1
　　　　　信号表达式 2 WHEN 选择条件 2
　　　　　…
　　　　　信号表达式 n WHEN 选择条件 n；

例如四选一选择器 WHEN 语句：

```
LIBRARY IEEE;
USE IEEE.STD_LOGIC_1164.ALL;
ENTITY mux4 IS
PORT (d0,d1,d2,d3, a, b: IN STD_LOGIC; q: OUT STD_LOGIC);
END mux4;
ARCHITECTURE behav OF mux4 IS
SIGNAL sel: INTEGER;
BEGIN
WITH sel SELECT
q<=d0 WHEN 0,
d1 WHEN 1,
d2 WHEN 2,
d3 WHEN 3,
    'x' WHEN OTHERS;
sel<= 0 WHEN a='0' AND b='0' ELSE
      1 WHEN a='1' AND b='1' ElSE
      2 WHEN a='0' AND b='1' ELSE
      3 WHEN a='1' AND b='1' ELSE
      4;
END behav;
```

③ GENERATE 语句。生成语句用于产生多个相同的结构和描述规则结构，在数字系统中常用于描述寄存器阵列、存储单元阵列、仿真状态编译器等。

GENERATE 语句有两种形式：FOR…GENERATE 和 IF…GENERATE。

- FOR…GENERATE 语句的格式如下：

标号：FOR 变量 IN 不连续区间
　　GENERATE
　　　　〈并发处理的生成语句〉
　　END GENERATE[标号名]；

- IF…GENERATE 语句的格式如下：

标号：IF 条件 GENERATE
　　〈并发处理的生成语句〉
　　END GENERATE[标号名];

④ BLOCK 语句

块（BLOCK）是 VHDL 程序中又一种常用的子结构形式。块内的语句是并发执行的，运行结果与语句的书写顺序无关，其格式如下：

块名：BLOCK[条件表达式]
[类属子句类属接口表；]
[端口子句端口接口表；]
[块说明部分]
BEGIN
　　并发执行语句
END BLOCK[块名];

（2）顺序代码

在 PROCESS、FUNCTION 和 PROCEDURE 之内使用的代码都为顺序代码。顺序代码语句只要包括 IF、WAIT、CASE 和 LOOP 语句。

① PROCESS 进程。进程定义了一个电路模块，其内部结构如下：

[进程名：] PROCESS [(敏感信号量表)]
说明语句
BEGIN
　　顺序执行语句
END PROCESS [进程名];

例如 D 触发器：

```
LIBRARY IEEE
USE IEEE.STD_LOGIC_1164.ALL;
ENTITY dff4 IS
PORT (clk, d, clr, pset: IN STD_LOGIC;  q: OUT STD_LOGIC );
END dff4;
ARCHITECTURE rtl OF dff4 IS
BEGIN
PROCESS (clk, pset, clr)
BEGIN
    IF (clr='0') THEN q<='0';
    ELSIF (pset='0') THEN q<='1';
    ELSIF (clk 'EVENT AND clk='1') THEN
    q<=d;
END IF;
END PROCESS;
END rtl;
```

② IF 语句：用于描述条件电路，实现的是优先权电路。

● 单选择控制 IF 语句格式如下：

```
If 条件表达式 then 顺序处理语句
```

● 多选择控制 IF 语句格式如下：

```
If 条件表达式 1 then
    顺序处理语句 1;
Elsif 条件表达式 2 then
    顺序处理语句 2;
else
    顺序处理语句 3;
end if;
```

例如三八优先编码器：

```
LIBRARY IEEE;
USE IEEE.STD_LOGIC_1164.ALL;
ENTITY priority_encoder IS
PORT( d : IN STD_LOGIC_VECTOR ( 7 DOWNTO 0 );
    q : OUT STD_LOGIC_VECTOR( 2 DOWNTO 0 ) );
END priority_encoder ;
ARCHITECTURE example_if OF priority_encoder IS
BEGIN
PROCESS ( d )
BEGIN
IF (d(7)='0')THEN
    q<="111";
ELSIF (d(6)='0')THEN
    q<="110";
ELSIF (d(5)='0')THEN
    q<="101";
ELSIF (d(4)='0')THEN
    q<="100";
ELSIF (d(3)='0')THEN
    q<="011";
ELSIF (d(2)='0')THEN
    q<="010";
ELSIF (d(1)='0')THEN
    q<="001";
ELSE
    q<="000";
END IF;
END PROCESS;
END example_if;
```

③ CASE 语句：也用于描述条件电路，但与 IF 语句不同是 CASE 语句实现的是平衡电路。
CASE 语句的一般格式如下：

```
CASE 条件表达式 IS
    WHEN 条件表达式的值=>顺序处理语句;
    …
```

```
       WHEN 条件表达式的值=>顺序处理语句;
     END CASE;
```

例如，四选一数据选择器：

```
ARCHITECTURE example_case OF mux4 IS
SIGNAL sel : INTEGER RANGE 0 TO 3;
BEGIN
PROCESS ( a,b,d0,d1,d2,d3 )
BEGIN
sel<='0';
IF (a='1') THEN
    sel<=sel+1;
END IF;
IF (b='1') THEN
    sel<=sel+2;
END IF;
CASE sel IS
    WHEN 0=>q<=d0;
    WHEN 1=>q<=d1;
    WHEN 2=>q<=d2;
    WHEN 3=>q<=d3;
END CASE;
END PROCESS;
END  example_case;
```

④ WAIT 语句：允许控制程序的执行或暂停。WAIT 语句的几种格式如下：

- WAIT；--无限等待。
- WAIT ON 信号名[，信号名]；--敏感信号量变化等待。
- WAIT UNTIL 表达式；--条件等待。
- WAIT FOR 时间表达式；--时间等待。

⑤ LOOP 语句：可使一段代码重复执行。其中两种格式如下：

- FOR 格式：

```
[LOOP 标号:]FOR 循环变量 IN 离散范围 LOOP
    顺序语句;
END LOOP [LOOP 标号];
```

- WHILE 格式：

```
[LOOP 标号:]WHILE 循环条件 LOOP
    顺序语句;
END LOOP [LOOP 标号];
```

7.3 软件 Quartus II 使用介绍

Quartus II 是 Altera 公司提供的 FPGA/CPLD 开发集成环境，支持 Windows、Linux 等多种操作系统，所支持的芯片器件种类多并具有良好用户界面，给 SOPC 设计提供了完整的设计环境。

7.3.1　Quartus II 的主界面

主界面包括菜单栏、快捷按钮栏、工程导航栏、进度栏、信息窗口、工作区，如图 7-29 所示。

图 7-29　Quartus II 的主界面

7.3.2　Quartus II 的 VHDL 输入设计流程

1. 新建一个工程

选择 File→New Project Wizard 命令，出现新建工程向导窗口，单击 Next 按钮，出现如图 7-30 所示，输入项目目录、项目名、实体名，然后进入下一步。

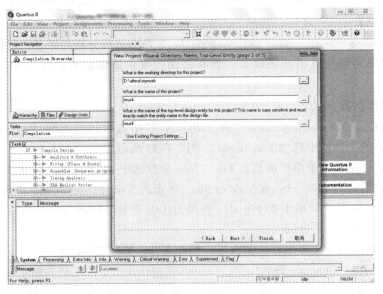

图 7-30　新建工程向导窗口

2. 选择芯片

芯片 Family 选择 Max II 中的 EMP240T100C5，如图 7-31 所示，然后单击 finish 按钮完成新工程的建立。

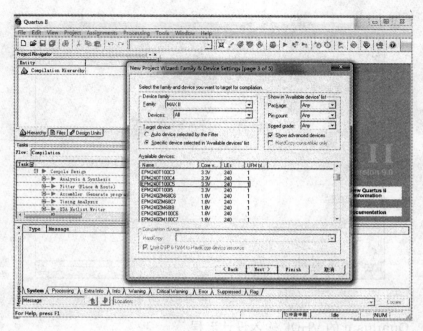

图 7-31　芯片选择窗口

3. VHDL 设计文件的建立

建好工程后，添加 VHDL 文件到项目，选择 File→New 命令，弹出新建设计文件窗口，选中 VHDL File 项，单击 OK 按钮打开 VHDL 文本编辑窗口，输入代码并保存为 dff1.vhdl。

4. 分析与综合

选择 Processing→Start→Start Analysis&Synthesis 命令进行分析与综合，软件开始编译，并检查文件的逻辑完整性及语法错误等，如有错误，改正错误重新执行编译，直至排除所有的错误。

5. 功能波形仿真

选择 Assignments→settings 命令，在 Category 栏中选中 Simulator Settings，然后在右侧 Simulation mode 的下拉栏中选中 Functional，如图 7-32 所示。

在 Quartus II 主界面菜单栏中选择 File→New 命令选中 Vector Waveform File 项，建立 .vwf 文件，建好文件后选择 Edit→Insert Node or Bus，单击的 Node Finder 按钮，出现如图 7-33 所示对话框，选择 filter 下拉菜单中的 Pin:all，再单击 List 按钮，将所有信号选取至右侧 Selected Nodes 窗口，单击 Ok 按钮返回。

选中信号 clkin 进行波形编辑，编辑好后保存文件，如图 7-34 所示。

选择 Processing→Generate Functional Simulation Netlist 命令产生仿真网表文件。

选择 Processing→Start Simulation 命令执行模拟仿真，得出功能仿真结果，如图 7-35 所示。

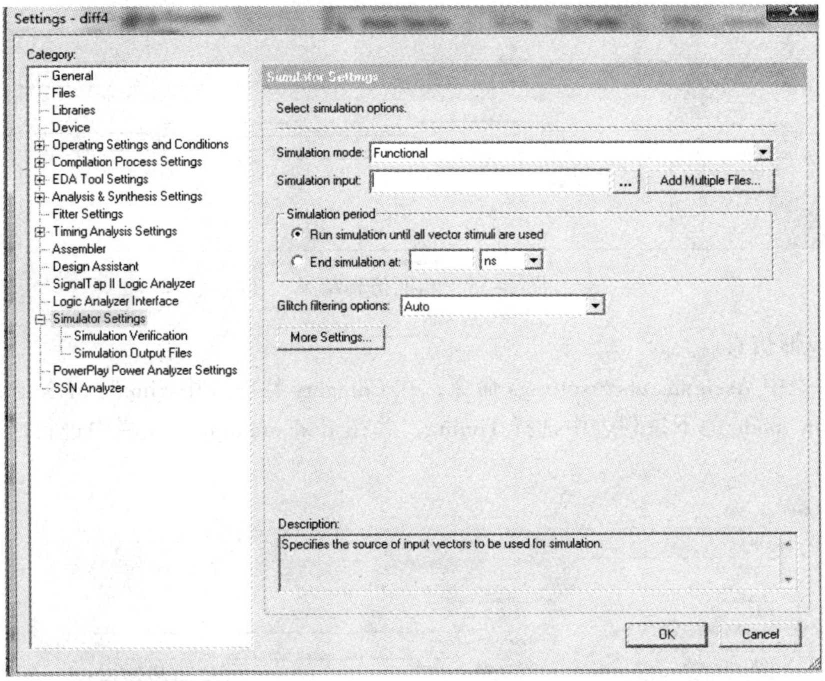

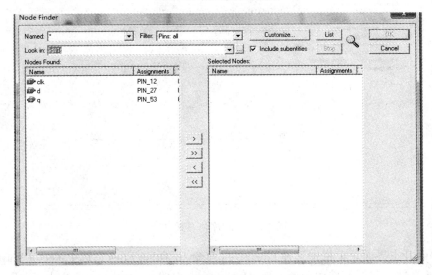

图 7-32　功能仿真模式

图 7-33　输入输出节点选取

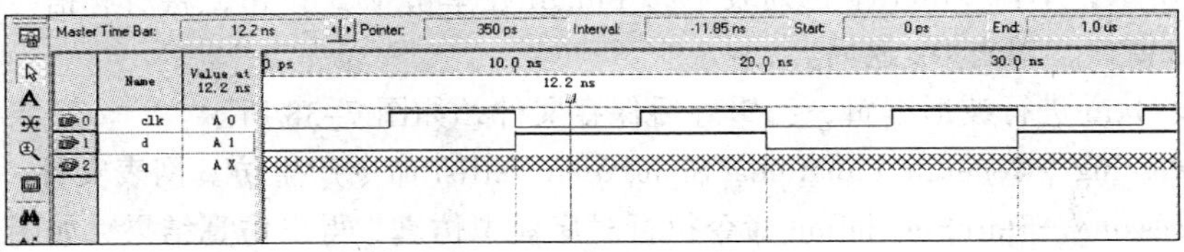

图 7-34　信号波形编辑

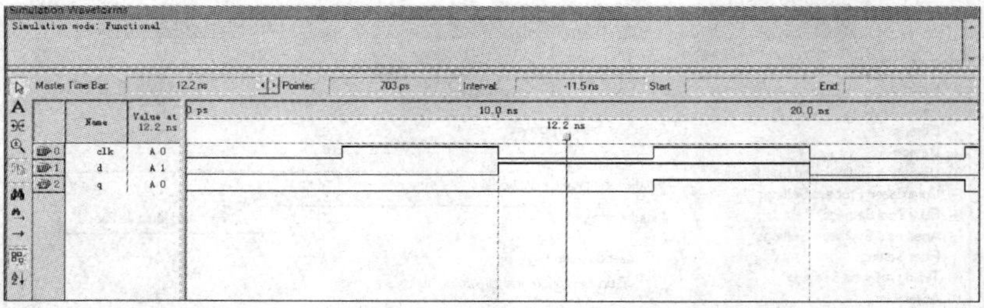

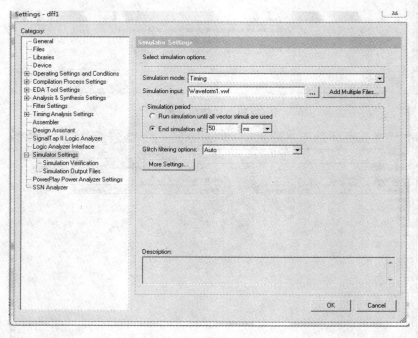

图 7-35　功能仿真结果

6. 时序波形仿真

选择菜单栏中 Assignments→settings 命令，在 Category 栏中选中 Simulator Settings，然后在右侧 Simulation mode 的下拉列表中选择 Timing，并在 End simulationat 栏中进行时序设置，如图 7-36 所示。

图 7-36　时序仿真模式

在 Quartus II 主界面菜单栏中选择 File→New 命令，在 Other Files 页选中 Vector Waveform File 项，建立.vwf 文件，建好文件后选择 Edit→Insert Node or Bus 命令，单击 Node Finder 按钮，出现如图 7-37 所示，单击 Filter 下拉列表中的 Pin:all,在单击 List 按钮，将所有信号选取至右侧 Selected Nodes 窗口，单击 Ok 返回。

选中信号 clkin 进行波形编辑，编辑好后保存文件，如图 7-38 所示。

选择 Processing→Generate Functional Simulation Netlist 命令产生仿真网表文件。

选择 Processing→Start Simulation 命令执行时序模拟仿真，得出仿真结果，如图 7-39 所示，从图中可看出出现了延时。

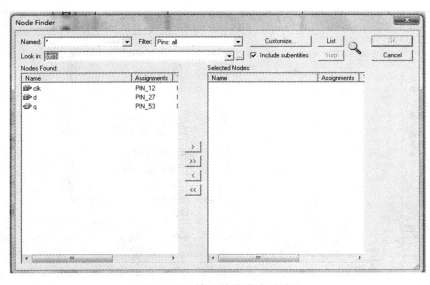

图 7-37　输入输出节点选取

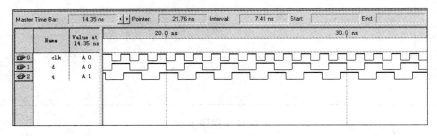

图 7-38　信号波形编辑

图 7-39　时序仿真结果

7. 编译文件

选择 Processing→Start Compilation 命令进行编译。

8. 配置引脚

选择 Assignments→Pins 命令进行引脚配置，如图 7-40 所示。

Clk 配置 13 脚，d 配置 27 脚，q 配置 53 引脚，分配结果如图 7-40 所示，保存并从新编译。

9. 下载程序

选择 Tools→Progammer 命令，单击 Hardware Setup 按钮，选择 USB-Blaster，Mode 选择 JTAG，单击 Add File 按钮增加对应的 pof 下载文件，结果如图 7-41 所示。单击 Start 按钮开始下载，当 Progress 进度条到 100%时完成程序下载。

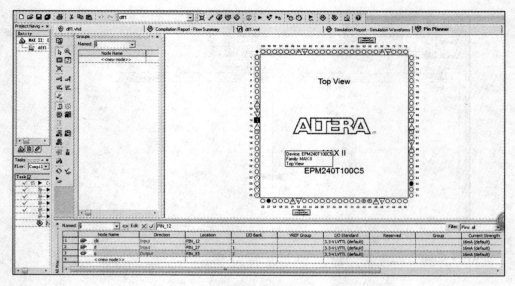

图 7-40 引脚配置

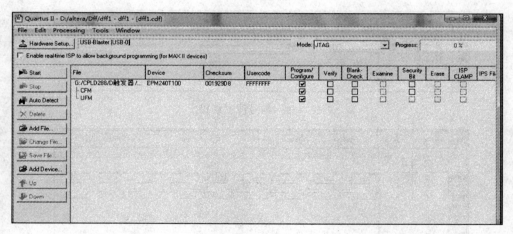

图 7-41 程序下载

附录 **A** 常用仪器仪表的使用

A.1　数字万用表

　　数字万用表是以数字的方式直接显示被测量的大小，十分便于读数。与一般模拟式仪表相比，具有测量精度高、显示直观、功能全、体积小等优点。另外，它还有自动调零、显示极性、超量程显示及低压指示灯功能，装有快速熔丝管过流保护电路和过压保护元件。下面以 DY2101 为例介绍数字万用表的使用方法。

　　DY2101 数字万用表采用低功耗 CMOS 双积分 A/D 转换集成电路，具有自动校零、自动极性显示、数据保持、低电池及超量程指示等功能；有 32 个量程选择；其直流电压基本准确度：$\pm 0.5\%$（$3\frac{1}{2}$ 位）；电容测量范围为 1 pF ~ 200 μF；最大显示值为 1999，为三位半数字万用表。

　　图 A–1 所示为 DY2101 数字万用表的面板图，各组成部分如图 A–1 所示。

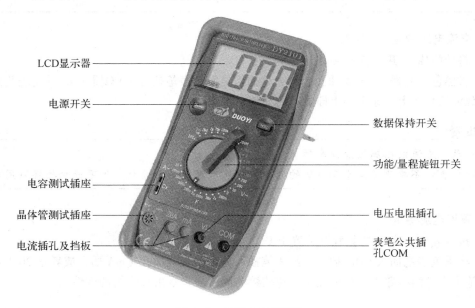

图 A–1　DY2101 万用表

为了能够安全、准确地使用万用表进行测量，需要注意：

① 后盖没有盖好前严禁使用，否则有受电击的危险。

② 使用前检查表笔绝缘层完好，无破损及断线。

③ 进入或者退出电流测量各挡之前，必须先拔出表笔，再转动功能/量程开关，以免破坏机械保护装置。

④ 输入信号不允许超过规定的极限值，以防电击和损坏仪表。

⑤ 正在测量时，不允许旋动功能/量程开关。

⑥ 测量公共端"COM"和"大地"之间的电位差不得超过 1 000 V，以防电击。

⑦ 被测电压高于 DC 60 V 和 AC 42 V 的场合，均应小心谨慎，防止触电。

⑧ 液晶显示"⊟"符号时，表示电池电压不足，应及时更换电池，以确保测量准确度。

⑨ 仪表内熔丝的更换应采用同类型规格。

1. 直流电压测量

① 将功能/量程开关置于 DCV 量程范围内。

② 将黑色表笔插入 COM 插孔，红表笔插入显露的表笔插孔（VΩ插孔），并将表笔并接在被测负载或信号源上，仪表显示的电压读数的同时会指示出红表笔的极性。

 注意

① 在测量之前不知被测电压范围时，应将功能/量程开关置于最高量程挡。

② 当只显示最高位"1"时，说明被测电压已超过使用的量程，应改用更高量程测量。

③ ⚠表示不要测量高于 1 000 V 的电压，虽然有可能显示读数，但可能会损坏万用表。

④ 测量高压时要特别注意安全。

2. 交流电压测量

① 将功能/量程开关置于 ACV 量程范围。

② 将黑色表笔插入 COM 插孔，红表笔插入显露的表笔插孔（VΩ插孔），并将表笔并接在被测负载或信号源上，显示屏上即显示的交流电压值。

 注意

① 参见直流电压测试注意事项 A、B、D。

② ⚠表示不要测量高于 700 V 的电压，虽然有可能显示读数，但可能会损坏万用表。

3. 直流电流测量

① 拔出表笔，将功能/量程开关置于 DCA 量程范围。

② 将黑色表笔插入 COM 插孔，红表笔插入显露的表笔插孔（mA 插孔或者是 20 A 插孔）。将测试笔串入被测电路中，仪表显示电流读数的同时会指示出红表笔的极性。

注 意

① 测量前不知道被测电流范围时，应使用最大量程测量。

② mA 插孔输入时，过载则熔断机内熔丝，须予以更换，熔丝规格为 0.2 A/250 V。

③ 20 A 插孔输入时，最大电流 20 A 时间不要超过 15 s，20 A 挡无熔丝。

4. 交流电流测量

交流电流测量方法与直流电流测量方法完全相同，请参考上面的表述，只是要注意的是需要将功能/量程开关置于 A～量程范围。

5. 电阻测量

① 将功能/量程开关置于 Ω量程范围。

② 将黑色表笔插入 COM 插孔，红表笔插入显露的 VΩ插孔，将测试表笔跨接在被测电阻的两端。

 注 意

① 当输入开路时，仪表处于测量程状态，只显示最高位 "1"。

② 当被测电阻在 1 MΩ以上时，本表需数秒后才能稳定读数，对于高电阻测量这是正常的。

③ 检测在线电阻时，应关闭被测电路的电源，并使被测电路中的电容完全放电，才能进行测量。

④ 200 MΩ挡，红黑表笔短路时有 1 MΩ左右的底数，测量时应从读数中减去。

6. 电容测量

① 将功能/量程开关置于所需 F 量程范围，等仪表自动校零，对于 2 nF 量程剩余 10 以内数字是正常的。

② 把被测电容插入标有 "Cx" 的插座进行测量。

注 意

① 对于充有电荷的电容应进行完全放电，然后进行测量。

② 测量大电容时，所用的时间较长。

③ 在小电容量程，由于分布电容的影响，输入端开路时会有一个小的读数，这是正常的，不影响测量精度。

7. 晶体管 h_{FE} 参数测试

① 将功能/量程开关置于 h_{FE} 挡；

② 先认定晶体管是 PNP 型还是 NPN 型，然后将被测管 E、B、C 三引脚插入仪表的相应插孔。

③ 仪表显示的 h_{FE} 近似值，测试条件为：基本极电流约 10 μA，V_{CE} 约 2.8 V。

8. 二极管测试

① 将功能/量程开关置于 挡。

② 将黑表笔插入 COM 插孔，红表笔插入显露的表笔插孔（VΩ插孔，注意红表笔为内电源的"+"极），将表笔跨接于被测二极管两端，仪表显示二极管正向压降，单位"伏特"；当二极管反接时显示超量程。

> **注意**
> ① 当两表笔开路时，显示超量程（仅显示高位"1"）。
> ② 通过被测器件的电流约为 1 mA。

9. 通断测试

① 将功能/量程开关置于 挡。

② 黑表笔插入 COM 插孔，红表笔插入 VΩ插孔，将测试表笔跨接在待查线路的两端。

③ 被检查的两点之间的电阻值小于 $70\Omega \pm 20\Omega$，蜂鸣器就会发出"嘀"声响作为指示。

> **注意**
> 被测线路必须在切断电源状态下检查，线路带电将导致仪表错误判断。

10. 数据保持功能

按下 HOLD 键，仪表显示"H"，此时测量数据被锁定，便于读数、记录。再按 HOLD 键复位，"H"符号消失，仪表恢复正常测量状态。

A.2　示　波　器

示波器是一种综合性电信号显示和测量的仪器，它不但可以直接显示出电信号随时间变化的波形及其变化过程，测量出信号的幅度、频率、脉宽、相位差等，还能观察信号的非线性失真，测量调制信号的参数等，可实现信号定性观察和定量测量。

示波器的种类是多种多样的，从简单的到非常复杂的，从通用的到专用的，范围十分宽广，分类方法也各不相同。根据测量功能分为模拟示波器和数字示波器。

A.2.1　模拟示波器

模拟示波器是采用模拟方式直接将模拟信号进行处理和显示，使用模拟方式控制电路的示波器，通过阴极射线管进行成像。它的原理和显像管电视基本相同，都是通过其显像管内部的电子枪向屏幕发射电子，电子束投到荧幕的某处，屏幕后面总会有明亮的荧光物质被点亮，直接反映到屏幕上。

模拟示波器的调整和使用方法基本相同，现以岩崎 SS–7804A 型示波器为例，介绍其主要用途及技术特性等。

1. 面板及功能按钮介绍

示波器的前面板如图 A–2 所示，介绍一下功能按钮的使用。

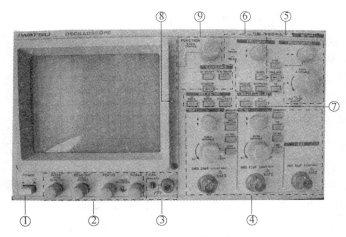

图 A-2 示波器前面板

① POWER：用于开启电源（ON）或进入预备（STBY）状态。

② 屏幕灰度等的调整：其中有亮度旋钮（INTEN）、聚焦旋钮（FOCUS）、文字显示旋钮（READOUT）、刻度照明旋钮（SCALE）、调整轨迹倾斜度的（TRACE ROTATION）。

③ 校准信号及接地端口：

· CAL 连接器：输出校准电压信号，此信号用于本仪器之操作检查及调整探头波形；

· ⊥（接地）连接器：测量时的接地点。

④ 垂直轴：

· INPUT 输入连接器（CH1 至 CH2）：连接输入信号。

· EXT：连接外信号触发源。

· PUSH/VARIABLE：通道 1、2 之电压灵敏度选择。

· ▲POSITION▼：垂直位移。

· CH1、CH2：通道选择。

· DC/AC、GND：耦合方式。

· ADD、INV：显示两通道的和或两通道之差。

⑤ 水平部分：

· FINE：调节水平位置。

· PUSH/AVARIABLE：调节扫描速度。

· MAG×10：信号水平方向放大 10 倍。

· ALT CHOP：显示多通道工作时的显示模式，交替显示或断续显示。

⑥ 触发部分：

· 【TRIG GER】：调整触发电平。

· SLOPE：选择触发沿（+、−）。

· SOURCE：选择触发信号源（CH1、CH2 或 LINE）。

· COUPLING：选择触发耦合方式（AC、DC 、HF REJ 或 LF REJ）。

· TV：视频信号触发选择（BOTH、ODD、EVEN、或 TV-H）。

- TRIGID 指示灯：当触发脉冲产生时灯亮着。
- READY 指示灯：等待触发信号时灯亮着。

⑦ 水平显示（显示模式）。

$\boxed{\text{A}}$、$\boxed{\text{X-Y}}$：选择显示模式。

⑧ 扫描模式：

- $\boxed{\text{AUTO}}$、$\boxed{\text{NORM}}$：选择重复扫描。
- $\boxed{\text{SGL/RST}}$：选择单次扫描。

⑨ 功能旋钮、自动设置：

- FUNCTION：可用此旋钮设置延迟时间、光标位置等，旋转时作为微调使用。需粗调时，可单次或连续按下此钮，而光标移动方向为之前此钮旋转的方向。

CURSOR 光标：

- $\boxed{\triangle\text{V}/\triangle\text{t/OFF}}$：选择△t（时间变化测量），选择△V（电压变化测量），或 OFF（关闭光标测量）。
- $\boxed{\text{TCK/INDEP}}$：选择光标移动形式（C2 或 TRACKING）。
- $\boxed{\text{HOLDOFF}}$：选择释抑时间。

示波器后面板则有两个接口，一个是交流电源输入，用于给整个示波器供电；一个是熔丝，其规格是 $\phi5\times20\text{mm},250\text{V},2\text{A}$ ，用于过流或过压保护。

2. 光标测量和频率计

用光标测量时间和频率差值（△t，1/△t）及电压差值（△V）。

① 选择测量对象：按 $\boxed{\triangle\text{V}/\triangle\text{t/OFF}}$ 选择△V（测量电压变化）、△t（测量时间变化），或按下 OFF（关闭测量）。

② 光标的操作：

- 当选择△t 或△V 时，将显示两条测量光标。
- 旋转 FUNCTION 调整光标位置。当 FUNCTION 被按下或连续按下时，光标将按已转动之方向快速移动。
- 每按一次 TCK/INDEP，光标及其序号按如下顺序改变：

C1（光标 1）→C2（光标 2）→TCK（跟踪）

3. 时间间隔（△t）及频率（1/△t）的测量

测量光标间的时间间隔（△t）及频率（1/△t）。

操作方法及步骤：

（1）按下 $\boxed{\triangle\text{V}/\triangle\text{t/OFF}}$ 选择△t

- 显示水平测量光标 H1 和光标 H2。
- 时间间隔（△t）及频率（1/△t）的值显示于屏幕左下角。
- 移动光标 1 和光标 2 至需要测量的位置。

| 水平光标 H1 | 水平光标 H2 |

（2）设置光标 1

- 按 TCK/INDEP 选择 C1（光标 1）。
- 功能显示为 f：H-C1。
- 光标 1 上方的 "1" 表示光标 1 可移动。
- 旋转 FUNCTION 将光标 1（丨）移至测量位置。

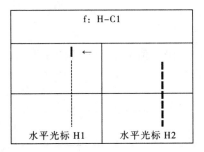

（3）设置光标 2

- 按下 TCK/INDEP 选择 C2（光标 2）。
- 功能显示为 f：H-C2。
- 光标 2 上方的 "1" 表示光标 2 可移动。
- 旋转 FUNCTION 将光标 2（丨）移至测量位置。

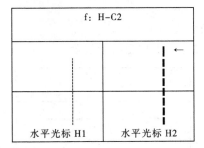

最新光标 1 和 2 间的时间间隔（Δt）及频率（1/Δt）测量值显示于屏幕的左下角。

A Δt=40.00ms 1/Δt=25.0Hz

（4）设置跟踪

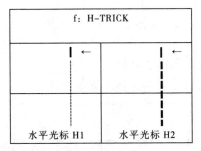

- 按下 TCK/INDEP 选择 TCK（跟踪）。
- 功能显示为 f：H-TRACK。
- 光标 1 和 2 上方同时出现 "1"，表示光标 1 和 2 可移动。
- 当 FUNCTION 旋转时，光标 1 和 2 移动，但光标间的距离不变。

（5）选择光标

按 $\boxed{\Delta V/\Delta t/OFF}$ 选择 OFF（不显示光标）。

4. 电压ΔV 的测量

测量光标间的电压。

操作方法及步骤：

（1）按下 $\boxed{\Delta V/\Delta t/OFF}$ 选择ΔV

- 显示光标 V1 和光标 V2。
- 光标 1 和 2 间的ΔV1 和ΔV2 测量值显示于屏幕的左下角。
- 移动光标 1 和光标 2 至测量位置。

（2）设置光标 1

- 按下 $\boxed{\text{TCK/INDEP}}$ 选择 V–C1（光标 1）。
- 功能显示为 f：V–C1。
- V 光标 1 左边的 "–" 表示光标 1 可移动。
- 旋转 FUNCTION 将光标 1（ –– ）移至测量位置。

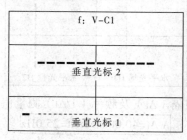

（3）设置光标 2

- 按下 $\boxed{\text{TCK/INDEP}}$ 选择 V–C2（光标 2）。
- 功能显示为 f：V–C2。
- V 光标 2 上方的 "–" 表示光标 2 可移动。
- 旋转【FUNCTION】将光标 2（ –– ）移至测量位置。

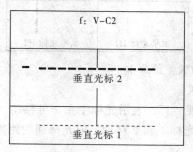

（4）显示电压间隔

最新光标 1 和光标 2 间的电压间隔（ΔV1）和（ΔV2）测量值显示于屏幕的左下角

$$\Delta V1=59.2mV\ \Delta V2=0.592V$$

当有两个通道波形同时显示时(CH1、CH2)，光标测量则显示 V1 与 V2 间的电压值。

（5）设置跟踪

- 按 TCK/INDEP 选择 TCK（跟踪）。
- 功能显示为 f：V–TRACK。
- 光标 1 和 2 上方的"–"表示光标 1 和光标 2 都可移动。
- 当 FUNCTION 旋转时，V 光标 1 和光标 2 移动，但光标间的距离不变。

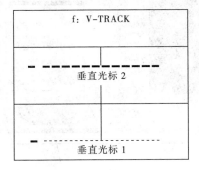

（6）重新设置测量ΔV

按下 ΔV/Δt/OFF ，选择 OFF（不显示光标）。

5. 频率计

用频率计测量输入信号的频率。

操作方法及步骤：

（1）设置 A 触发

- A 触发设置后，测量值连续显示于屏幕的右下角。
- 选定的 A 触发源是测量的目标。

$$f=1.0000\ kHz$$

（2）当 A 触发没有设置时，或当输入信号超过测量的频率范围时，显示 0 Hz。

$$f=0.0000\ kHz$$

A.2.2　数字存储示波器

与通用模拟示波器不同的是，在数字示波器内部采用 A/D 变换器把被测的输入模拟波形进行取样、量化和编码，转换成数字信号"1""0"码，存储在半导体随机存储器中，然后在需要时将存储器中的内容调出，通过相应的 D/A 变换器，再恢复为模拟量显示在示波器的屏幕上。数字示波器捕获的是波形的一系列样值，并对样值进行存储，存储限度是判断累计的样值是否能描绘出波形为止，随后示波器重构波形。

数字示波器不仅具有多重波形显示、分析和数学运算功能，自动光标跟踪测量功能，波形录制和回放功能等,还支持即插即用 USB 存储设备和打印机,并可通过存储设备进行软件升级等。

数字示波器前面板各通道标志、旋钮和按键的位置及操作方法与传统示波器类似。现以泰克 TDS2000B 系列数字存储示波器介绍数字示波器的使用。

1. 面板及操作介绍

图 A-3 所示为 TDS2000B 系列示波器的前面板（双通道），大致分为显示区域、菜单和控制按钮、垂直控制、水平控制、触发控制等几个部分，下面以双通道示波器为例简要介绍各部分的功能和操作。

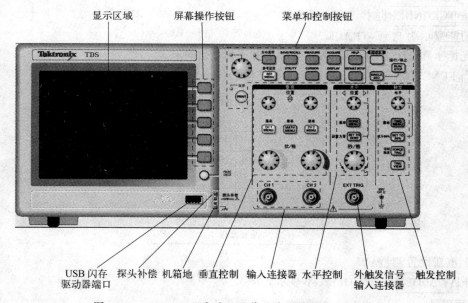

图 A-3　TDS2000B 系列双通道示波器前面板(双通道)

除显示波形外，显示屏上还含有很多关于波形和示波器控制设置的详细信息。图 A-4 为截取的屏显图，下面了解一下显示内容所传达的信息。

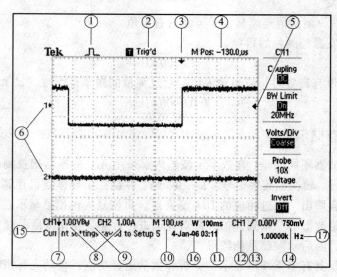

图 A-4　示波器屏显图示

① 显示图标表示获取方式

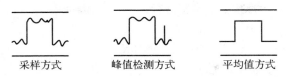

采样方式　　峰值检测方式　　平均值方式

② 触发状态显示如下：

□ Armed.：示波器正在采集预触发数据，在此状态下忽略所有触发。

R Ready.：示波器已采集所有预触发数据并准备接受触发。

T Trig'd.：示波器已发现一个触发，并正在采集触发后的数据。

● Stop.：示波器已停止采集波形数据。

● Acq. Complete：示波器已经完成"单次序列"采集。

R Auto.：示波器处于自动方式并在无触发状态下采集波形。

□ Scan.：在扫描模式下示波器连续采集并显示波形。

③ 使用标记显示水平触发位置，旋转"水平位置"旋钮可以调整标记位置。

④ 显示中心刻度处时间的读数，触发时间为零。

⑤ 显示边沿或脉冲宽度触发电平的标记。

⑥ 屏幕上的标记指明所显示波形的地线基准点。若没有标记，不会显示通道。

⑦ 箭头图标表示波形是反相的。

⑧ 读数显示通道的垂直刻度系数。

⑨ BW图标表示通道带宽受限制。

⑩ 读数显示主时基设置。

⑪ 若使用视窗时基，读数显示视窗时基设置。

⑫ 读数显示触发使用的触发源。

⑬ 采用图标显示以下选定的触发类型：

∫：上升沿的边沿触发。

⌐：下降沿的边沿触发。

⌐：行同步的视频触发。

▆：场同步的视频触发。

⊓：脉冲宽度触发，正极性。

⊔：脉冲宽度触发，负极性。

⑭ 读数显示边沿或脉冲宽度触发电平。

⑮ 显示区显示有用信息；有些信息仅显示 3 s。如果调出某个储存的波形，读数就显示基准波形的信息，如 RefA 1.00 V 500 μs。

⑯ 读数显示日期和时间。

⑰ 读数显示触发频率。

2. 测量实例

需要查看电路中的某个信号，但又不了解该信号的幅值或频率。快速显示该信号，并测量其频率、周期和峰峰值幅度。

（1）使用"自动设置"

要快速显示某个信号，可按如下步骤进行：

① 按下 CH 1 MENU（CH1 1 菜单）按钮。

② 按下"探头"→"电压"→"衰减"→10X。

③ 将 P2220 探头上的开关设置为 10X。

④ 将通道 1 的探头端部与信号连接，将基准导线连接到电路基准点。

⑤ 按下"自动设置"按钮。

示波器自动设置垂直、水平和触发控制。如果要优化波形的显示，可手动调整上述控制。

（2） 进行自动测量

示波器可自动测量多数显示的信号。要测量信号的频率、周期、峰峰值幅度、上升时间以及正频宽，请遵循以下步骤进行操作：

① 按下 MEASURE（测量）按钮查看 Measure（测量）菜单。

② 按下顶部选项按钮：显示 Measure 1 Menu（测量 1 菜单）。

③ 按下"类型"→"频率"，"值"读数将显示测量结果及更新信息。

④ 按下"返回"选项按钮。

⑤ 按下顶部第二个选项按钮：显示 Measure 2 Menu（测量 2 菜单）。

⑥ 按下"类型"→"周期"，"值"读数将显示测量结果及更新信息。

⑦ 按下"返回"选项按钮。

⑧ 按下中间的选项按钮：显示 Measure 3 Menu（测量 3 菜单）。

⑨ 按下"类型"→"峰-峰值"，"值"读数将显示测量结果及更新信息。

⑩ 按下"返回"选项按钮。

⑪ 按下底部倒数第二个选项按钮：显示 Measure 4 Menu（测量 4 菜单）。

⑫ 按下"类型"→"上升时间"，"值"读数将显示测量结果及更新信息。

⑬ 按下"返回"选项按钮。

⑭ 按下底部的选项按钮：显示 Measure 5 Menu（测量 5 菜单）。

⑮ 按下"类型"→"正频宽"，"值"读数将显示测量结果及更新信息。

⑯ 按下"返回"选项按钮。

A.3　函数信号发生器/计数器

信号发生器又称信号源，是电子测量系统不可缺少的重要设备。它的功能是产生测量系统所需的不同频率、不同幅度的各种波形信号，这些信号主要用来测试、校准和维修设备。信号发生器可以产生方波、三角波、锯齿波、正弦波和正负脉冲信号等。

现以 EE1641B1 型函数信号发生器（见图 A-5）为例介绍信号发生器的使用。

1. 前面板各部分的名称和作用

① 频率显示窗口：显示输出信号的频率或外测频信号的频率。

② 幅度显示窗口：显示函数输出信号的幅度（50 Ω负载时的峰值）。

③ 速率调节旋钮：调节此电位器可以改变内扫描的时间长短。在外测频时，逆时针旋到底（绿灯亮），为外输入测量信号经过低通开关进入测量系统。

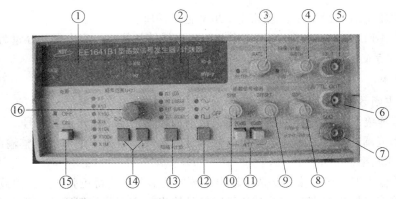

图 A-5 EE1641B1 型函数信号发生器/计数器前面板

④ 扫描宽度调节旋钮：调节此电位器可以改变内扫描的时间长短。在外测频时，逆时针旋到底（绿灯亮），为外输入测量信号经过衰减 20dB 进入测量系统。

⑤ 外部输入插座：当"扫描/计数"按钮⑬功能选择在外扫描外计数状态时，外扫描控制信号或外测频信号由此输入。

⑥ TTL 信号输出端：输出标准的 TTL 幅度的脉冲信号，输出阻抗为 600 Ω。

⑦ 函数信号输出端：输出多种波形受控的函数信号，输出幅度 20 V_{P-P}（1 MΩ负载），10 V_{P-P}（50 Ω负载）。

⑧ 函数信号输出幅度调节旋钮：调节范围 20 dB。

⑨ 函数信号输出信号直流电平预置调节旋钮：调节范围：−5～+5 V（50 Ω负载），当电位器处在关的位置时，则为 0 电平。

⑩ 输出波形对称性调节旋钮：调节此旋钮可改变输出信号的对称性。当电位器处于关的位置时，则输出对称信号。

⑪ 函数信号输出幅度减开关："20 dB""40 dB"按钮均不按下，输出信号不经衰减，直接输出到插座口。"20dB""40dB"按钮分别按下，则可选择 20 dB 或 40 dB 衰减。

⑫ 函数输出波形选择按钮：可选择正弦波、三角波、脉冲波输出。

⑬ "扫描/计数"按钮：可选择多种扫描方式和外测频方式。

⑭ 频率范围选择按钮：调节此按钮可改变输出频率的一个频程。

⑮ 整机电源开关：此按键按下时，机内电源接通，整机工作。此键释放为关掉整机电源。

⑯ 频率调节器调：频率微调旋钮。

2. 后面板各部分的名称和作用

EE1641B1 型函数信号发生器后面板如图 A-6 所示。

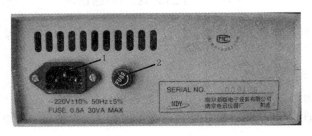

图 A-6 EE1641B1 型函数信号发生器后面板

① 电源插座（AC 220 V）：交流市电 220 V 输入插座。

② 熔丝座（FUSE　0.5 A）：交流市电 220 V 进线熔丝管座，座内保险容量为 0.5 A，座内另有一只备用 0.5 A 熔丝。

3. 操作使用

（1）50 Ω主函数信号输出

① 以终端连接 50 Ω匹配器的测试电缆，由前面板输出端⑦输出函数信号。

② 由频率范围选择按钮⑭选定输出函数信号的频段，由频率调节器调整输出信号频率，直到所需的工作频率值。

③ 由函数输出波形选择按钮⑫选定输出函数的波形分别获得正弦波、三角波、脉冲波。

④ 由函数信号输出幅度减开关⑪和函数信号输出幅度调节旋钮⑧选定和调节输出信号的幅度。

⑤ 由信号电平预置调节旋钮⑨选定输出信号所携带的直流电平。

⑥ 输出波形对称性调节按钮⑩可改变输出脉冲信号空度比。与此类似，输出波形为三角或正弦时可使三角波调变为锯齿波，正弦波调变为正与负半周分别不同频率的正弦波形，且可移相 180°。

（2）TTL 脉冲信号输出

① 除信号电平为标准 TTL 电平外，其重复频率、调控操作均与函数输出信号一致。

② 以测试电缆（终端不加 50Ω匹配器）由 TTL 信号输出端⑥输出 TTL 脉冲信号。

（3）内扫描扫频信号输出

①"扫描/计数"按钮⑬选定为内扫描方式。

② 分别调节扫描宽度调节器④和扫描速率调节旋钮③获得所需的扫描信号输出。

③ 函数信号输出端⑦、TTL 信号输出端⑥输出插座均输出相应的内扫描的扫频信号。

（4） 外扫描调频信号输出

①"扫描/计数"按钮⑬选定为"外扫描方式"。

②由外部输入插座⑤输入相应的控制信号，即可得到相应的受控扫描信号。

4. 外测频功能检查

①"扫描/计数"按钮⑬选定为"外计数方式"。

② 本机提供的测试电缆，将函数信号引入外部输入插座⑤，观察显示频率应与"内"测量时相同。

A.4　直流稳压电源

直流稳压电源包括恒压源和恒流源。现以 YB1733A 型直流稳压电源为例介绍稳压电源的使用。

1. 面板操作件说明

图 A–7 所示为 YB1733A 型直流稳压电源的前面板。

① 电源开关（POWER）：将电源开关按键弹出即为"关"位置，将电源线接入，按电源开关，以接通电源。

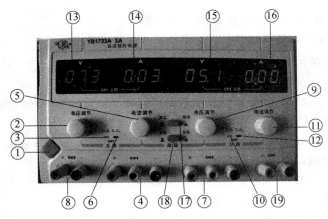

图 A-7　YB1733A 型直流稳压电源前面板

② 电压调节旋钮（VOLTAGE）：主路电压调节旋钮，顺时针调节，电压由小变大，逆时针调节，电压由大变小。

③ 恒压指示灯（C.V）：当主路处于恒压状态时，C.V 指示灯亮。

④ 输出端口（CH1）：主路（CH1）输出端口。

⑤ 电流调节旋钮（CURRENT）：主路电流调节旋钮，顺时针调节，电流由小变大，逆时针调节，电流由大变小。

⑥ 恒流指示灯（C.C）：主路恒流指示灯，当主路处于恒流状态时，此灯亮。

⑦ 输出端口（CH2）：从路（CH2）输出端口。

⑧ 输出端口（CH3）：固定 5V 输出端口。

⑨ 电压调节旋钮（VOLTAGE）：此为从路电压调节旋钮，顺时针调节，电压由小变大，逆时针调节，电压由大变小。

⑩ 恒压指示灯（C.V）：从路恒压指示灯，当从路处于恒压状态时，此灯亮。

⑪ 电流调节旋钮（CURRENT）：从路电流调节旋钮，顺时针调节，电流由小变大，逆时针调节，电流由大变小。

⑫ 恒流指示灯（C.C）：此为从路恒流指示灯，当从路处于恒流状态时，此灯亮。

⑬ 显示窗口：主路（CH1）电压显示窗口。

⑭ 显示窗口：主路（CH1）电流显示窗口。

⑮ 显示窗口：从路（CH2）电压显示窗口。

⑯ 显示窗口：从路（CH2）电流显示窗口。

⑰ 电源独立、组合控制开关：此开关弹出，两路分别可独立使用；开关按入，电源进入跟踪状态。

⑱ 电源串联、并联选择开关。

2. 使用方法

（1）设置控制键

打开电源开关前先检查输入的电压，将电源线插入后面板上的交流插孔，设置各个控制键：

① 电源（POWER）：电源开关键弹出。

② 电压调节旋钮（VOLTAGE）：调至中间位置。

③ 电流调节旋钮（CURRENT）：调至中间位置。

④ 跟踪开关：按图示独立还是组合、串联还是并联置弹出位置。

所有控制键如上设置后，打开电源。

（2）一般检查

① 调节电压调节旋钮，显示窗口显示的电压值应相应变化。顺时针调节电压调节旋钮，指示值由小变大；逆时针调节，指示值由大变小。

② 双路（CH1、CH2）输出端口应有输出。

③ 固定 5V 输出端口，应有 5 V 输出。

（3）双路（CH1、CH2）输出可调电源的独立使用

① 将按钮⑰和⑱开关分别置于弹起位置。

② 可调电源作为稳压源使用时，首先应将稳流调节旋钮⑤和⑪顺时针调节到最大，然后打开电源开关①，并调节电压调节旋钮①和⑨，使从路和主路输出直流电压至需要的电压值，此时稳压状态指示灯③和⑩发光。

③ 可调电源作为稳流源使用时，在打开电源开关①后先将稳压调节旋钮②和⑨顺时针调节到最大，同时将稳流调节旋钮⑤和⑪逆时针调节到最小，然后接上所需负载，顺时针调节旋钮⑤和⑪，使输出电流至所需要的稳定电流值。此时稳压状态指示灯③和⑩熄灭，稳流状态指示灯⑥和⑫发光。

④ 在作为稳压源使用时，稳流电流调节旋钮⑤和⑪一般应该调至最大。但是，本电源也可以任意设置限流保护点。设置办法为：打开电源，逆时针将电流调节旋钮⑤和⑪调到最小。然后短接正负端子，并顺时针调节电流调节旋钮⑤和⑪。使输出电流等于所要求的限流保护点的电流值，此时，限流保护点就被设置好了。

（4）双路（CH1、CH2）输出可调电源的串联使用

① 按下开关⑰，开关⑱置于弹起位置，此时，调节主电源电压调节旋钮②，从路的输出电压严格跟踪主路输出电压，使输出电压最高可达两路电压的额定值之和。

② 在两路电源处于串联状态时，两路的输出电压由主路控制，但是两路的电流调节仍然是独立的。因此，在两路串联时应注意电流调节旋钮⑪的位置，如旋钮⑪在逆时针到底的位置或从路输出电流超过限流保护点，此时，从路的输出电压将不再跟踪主路的输出电压。所以，一般两路串联时应将旋钮⑪顺时针旋到最大。

（5）双路（CH1、CH2）输出可调电源的并联使用

① 按下开关⑰，开关⑱也按下，此时两路电源并联，调节主电源电压调节旋钮②，两路输出电压一样。同时，主路稳压指示灯③发光。从路指示灯⑩熄灭。

② 在电源处于并联状态时，从路电源的电流调节旋钮⑪不起作用，当电源做稳流源使用时，只需调节主路的电流调节旋钮⑤。此时主、从路的输出电流均受其控制并相同。其输出电流最大可达二路输出电流之和。

电路电子基础实验箱可完成"电路分析""模拟电子技术基础""数字电子技术基础"课程要求的基本实验，也可用于模拟／数字的综合实验。

该实验箱采用独特的两用板工艺，正面贴膜，印有原理图及符号；反面为印制导线，焊有相应元器件。模拟电路实验采用模块化设计，面板同样采用两用板工艺，正面贴膜，印有原理图及符号；反面为印制导线，并装配了塑料透明壳，便于学生对各种元器件的识别。

1. 技术性能

（1）电源

① 输入：AC 220 V、50 Hz。

② 输出：① DC 0 V～20 V（分 2 挡连续可调）两路。

③ DC +12 V/0.5 A。

④ DC −12 V/0.2 A。

⑤ DC +5 V/1 A（带短路报警）。

⑥ DC −5 V/0.2 A。

⑦ AC 双 7.5 V/0.2 A。

⑧ 恒流源：50 mA、100 mA 各 1 路。

（2）信号源

① 函数波发生器：

- 输出波形：方波、三角波、正弦波

- 幅　值：正弦波 V_{p-p}：0～14 V（14 V 为峰−峰值，且正负对称）。

　　　　　方　波 V_{p-p}：0～24 V（24 V 为峰−峰值，且正负对称）。

　　　　　三角波 V_{p-p}：0～24 V（24 V 为峰−峰值，且正负对称）。

　　　　　幅值调节：分粗调和细调（多圈）

- 频率范围：分 4 挡 10～100 Hz、100 Hz～1 kHz、1～10 kHz、10～100 kHz。

　　　　　频率调节：分粗调和细调（多圈）。

② 脉冲信号。单脉冲（两路）：无抖动正负单脉冲，TTL 电平。

- 连续脉冲：1Hz～1MHz 连续可调方波。

- 固定脉冲，分别为：1Hz、1kHz、1MHz。

（3）逻辑笔

可测高电平、低电平、高阻、脉冲等四态。

（4）电平显示及逻辑开关

- 电平显示：12 位。

- 逻辑开关：12 位。

（5）数字显示

由 6 位 7 段 LED 数码管及二–十进制译码器驱动器组成。其中：有两位提供段输入端口（即 a、b、c、d、e、f、g 为输入端），有 4 位提供带译码输入端口。

（6）元件库

包括：电阻、电容、二极管、开关、电感、指针直流表头、扬声器等。

（7）电位器组

6 只独立电位器，470 Ω、1 kΩ、10 kΩ、22 kΩ、100 kΩ、680 kΩ。

（8）模拟电路实验区（5 个模块，尺寸均为 225 mm × 140 mm）。

模块 1：分立电路单元（见图 B–1）。

模块 2：差动单元（见图 B–2）。

模块 3：集成运放单元（见图 B–3）。

模块 4：分立和集成功率放大单元（见图 B–4）。

模块 5：分立和集成稳压单元；（见图 B–5）。

（9）数字电路实验区（均为圆孔 IC 插座）

模块 6：8P 1 只、14P 7 只、16P 5 只、20P 1 只（见图 B–6）。

（10）电路实验区

模块 7：电路实验（一）（见图 B–7）。

模块 8：电路实验（二）（见图 B–8）。

2. 使用方法

实验箱面板图见图 B–9。

① 将标有 220 V 的电源线插入市电插座，接通实验箱电源，同时将 5 V 直流电源开关打开，此时 5 V 直流电源指示灯亮，表示实验箱电源工作正常。由于本实验箱分别为 5 V 直流电源、函数波信号源、数字电路实验用资源（包括：单脉冲、连续脉冲、电平开关、电平显示、LED 数码管、逻辑笔等）3 部分设置了单独开关，在使用时如有的单元不使用，建议将电源关断。实验箱的 ± 12 V 和 –5 V 电源设有保险管，该部分电源如实验时短路，会造成保险管熔断，因此当发现 ± 12 V 和 –5 V 电源没有输出时，则表示保险管熔断，更换同规格保险管即可。

② 连接线：实验箱分电路、模电和数电三部分，实验区均使用 1.2 mm 插孔座，配有专用连接线，该连接线插头可叠插使用，顺时针向下旋转即可锁紧，逆时针向上旋转即可松开。

注：每次实验开始前，一定要将连接线测量一遍，挑出断开的连接线，保证实验顺利进行。

③ 实验操作需注意：

- 做不同内容实验时，需事先选择对应的实验模块。
- 按实验要求连接电路。
- 实验电路连接完后，要仔细检查，用万用表测量实验电路的"电源"对"地"是否短路，避免电源接入就短路；正确选择实验电路所需直流电源，并接入。以下是各种实验提供的不同电源：

电路实验所需电源：DC　0～20V 两路。

模拟电路实验所需电源：DC ± 12V，0～20V；AC　7.5V（双）。

数字电路实验所需电源：DC ± 5V。

注：直流电源有正负极和高低压之分，错误的接入会导致保险管熔断或元器件损坏，因此直流电源的正确选用和正确接入很重要。

● 作电源整流电路实验（A5 板）时在观测波形时要注意：

若交流电压波形失真，表示电网电压（220 V）波形与其相同，原因是如果电网用电负载为纯阻抗则波形为理想的正弦波，而实际用电负载多为感性负载，故波形会产生失真现象。

不能同时观测交流电压波形和整流后的波形，否则熔丝要烧断，原因是同时观测波形会造成交流绕组短路。

3. 维护及故障排除

（1）维护

① 防止撞击跌落。

② 用完后拔下电源插头并关闭机箱，防止灰尘、杂物进入机箱。

③ 做完实验后要将线路区上的连线及面包板上的插件及连线全部整理好。

④ 高温季节使用时连续通电不要超过 4 h。

⑤ 在搭接实验电路时不要通电，以防误操作损坏元器件。

（2）故障排除

① 电源无输出：实验箱电源初级接有 0.5 A 熔断管（在机箱的后面）。当电源短路或过载时有可能烧断，发现此故障可更换熔断管，此时要关断电源，查找短路点。

② 信号源、逻辑开关、电平显示部分异常（不符合电平状态或无输出等），检查实验板接线或更换相应元器件。

③ 修理实验箱内部时，需将面板边缘的螺钉（自攻螺钉）拧下，即可将实验箱打开，注意打开实验箱时严禁带电操作。

注：打开实验板时必须拔下电源插头。

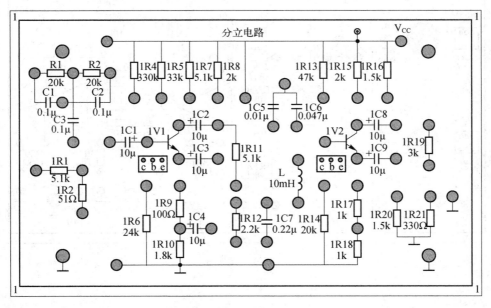

图 B-1　模块 1

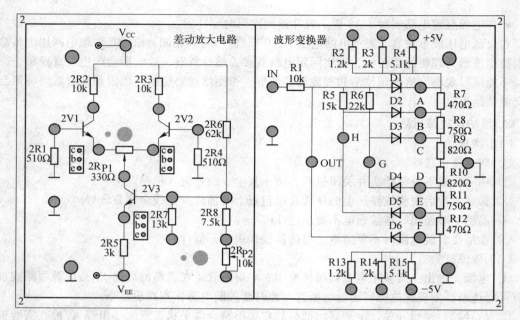

图 B-2　模块 2

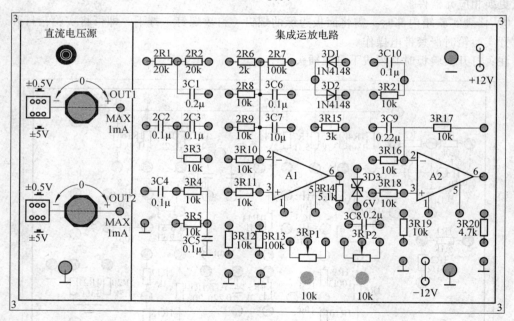

图 B-3　模块 3

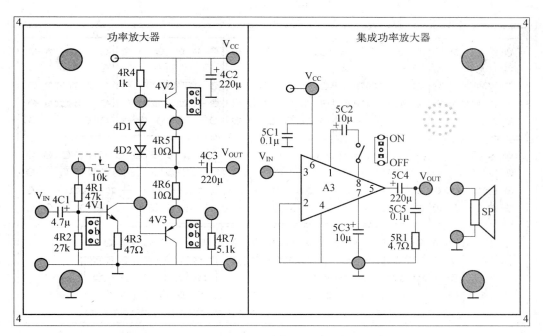

图 B-4　模块 4

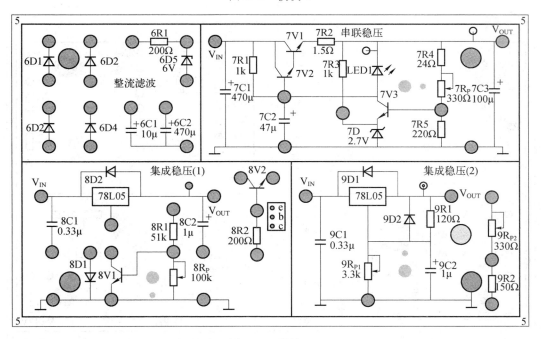

图 B-5　模块 5

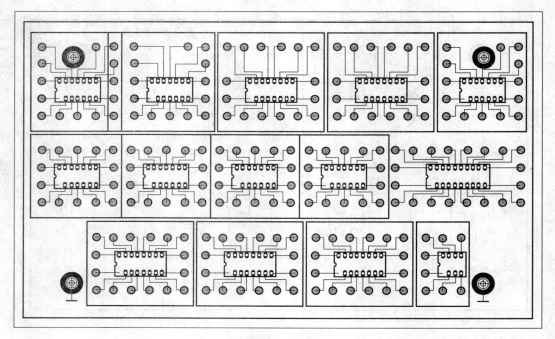

图 B-6　模块 6

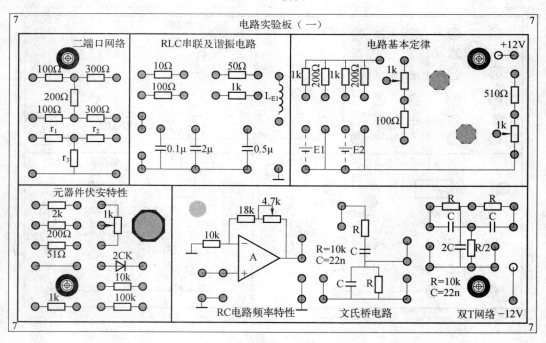

图 B-7　模块 7

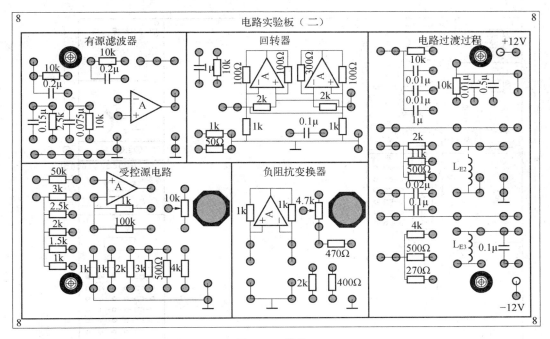

图 B-8　模块 8

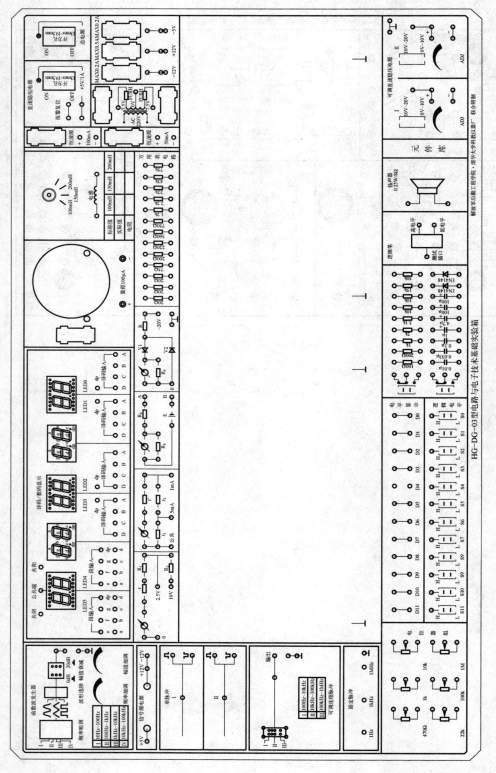

图 B-9 电路电子基础实验箱

集成逻辑门电路新旧图形符号对照

名　称	新 国 标 图 形 符 号	旧 图 形 符 号	逻辑表达式
与　门	A B C & Y	A B C Y	$Y = ABC$
或　门	A B C ≥1 Y	A B C + Y	$Y = A + B + C$
非　门	A 1 Y	A 1 Y	$Y = \overline{A}$
与非门	A B C & Y	A B C Y	$Y = \overline{ABC}$
或非门	A B C ≥1 Y	A B C + Y	$Y = \overline{A + B + C}$
与或非门	A B C D & ≥1 Y	A B C D + Y	$Y = \overline{AB + CD}$
异或门	A B ≥1 Y	A B ⊕ Y	$Y = A\overline{B} + \overline{A}B$

集成触发器新旧图形符号对照

名　称	新国标图形符号	旧图形符号	触发方式
由与非门构成的基本 RS 触发器			无时钟输入,触发器状态直接由 R、S 的电平控制
由或非门构成的基本 RS 触发器			
TTL 边沿型 JK 触发器			CP 脉冲下降沿
TTL 边沿型 D 触发器			CP 脉冲上升沿
CMOS 边沿型 JK 触发器			CP 脉冲上升沿
CMOS 边沿型 D 触发器			CP 脉冲上升沿

常用数字集成电路型号及引脚图

电路名称及符号	引　脚　图	注　　释
六反向器 TTL　74LS04 CMOS　MC14069	V_cc 6A 6Y 5A 5Y 4A 4Y 14 13 12 11 10 9 8 74LS04 1 2 3 4 5 6 7 1A 1Y 2A 2Y 3A 3Y GND	A：输入 Y：输出
四二输入与非门 TTL　74LS00 CMOS　MC14069 7401（OC）	V_cc 4B 4A 4Y 3B 3A 3Y 14 13 12 11 10 9 8 74LS00 1 2 3 4 5 6 7 1A 1B 1Y 2A 2B 2Y GND	A、B：输入 Y：输出
双四输入与非门 TTL　74LS20 CMOS　MC14012	V_cc 2D 2C NC 2B 2A 2Y 14 13 12 11 10 9 8 74LS20 1 2 3 4 5 6 7 1A 1B NC 1C 1D 1Y GND	NC 为空脚 A、B、C、D 输入 Y 输出
双进位保留全加器 74LS183	V_cc 2An 2Bn 2Cn-1 2Cn NC 2Fn 14 13 12 11 10 9 8 74LS183 1 2 3 4 5 6 7 1An NC 1Bn 1Cn-1 1Cn 1Fn GND	NC 为空脚
四二输入异或门 74LS86	V_cc 4B 4A 4Y 3B 3A 3Y 14 13 12 11 10 9 8 74LS86 1 2 3 4 5 6 7 1A 1B 1Y 2A 2B 2Y GND	A、B 输入 Y 输出

电路名称及符号	引 脚 图	注 释
与门输入主–从 单 J–K 触发器 74H72	V_{CC} $\overline{S}_D$ CP K_3 K_2 K_1 Q 14 13 12 11 10 9 8 **74H72** 1 2 3 4 5 6 7 NC $\overline{R}_D$ J_1 J_2 J_3 $\overline{Q}$ GND	上升沿触发
二–五–十进制 异步计数器 74LS290	V_{CC} $R_{0(2)}$ $R_{0(1)}$ $\overline{CP}_B$ $\overline{CP}_A$ Q_A Q_D 14 13 12 11 10 9 8 **74LS290** 1 2 3 4 5 6 7 $S_{9(1)}$ NC $S_{9(2)}$ Q_C Q_B NC GND	
双 D 型触发器 74LS74	V_{CC} $2\overline{R}_D$ 2D 2CP $2\overline{S}_D$ 2Q $2\overline{Q}$ 14 13 12 11 10 9 8 **74LS290** 1 2 3 4 5 6 7 $1\overline{R}_D$ 1D 1CP $1\overline{S}_D$ 1Q $1\overline{Q}$ GND	上升沿触发
556	V_{CC} 放电 阈值 控制 复位 输出 触发 14 13 12 11 10 9 8 **556** 1 2 3 4 5 6 7 放电 阈值 控制 复位 输出 触发 GND	
双 JK 触发器 74LS112	V_{CC} $1\overline{R}_D$ $2\overline{R}_D$ 2CP 2K 2J $2\overline{S}_D$ 2Q 16 15 14 13 12 11 10 9 **74LS112** 1 2 3 4 5 6 7 8 1CP 1K 1J $1\overline{S}_D$ 1Q $1\overline{Q}$ $2\overline{Q}$ GND	负沿触发
四总线缓冲器 74125（三态低有效） 74126（三态高有效）	V_{CC} 4E 4A 4Y 3E 3A 3Y 14 13 12 11 10 9 8 1 2 3 4 5 6 7 1E 1A 1Y 2E 2A 2Y GND	

续表

电路名称及符号	引　脚　图	注　　释
555	V_{CC} 放电 高触发 控制 8　7　6　5 555 1　2　3　4 GND 低触发 输出 复位	
四线–十线译码器 74LS42	V_{CC} A_0 A_1 A_2 A_3 $\overline{Y}_9$ $\overline{Y}_8$ $\overline{Y}_7$ 16 15 14 13 12 11 10 9 74LS42 1 2 3 4 5 6 7 8 Y_0 Y_1 Y_2 Y_3 Y_4 Y_5 Y_6 GND	
十线–四线优先 编码器 74LS147	V_{CC} NC $\overline{Y}_3$ $\overline{I}_3$ $\overline{I}_2$ $\overline{I}_1$ $\overline{I}_9$ $\overline{Y}_0$ 16 15 14 13 12 11 10 9 74LS147 1 2 3 4 5 6 7 8 $\overline{I}_4$ $\overline{I}_5$ $\overline{I}_6$ $\overline{I}_7$ $\overline{I}_8$ $\overline{Y}_2$ $\overline{Y}_1$ GND	
双四选一数据 选择器 74LS153	V_{CC} $2\overline{S}$ A_0 $2D_3$ $2D_2$ $2D_1$ $2D_0$ $2Y$ 16 15 14 13 12 11 10 9 74LS153 1 2 3 4 5 6 7 8 $1\overline{S}$ A_1 $1D_3$ $1D_2$ $1D_1$ $1D_0$ $1Y$ GND	
同步可逆十进制 计数器 74LS192	V_{CC} A CR $\overline{Q}_{CB}$ $\overline{Q}_{CC}$ $\overline{L}_D$ C D 16 15 14 13 12 11 10 9 74LS192 1 2 3 4 5 6 7 8 B Q_B Q_A CP– CP+ Q_C Q_D GND	CP+=1 CP– =↑减法 CP+=↓ CP– =1 加法

续表

电路名称及符号	引 脚 图	注 释
ADC 0809		

附录 F 集成逻辑电路的连接和驱动

1. TTL 电路输入输出电路性质

当输入端为高电平时，输入电流是反向二极管的漏电流，电流极小。其方向是从外部流入输入端。

当输入端处于低电平时，电流由电源 Vcc 经内部电路流出输入端，电流较大，当与上一级电路衔接时，将决定上级电路应具的负载能力。高电平输出电压在负载不大时为 3.5 V 左右。低电平输出时，允许后级电路灌入电流，随着灌入电流的增加，输出低电平将升高，一般 LS 系列 TTL 电路允许灌入 8 mA 电流，即可吸收后级 20 个 LS 系列标准门的灌入电流。最大允许低电平输出电压为 0.4 V。

2. CMOS 电路输入输出电路性质

一般 CC 系列的输入阻抗可高达 $10^{10}\Omega$，输入电容在 5 pF 以下，输入高电平通常要求在 3.5 V 以上，输入低电平通常为 1.5 V 以下。因 CMOS 电路的输出结构具有对称性，故对高低电平具有相同的输出能力，负载能力较小，仅可驱动少量的 CMOS 电路。当输出端负载很轻时，输出高电平将十分接近电源电压；输出低电平时将十分接近地电位。

在高速 CMOS 电路 54/74HC 系列中的一个子系列 54/74HCT，其输入电平与 TTL 电路完全相同，因此在相互取代时，不需考虑电平的匹配问题。

3. 集成逻辑电路的连接

在实际的数字电路系统中总是将一定数量的集成逻辑电路按需要前后连接起来。这时，前级电路的输出将与后级电路的输入相连并驱动后级电路工作。这就存在着电平的配合和负载能力这两个需要妥善解决的问题。

可用下列几个表达式来说明连接时所要满足的条件

V_{OH} （前级）$\geqslant V_{iH}$ （后级）

V_{OL} （前级）$\leqslant V_{iL}$ （后级）

I_{OH} （前级）$\geqslant n \times I_{iH}$ （后级）

I_{OL} （前级）$\geqslant n \times I_{iI}$ （后级）　　　　　n 为后级门的数目

（1）TTL 与 TTL 的连接

TTL 集成逻辑电路的所有系列，由于电路结构形式相同，电平配合比较方便，不需要外接元件可直接连接，不足之处是受低电平时负载能力的限制。表 F-1 列出了 74 系列 TTL 电路的扇出系数。

表 F-1　74 系列 TTL 电路的扇出系数

扇出系数＼电路名称	74LS00	74ALS00	7400	74L00	74S00
74LS00	20	40	5	40	5
74ALS00	20	40	5	40	5
7400	40	80	10	40	10
74L00	10	20	2	20	1
74S00	50	100	12	100	12

（2）TTL 驱动 CMOS 电路

TTL 电路驱动 CMOS 电路时，由于 CMOS 电路的输入阻抗高，故此驱动电流一般不会受到限制，但在电平配合问题上，低电平是可以的，高电平时有困难，因为 TTL 电路在满载时，输出高电平通常低于 CMOS 电路对输入高电平的要求，因此为保证 TTL 输出高电平时，后级的 CMOS 电路能可靠工作，通常要外接一个提拉电阻 R，如图 F-1 所示，使输出高电平达到 3.5 V 以上，R 的取值为 $2\sim6.2$ kΩ较合适，这时 TTL 后级的 CMOS 电路的数目实际上是没有什么限制的。

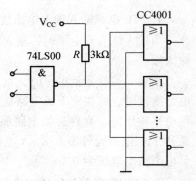

图 F-1　TTL 电路驱动 CMOS 电路

（3）CMOS 驱动 TTL 电路

CMOS 的输出电平能满足 TTL 对输入电平的要求，而驱动电流将受限制，主要是低电平时的负载能力。表 F-2 列出了一般 CMOS 电路驱动 TTL 电路时的扇出系数，从表中可见，除了 74HC 系列外的其他 CMOS 电路驱动 TTL 的能力都较低。

表 F-2　一般 CMOS 电路驱动 TTL 电路时的扇出系数

系列＼型号	LS – TTL	L – TTL	TTL	ASL – TTL
CC4001B 系列	1	2	0	2
MC14001B 系列	1	2	0	2
MM74HC 及 74HCT 系列	10	20	2	20

既要使用此系列又要提高其驱动能力时，可采用以下两种方法：

① 采用 CMOS 驱动器，如 CC4049、CC4050 是专为给出较大驱动能力而设计的 CMOS 电路。

② 几个同功能的 CMOS 电路并联使用，即将其输入端并联，输出端并联（TTL 电路是不允许并联的）。

（4）CMOS 与 CMOS 的连接

CMOS 电路之间的连接十分方便，不需另加外接元件。对直流参数来讲，一个 CMOS 电路可带动的 CMOS 电路数量不受限制，但在实际使用时，应当考虑后级门输入电容对前级门的传输速度的影响，电容太大时，传输速度要下降，因此在高速使用时要从负载电容来考虑，例如 CC4000T 系列。CMOS 电路在 10 MHz 以上速度运用时应限制在 20 个门以下。

仿真电路中部分图形符号与国家标准符号对照表

仿真电路中图形符号	国家标准符号
—⊣⊢⊢—	—⊣⊢—
—⌇⌇⌇—	—▭—

参 考 文 献

[1] 邢冰冰. 电子技术基础实验教程[M]. 北京：机械工业出版社，2009.

[2] 张维中. 电路实验[M]. 北京：北京理工大学出版社，1997.

[3] 罗中华. 电工电子实验教程[M]. 重庆：重庆大学出版社，2007.

[4] 姚素芬. 电子电路实训与课程设计[M]. 北京：清华大学出版社，2013.

[5] 高吉祥. 电子技术基础实验与课程设计[M]. 北京：电子工业出版社，2002.

[6] 钮金真. 数字电路与数字系统实验[M]. 北京：中央民族大学出版社，2002.

[7] 李锡华. 电子电路基础实验教程[M]. 北京：科学出版社，2012.

[8] 北京大学. 北京大学电子信息实验教学内容体系[M]. 北京：北京大学出版社，2012.

[9] 赵春华. Multisim 9 电子技术基础仿真实验[M]. 北京：机械工业出版社，2008.

[10] 侯建军. 电子技术基础实验：综合设计实验与课程设计[M]. 北京：高等教育出版社，2007.

[11] 邵舒渊，卢选民. 模拟电子技术基础实验[M]. 西安：西北工业大学出版社，2005.

[12] 李万成. 模拟电子技术基础实验与课程设计[M]. 哈尔滨：哈尔滨工程大学出版社，2002.

[13] 华成英. 模拟电子技术基础[M]. 北京：高等教育出版社，2012.

[14] 闫石. 数字电子技术基础[M]. 5 版. 北京：高等教育出版社，2012.

[15] 袁小平. 数字电子技术实验教程[M]. 北京：机械工业出版社，2012.

[16] 宋竹霞，闫丽. 数字电路实验[M]. 北京：清华大学出版社，2011.

[17] 李瀚逊. 简明电路分析基础[M]. 北京：高等教育出版社，2002.

[18] 袁良范. 简明电路分析[M]. 北京：北京理工大学出版社，2003.

[19] 张维中. 电路实验[M]. 北京：北京理工大学出版社，1997.

[20] 罗中华. 电工电子实验教程[M]. 重庆：重庆大学出版社，2007.

[21] 华成英. 模拟电子技术基础[M]. 4 版. 北京：高等教育出版社，2006.

[22] 康华光. 电子技术基础模拟部分[M]. 5 版. 北京：高等教育出版社，2006.

[23] 张保华. 模拟电路实验基础[M]. 上海：同济大学出版社，2007.

[24] 吴慎山. 电子技术基础实验[M]. 北京：电子工业出版社，2008.

[25] 高吉祥. 电子技术基础实验与课程设计[M]. 北京：电子工业出版社，2002.

[26] 李国丽. 电子技术基础实验[M]. 北京：机械工业出版社，2007.

[27] 董云凤. 电工电子技术系列实验[M]. 北京：国防工业出版社，2006.

[28] 汤琳宝. 电子技术实验教程[M]. 北京：清华大学出版社，2008.

[29] 王久和. 电工电子实验教程[M]. 北京：电子工业出版社，2008.

[30] 王远. 电子实验技术基础[M]. 北京：北京理工大学出版社，1992.

[31] 李家沧. 电工电子技术实验与实训[M]. 合肥：合肥工业大学出版社，2007.

[32] 阎石. 数字电子技术基础[M]. 4 版. 北京：高等教育出版社，1998.

[33] 钮金真. 数字电路与数字系统实验[M]. 北京：中央民族大学出版社，2002.

[34] 刘建成. 电子技术实验与课程设计教程[M]. 北京：电子工业出版社，2007.

[35] 王涛. 电工电子工艺实习实验教程[M]. 济南：山东大学出版社，2006.

[36] 熊幸明. 电工电子实验教程[M]. 北京：清华大学出版社，2008.

[37] 侯建军. 电子技术基础实验：综合设计实验与课程设计[M]. 北京：高等教育出版社，2007.

[38] 邵舒渊，卢选民. 模拟电子技术基础实验[M]. 西安：西北工业大学出版社，2005.

[39] 李万成. 模拟电子技术基础实验与课程设计[M]. 哈尔滨：哈尔滨工程大学出版社，2002.